Françoise Godinat
Professeur en I.U.F.M.

Robert Timon
Maître formateur

Michel Worobel
Professeur en I.U.F.M.

MATH

CM2

Numération

Opérations

Problèmes et outils *du numérique*

Mesures

Géométrie

Problèmes et outils *de géométrie*

HACHETTE
Éducation

Le programme officiel d'enseignement est défini pour le cycle. Son fractionnement sur l'une ou l'autre année est de la responsabilité de chaque enseignant.

Pour guider le choix, sans l'imposer, nous avons repéré chaque exercice par des astérisques :

* les compétences requises par cet exercice autorisent son étude dès la première année du cycle III.

** cet exercice peut être abordé au cours de la deuxième année du cycle III.

*** on peut attendre la troisième année du cycle III pour étudier cet exercice.

(Si, en général, les exercices proposés en première année sont plus simples que ceux réservés à la troisième année, les astérisques ne préjugent ni de la longueur ni de la difficulté d'un exercice.)

€c : cette abréviation a été retenue pour l'eurocent (ou centime d'euro) en attendant que l'usage impose une norme.

Création de la maquette intérieure et de la couverture : **Pascal Plottier**.

Réalisation technique en PAO : **Typo-Virgule**.

Schémas techniques : **Typo-Virgule**.

Illustrations intérieur : **Gilles Poing**.

ISBN 201116215-7

Avant-propos

À
Aanor, Adélaïde, Adeline, Adrien, ,...Vijay, Vincent, Yoann, Yven,
les élèves de l'école élémentaire qui nous ont presque tout appris.

À
Agnès, Alexandra, Aline, Anne, Anne-Laure, ... Véronique, Vincent,
les élèves-maîtres de l'École normale et de l'I.U.F.M.,
qui nous ont appris le reste.

Dans cette collection, nous proposons deux ouvrages pour couvrir le programme de mathématiques du cycle 3 de l'école élémentaire.

Ce volume, faisant suite au niveau CE2/CM ne revient pas sur les connaissances requises en fin de cycle 2 ; par contre, il traite de points du programme qui seront revus au collège ; pour ceux-ci, le maître pourra se limiter à une découverte des notions sans exiger de tous les élèves la maîtrise absolue du thème.

L'ordre de présentation des chapitres, regroupés en thèmes, ne peut pas être l'ordre d'étude proposé aux élèves. **Au maître de définir librement sa progression**, de se constituer, au besoin avec l'aide de l'index, un parcours personnel.

Nous souhaitons laisser la plus grande liberté aux maîtres, **les règles** proposées en tête de chapitre sont volontairement dépouillées : au maître de leur donner vie dans l'esprit des élèves, **les exercices et problèmes** permettront d'en vérifier la compréhension ; aux élèves d'y trouver la synthèse des observations et remarques qu'ils auront glanées au cours de leurs recherches.

L'intérêt d'un exercice ne tient ni à la longueur de son énoncé, ni à son rang dans la page. C'est l'usage qu'en fera la classe qui sera déterminant. Nous nous sommes efforcés de varier les angles pour que chacun y trouve le sien.

Il n'est pas nécessaire que tous les exercices d'un chapitre soient faits par chaque élève : au maître, en fonction du niveau de sa classe, des travaux passés, de la progression qu'il envisage, de sélectionner ceux qui lui paraissent le plus utiles.

Le calcul mental apparaît dans chaque chapitre. Lié ou non au chapitre étudié, sa pratique quotidienne est nécessaire pour asseoir les mécanismes de base. Mémoire, compréhension de la situation, choix de la meilleure stratégie... l'analyse du moindre exercice montre à l'envi que leur réussite ne peut être due au hasard et indique une réelle maîtrise de la pensée mathématique.

La reproduction **des frises**, permet, tout en développant la maîtrise du geste, le soin dans les tracés, de s'essayer à des algorithmes de construction non verbaux qui sur un même thème se complexifient au fil des pages.

Les auteurs

Sommaire

Numération

Opérations

Problèmes et outils du numérique

Mesures

Sommaire

Géométrie

Problèmes et outils de géométrie

Annexes

Calcul mental

Parsemées au fil des chapitres, on trouvera de nombreuses questions de calcul mental ; ces exercices sont d'abord donnés à titre d'exemple. Ils peuvent être proposés en calcul libre à la maison, avec ou sans vision des données... ; au maître alors d'en fabriquer d'autres, d'adapter les données à la compétence des élèves...

La séance de calcul mental ne doit pas être longue (5 à 10 minutes). En revanche, il est nécessaire qu'elle soit quotidienne pour que les automatismes qu'elle développe s'installent.

En faisant varier quelques paramètres dans les situations de calcul mental, on obtient, à partir d'un type, toute une gamme d'exercices :

a) Qui donne le résultat :
- le maître ?
- un élève dont on sait qu'il a juste ?
- un élève dont on sait qu'il a faux (et dont on essaie d'analyser l'erreur) ?
- un élève au hasard (qui peut avoir juste ou faux) ?

b) Comment recueille-t-on les réussites et les échecs :
- exercice par exercice ?
- avec ou sans analyse du processus de calcul (juste ou faux) ? de l'erreur commise ?
- avec pointage devant toute la classe des échecs ?
- avec autoévaluation et inscription individuelle de son score sur son cahier ?
- avec correction par le voisin ?
- avec annonce orale des scores :

« Qui a 9, 8... calculs bons ? »
« Qui a 0, 1, 2... erreurs ? »

c) Sur quel indice arrête-t-on les calculs :
- dès qu'un élève a fini ?
- lorsque *n* élèves ont fini ?
- lorsque « tous » ont fini ?
- lorsque le maître le décide : temps prévu au départ ?
- après un temps « illimité », les élèves notant le temps qu'ils ont mis ?

d) L'énoncé de l'exercice influe aussi sur sa réussite :
- est-il donné oralement, avec ou sans répétition au départ et aussi pendant l'exercice ?
- y a-t-il un (des) essai(s) à blanc ?
- les données sont-elles écrites au tableau ?

Index

En *italiques* : règle de calcul.

Numération

1 Rappel de numération

- Les dix premiers nombres s'écrivent avec **un seul chiffre** :

  0, **1**, **2**, **3**, **4**, **5**, **6**, **7**, **8**, **9**.

- Selon sa position dans un nombre, un même chiffre prend des **valeurs différentes**.

  8 7 8
  centaines (8) — unités (8)

- Les règles de numération permettent de trouver le nombre entier qui suit n'importe quel **nombre entier**.

  878 ; 879 ; 880 ; 881... 999 ; 1 000 ; 1 001...

- On peut comparer deux nombres entiers.

  878 < 1 001

*** 1 Trouve le nombre entier qui suit.**

a)	45 028	40 000	68 631	163 857	805 763
b)	12 469	58 599	87 999	108 099	99 921
c)	48 999	92 999	389 999	609 999	199 999

*** 2 Réponds aux consignes.**

a) Écris le nombre de mille des nombres de l'exercice 1 **a)**.

b) Écris le chiffre des centaines des nombres de l'exercice 1 **b)**.

*** 3 Trouve le nombre entier qui précède.**

a)	63 054	31 509	25 736	597 361	753 803
b)	25 460	91 500	68 000	204 090	100 020
c)	37 000	92 000	560 000	700 000	100 000

*** 4 Trouve les nombres.**

a) Écris un nombre qui a 18 centaines et 15 unités.

b) Écris un nombre qui a 15 milliers et 53 unités.

*** 5 Compare les nombres à l'aide des signes < , > ou =.**

a)	5 678 et 12 831	103 421 et 58 976	47 379 et 132 785
b)	147 621 et 325 040	56 756 et 80 452	842 084 et 324 408
c)	257 053 et 209 458	45 680 et 42 860	908 256 et 909 543

6 Lis la règle qui te permet de comparer les nombres de l'exercice 3 a), puis réponds aux consignes.

Règle 1 : Le nombre qui comprend le plus de chiffres est le plus grand.

Cette règle ne te permet pas de comparer les nombres de l'exercice **3 b)**.
Donne une autre règle qui te permet de comparer ces nombres.
Donne une règle qui te permet de comparer les nombres de l'exercice **3 c)**.

7 Comment peux-tu comparer deux nombres quelconques avec une calculatrice de poche ?

8 Lis l'énoncé, puis réponds aux questions.

Un cadenas possède trois molettes portant chacune les chiffres de 1 à 8.
En tournant les molettes, on compose un code de fermeture.

Combien peut-on composer de codes sur ce cadenas ?
Combien pourrait-on en composer si le cadenas avait quatre molettes de huit chiffres ? S'il en avait cinq ?

9 Lis l'énoncé, puis réponds aux questions.

Un nombre entier de trois chiffres est toujours plus petit qu'un nombre entier de cinq chiffres.

a) Combien y a-t-il de nombres entiers entre le plus grand des nombres entiers de trois chiffres et le plus petit des nombres entiers de cinq chiffres ?

b) Quelle est la plus petite différence possible entre un nombre entier de trois chiffres et un nombre entier de cinq chiffres ? Entre un nombre entier de trois chiffres et un nombre entier de quatre chiffres ?

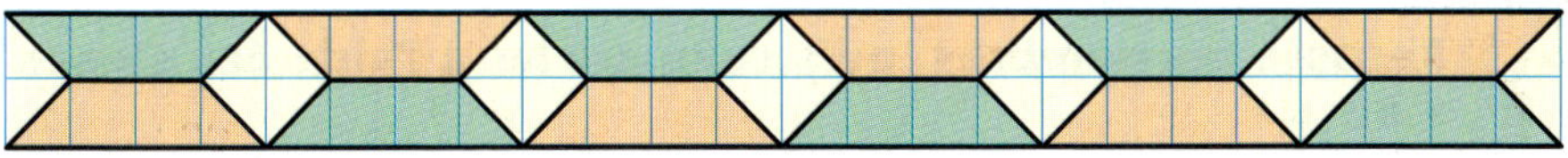

Reflets

Calcul mental

- Dictée de nombres : 178 ; 394 ; 409 ; 792 ; 876 ; 967 ; 777.
- À l'usine, on numérote les montres. Quel est le numéro de la montre qui précède le numéro 49 872 ?
- Mon ticket de cinéma porte le numéro 389 669. Combien de chiffres sont différents sur le ticket de Dany, qui est entré juste après moi ?

2 Ordre sur les nombres

Comparer des nombres

Pour comparer deux nombres, on compare les chiffres de même rang en commençant par la gauche (les rangs vides comptent pour zéro).

milliers × 1 000	centaines × 100	dizaines × 10	**unités** u	dixièmes $\frac{1}{10}$	centièmes $\frac{1}{100}$	millièmes $\frac{1}{1\,000}$
4	4	9	8			
		4	4	1	2	7
		4	4	9	8	

4 498 > 44,98 car 4 mille > 0 mille

44,**1**27 < 44,**9**8 car 1 dixième < 9 dixièmes

Pour bien placer chaque nombre dans le tableau, **on repère d'abord le chiffre des unités** : c'est le dernier chiffre à droite ou, s'il y a une virgule, le premier chiffre à gauche de la virgule.

* **10 Recopie ces nombres, puis souligne en rouge le chiffre des unités.**

a)	157	1 141	55,3	10,25	100	13,0445
b)	35	0,072	54,871	100,03	301,7	4,6002
c)	45	10 543	1 256,5	741,05	0,067	12,05

** **11 Recopie ces nombres, puis compare-les à l'aide des signes <, > ou =.**

a)	157 ... 35,88	0,25 ... 1	155,47 ... 388
b)	38,9 ... 9,51	3,02 ... 0,987	87,2 ... 238
c)	9,43 ... 9,41	12,004 ... 12,400	6,51 ... 6,510

** **12 Range ces nombres du plus petit au plus grand.**

a)	157	65,8	1 589	4 587	1,2
b)	255,89	25,6	73 200	1 601	25,59
c)	12,63	12,8	12,45	12,619	12,79

** **13 Compte et écris de 0,3 en 0,3 les nombres de 76,8 à 81.**

**** 14 Recopie, puis complète avec un nombre qui convient.**

a) 35,8 < ...... < 42 — 58 > ...... > 40 — 89 > ...... > 69,9

b) 80,7 > ...... > 70,9 — 7,19 > ...... > 7,099 — 84,26 > ...... > 84,12

c) 358 < ...... < 358,5 — 30,50 < ...... < 35 — 44,98 < ...... < 45

**** 15 Compte et écris de 7 dixièmes en 7 dixièmes les nombres de 172 à 165.**

***** 16 Écris des nombres en utilisant une seule fois les chiffres 0, 5, 7, 8.**

a) Combien de nombres de quatre chiffres peux-tu écrire ?
Écris les deux plus grands et les deux plus petits.

b) Combien de nombres de trois chiffres peux-tu écrire ?
Écris les deux plus grands et les deux plus petits.

c) Combien de nombres de deux chiffres peux-tu écrire ?
Écris les deux plus grands et les deux plus petits.

***** 17 Range ces nombres du plus petit au plus grand.
Mets à part les nombres que tu ne sais pas ranger.**

a) 99 ; $9+9+9+9$; 9^9 ; $9 \times 9 \times 9 \times 9 \times 9$; $9-9$; $\frac{9}{(9 \times 9)}$; $9,9$; $0,99$

b) $2+8$; 2^8 ; 2×8 ; $8+2$; 28 ; 8×2 ; 8^2 ; 82 ; $8-2$; $2-8$

c) $3,33$; $3 \times 3,3$; 333 ; $33-3$; $\frac{33}{3}$; $3 \times 3 \times 3 \times 3 \times 3$

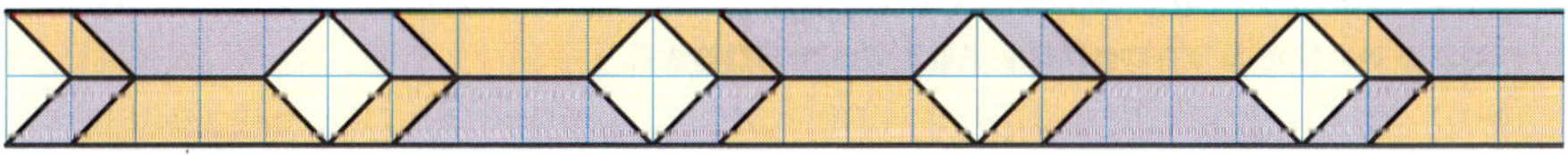

Recouvrements

Calcul mental

- Dictée de nombres : 45 060 ; 78 192 ; 135 071 ; 308 977 ; 604 794.
- Pour chaque paire de nombres, écris le plus grand des deux.
  179,8 et 162,5 — 459,06 et 637,42 — 67 025 et 76 631
  437,51 et 437,615 — 720,08 et 720,8 — 0,68 et 0,463
- Écris le nombre entier qui suit 15,56.
  Fais de même pour 107,06 ; 54,2 ; 37,091 ; 47,6.
- Écris le nombre entier qui précède 19,56.
  Fais de même pour 10,06 ; 64,2 ; 97,091 ; 90,6.
- Écris le nombre entier le plus proche de 12,56.
  Fais de même pour 7,06 ; 5,2 ; 37,091 ; 27,6.

3 Ensembles ordonnés

Dans la vie courante, on peut mettre **ensemble** différents éléments.

On les organise en utilisant des **relations** diverses :

- l'ordre **alphabétique** :
  « a, abaque, abattu, abeille, achever... » ;
- l'ordre **chronologique** :
  « Le père est plus vieux que sa fille et plus jeune que son grand-père. » ;
- les **diviseurs** et **multiples** :
  « 21 est diviseur de 63 et multiple de 7. »

*** **18 Représente les relations entre les différents membres de cette famille en utilisant le signe < dans le sens de « est descendant de ».**

La famille Mercier est composée de Ginette et de son mari Henri ; d'Irène, la fille de Ginette et Henri, et de Kévin, son mari ; de Jérôme, leur fils. Daniel et Émilie sont les parents de Ginette ; François est son oncle. Il y a aussi Albert et Berthe, les grands-parents de Ginette, qui n'ont eu que deux fils ; et Charles, le grand-oncle de Ginette.

* **19 Observe ces nombres rangés dans un ordre « alphanumérique », puis réponds aux consignes.**

Dans le rangement « alphanumérique », chaque chiffre est considéré comme une lettre.

103 ; 19 ; 1901 ; 351 ; 9 ; 906 ; 91.

a) Place 2 et 17 dans la liste précédente.

b) Insère dans cette liste trois nombres entre 19 et 1901.

** **20 Range dans l'ordre « alphanumérique », comme dans l'exercice précédent.**

a)	19 562	9	110	101	87	191	24
b)	439	12	349	21	129	432	1 349
c)	112	1 012	200	1	100	10 001	1 001

** **21 Trouve cinq nombres que l'on peut ranger dans l'ordre « alphanumérique » entre les nombres suivants.**

1 et 11   5 et 6   21 et 22   500 et 510

22 Trouve, en utilisant l'ordre « alphanumérique ».

a) Le nombre qui suit 7 ; 12 ; 40 ; 1 ; 99.

b) Le nombre qui précède 7 ; 12 ; 40 ; 1 ; 99.

c) Y a-t-il des nombres plus proches ?

23 Regroupe les éléments de cet ensemble de nombres en utilisant le signe < dans le sens de « est diviseur de... ».

E = {3, 4, 7, 8, 12, 15, 24, 30, 36, 41}

24 Range ces plaques d'immatriculation de voitures de la plus ancienne à la plus récente.

Dans chaque département, les plaques d'immatriculation des voitures les plus anciennes comportent une lettre, les suivantes deux lettres et les plus récentes trois lettres. Les séries se suivent alphabétiquement.

a) 97 ADB 75 — 125 GK 75 — 250 J 75 — 1289 XA 75 — 4 258 MG 75

b) 397 DB 32 — 508 PF 54 — 2 250 J 75 — 1353 RB 89 — 280 KL 44

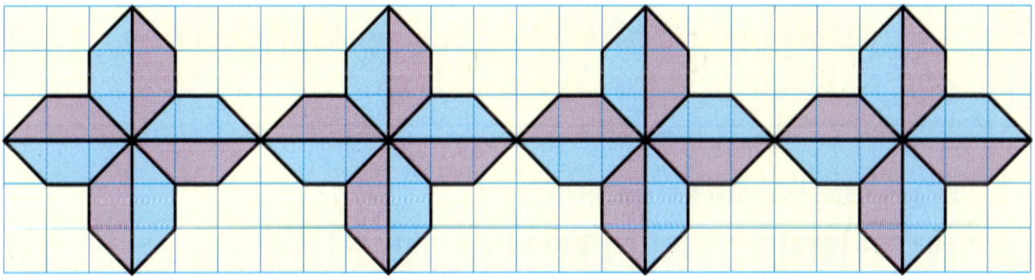

Croix

Calcul mental

- Dictée de nombres : 2 630 ; 3 412 ; 5 894 ; 6 086 ; 8 797.
- Pour chaque paire, écris la date la plus ancienne : 31/12/1998 et 05/02/1999 ; 15/07/1885 et 03/06/1936 ; 01/01/2000 et 05/04/1963.
- Donne un diviseur commun à 8 et 20 ; 4 et 18 ; 15 et 35 ; 15 et 42 ; 21 et 70.

4 Classes

Pour énoncer un nombre, on donne le nombre de **millions**, le nombre de **mille**, puis le nombre d'**unités simples**.

classe des millions			classe des mille			classe des unités simples		
c	d	u	c	d	u	c	d	u
10^8	10^7	10^6	10^5	10^4	10^3	10^2	10^1	u
	2	3	9	0	0	1	6	5

23 900 165

23 millions 900 mille 165 (unités simples)

vingt-trois **millions** neuf cent **mille** cent soixante-cinq

$(23 \times 1\,000\,000) + (900 \times 1\,000) + 165$

$(23 \times 10^6) + (900 \times 10^3) + 165$

$(2 \times 10\,000\,000) + (3 \times 1\,000\,000) + (9 \times 100\,000) + (1 \times 100) + (6 \times 10) + (5 \times 1)$

On dénombre les millions comme on dénombre les unités simples.

** 25 Écris ces nombres en chiffres.

a) deux **millions** cent quatre **mille** huit cent six ;
cinquante-six **millions** trois cent quarante et un **mille** ;
six cent trente-cinq **mille** neuf cents ;
sept cents **millions** vingt et un.

b) deux cents **millions** cinq cent quatre **mille** huit cent vingt-six ;
cent cinquante-sept **millions** deux cent soixante et onze **mille** ;
huit cent quarante-cinq **mille** quatre cents ;
neuf cents **millions** quatre-vingt-un.

** 26 Écris ces nombres en lettres.

a)	95 675	71 701	169 894	742 499	41 725
b)	45 023 161	756 701	1 508 005	582 000 021	198 000
c)	98 601 052	106 541 582	3 599 681	14 631 000	3 000 000
d)	500 600 125	531 400 800	800 900 600	170 731 200	250 021

** **27 Décompose chaque nombre comme dans l'exemple.**
40 800 714 = (4 × 10 000 000) + (8 × 100 000) + (7 × 100) + 10 + (4 × 1)

a) 47 631 835 | 3 058 994 | 87 700 051 | 155 081 630

b) 11 524 654 | 205 806 900 | 313 798 | 1 020 112

** **28 Écris chaque nombre en chiffres, puis en lettres.**

a) $(3 \times 10^6) + (5 \times 10^4) + 5$ | $(8 \times 10^7) + (7 \times 10^2) + 9$ | $(7 \times 10^3) + (9 \times 10^2)$

b) $(1 \times 10^7) + (6 \times 10^5) + (3 \times 10^4) + (8 \times 10^3) + (2 \times 10^2)$ | $(2 \times 10^6) + (7 \times 10^4)$

c) $(9 \times 10^4) + (1 \times 10^2) + 7$ | $(2 \times 10^8) + (5 \times 10^7) + (8 \times 10^6) + (6 \times 10^3) + 7$

** **29 Recherche le nombre d'habitants de Paris, Londres, Mexico, New York, Tokyo, Pékin. Réponds aux questions.**

a) Range ces villes de la plus peuplée à la moins peuplée.

b) Exprime la population de ces villes en milliers d'habitants.

c) Compare ta recherche à celles de tes camarades. Trouves-tu le même résultat qu'eux ? Explique les différences.

** **30 Écris le plus grand nombre à six chiffres.**
Quel est le nombre qui le suit ? Écris-le.
Comment peux-tu vérifier ta réponse à l'aide d'une calculatrice ?

*** **31 Combien y a-t-il de nombres à six chiffres ?**
Combien faudrait-il écrire de chiffres pour les écrire tous ?

*** **32 Combien y a-t-il de nombres à sept chiffres ?**
Combien faudrait-il écrire de chiffres pour les écrire tous ?

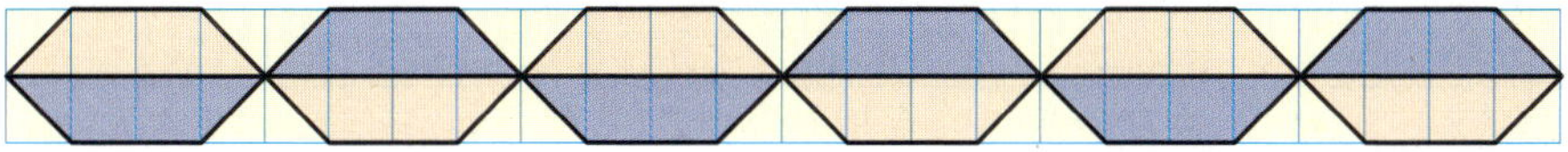

Vis-à-vis

Calcul mental

- Compte de 10 en 10 de 245 à 345.
- Dictée de nombres : 54 823 161 ; 38 776 021 ; 41 598 005 ; 582 001 021 ; 54 108 002.
- Quel est le chiffre des dizaines dans 674 ? le nombre de dizaines dans 674 ? le chiffre des centaines dans 3 632 ? le nombre de dizaines dans 3 632 ? le chiffre des centaines dans 958 ? le nombre de centaines dans 958 ? le chiffre des centaines dans 4 587 ?

5 Très grands nombres

billions						millions											
						milliards			millions			mille			unités		
8	7	4	1	1	4	5	5	5	6	2	3	9	0	0	1	6	5

Pour lire un nombre très long, on le **sépare en classes** de six chiffres et on **lit chaque classe** :

874 114 555 623 900 165 se lit :

huit cent soixante-quatorze mille cent quatorze billions
cinq cent cinquante-cinq mille six cent vingt-trois millions
neuf cent mille cent soixante-cinq.

Il est souvent plus facile d'écrire un grand nombre terminé par des zéros avec un signe appelé « exposant » ou « puissance » associé à des chiffres.

$1\,000\,000 = 10 \times 10 \times 10 \times 10 \times 10 \times 10 = 10^6$
(on lit **dix exposant six** ou **dix puissance six**)
$5\,000\,000 = 5 \times 10 \times 10 \times 10 \times 10 \times 10 \times 10 = 5 \times 10^6$

L'exposant indique le nombre de fois où l'on multiplie par 10.

** **33 Décompose les nombres en utilisant des exposants comme dans l'exemple.**

$827 = 8 \times 10^2 + 2 \times 10^1 + 7 \times 10^0$

a)	631	745	1 586	87 875
b)	700	1 500	1 000 000	8 080
c)	12 800	45 650	70 025	145 504

$27\,905\,913 = (2 \times 10^7) + (7 \times 10^6) + (9 \times 10^5) + (5 \times 10^3) + (9 \times 10^2) + 10^1 + (3 \times 10^0)$

d)	81 031 839	3 098 998	81 100 091	199 081 030
e)	11 938 098	309 800 900	313 198	1 030 113
f)	33 900 039	199 898	91 133 091	8 890 108

** 34 Trouve des égalités.

$1\,900\,000 = 19 \times 10^5 = 1\,900 \times 10^3$

a)	17 000 000	500 000	1 070 000	458 600 000
b)	302 000	15 000 000	2 500 000	3 000 500
c)	10 000	1 000 000	1 500 000	4 000 000 000

*** 35 Compare à l'aide des signes <, > ou =.

10^4 .... 10^6 10^6 .... 10^8 10^2 .... 10^9 10 .... 10^1

$10^2 \times 10$ .... 10^3 $10 + 10$ .... 10^2 10×10^2 .... 10^2 $10^4 + 10^2$ .... 10^6

** 36 Lis l'encadré, puis réponds aux questions.

> Dans les grands nombres, on utilise souvent les puissances de dix, pour nommer les multiples de l'unité :
>
> 10^3 grammes, c'est 1 000 g ou un kilogramme
> (l'exposant 3 est traduit par le préfixe kilo).

a) Comment peut-on écrire autrement un kilomètre ?

b) Qu'est-ce qu'un kilowatt ?

c) À quelles valeurs de l'exposant correspondent les préfixes méga, giga, téra ?
(Aide-toi de ton dictionnaire.)

*** 37 Réponds à la question.

Le 12 octobre 1999 est né le six-milliardième être humain.
Il y avait 1 650 millions d'habitants sur terre en 1900.
De combien a augmenté la population mondiale au XXe siècle ?

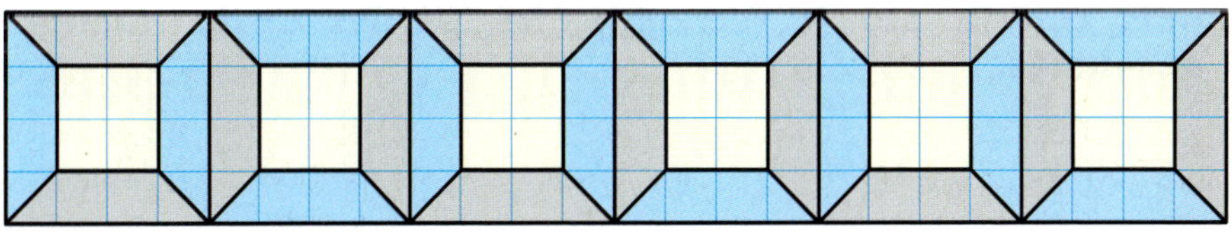

Fenêtres

Calcul mental

- Dictée de nombres : 24 632 547 ; 9 052 876 ; 47 078 640 ; 58 500 475 ; 68 504 680.
- Écris le nombre qui précède : 630 ; 1 801 ; 2 040 ; 4 070 ; 3 020.
- Que manque-t-il pour atteindre la centaine qui suit 480 ? 670 ? 840 ? 920 ? 482 ?

6 Fractions

Une fraction permet d'écrire un nombre de parts égales d'une unité.

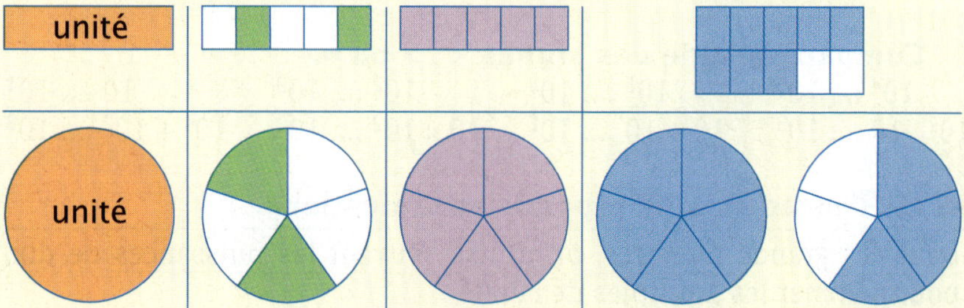

1 | $\frac{2}{5}$ | $\frac{5}{5} = 1$ | $\frac{8}{5}$

$$\frac{2}{5} < \frac{5}{5} < \frac{8}{5}$$

$\frac{2}{5}$ 2 → Le **numérateur** indique le nombre de parts que l'on prend.
5 → Le **dénominateur** indique en combien de parts est divisée l'unité.

** **38 Pour chaque fraction, trace un rectangle de 12 cm de longueur. Divise-le, comme indiqué par le dénominateur, puis colorie, sur le rectangle, les parties de la fraction demandée.**

a) $\frac{1}{12}$ $\frac{1}{4}$ $\frac{3}{12}$ $\frac{10}{12}$ $\frac{15}{12}$

b) $\frac{3}{4}$ $\frac{5}{6}$ $\frac{5}{12}$ $\frac{2}{3}$ $\frac{2}{2}$

c) $\frac{1}{2}$ $\frac{6}{12}$ $\frac{5}{4}$ $\frac{4}{8}$ $\frac{12}{24}$

** **39 Observe les parties coloriées de l'exercice précédent, puis réponds aux consignes.**

a) Recherche dans l'exercice précédent des fractions égales.

b) Range de la plus petite à la plus grande les fractions du b) de l'exercice précédent.

**** 40 Écris la fraction qui correspond aux parties coloriées du disque, en chiffres, puis en lettres.**

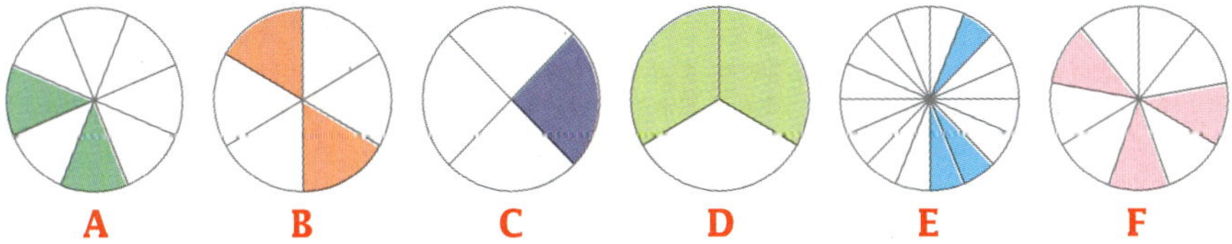

**** 41 Compare à l'aide des signes < , > , = ou complète chaque inégalité avec une fraction qui convient.**

a) $\frac{5}{7} \dots \frac{2}{7}$ $\quad \frac{1}{4} \dots \frac{3}{4}$ $\quad \frac{2}{9} \dots \frac{1}{9}$ $\quad \frac{4}{7} \dots \frac{6}{7}$ $\quad \frac{3}{5} \dots \frac{2}{5}$

b) $\frac{3}{7} < \dots$ $\quad \frac{8}{9} < \dots$ $\quad \frac{3}{4} < \dots$ $\quad \frac{1}{4} < \dots$ $\quad \frac{5}{6} < \dots$

c) $\frac{3}{9} < \dots < \frac{7}{9}$ | $\frac{1}{5} < \dots < \frac{3}{5}$ | $\frac{3}{5} < \dots < \frac{6}{5}$ | $\frac{1}{2} < \dots < \frac{3}{2}$ | $\frac{7}{3} < \dots < \frac{9}{3}$

d) $\frac{1}{3} < \dots < \frac{2}{3}$ | $\frac{2}{5} < \dots < \frac{3}{5}$ | $\frac{4}{6} < \dots < \frac{5}{6}$ | $\frac{4}{7} < \dots < \frac{5}{7}$ | $\frac{3}{10} < \dots < \frac{4}{10}$

**** 42 Choisis une figure (un rectangle ou un disque) pour chaque lettre, et colorie les parties qui correspondent aux fractions demandées. Que remarques-tu ?**

a) $\frac{1}{2}$; $\frac{2}{4}$; $\frac{5}{10}$ $\quad$ b) $\frac{4}{2}$; $\frac{6}{3}$; $\frac{2}{1}$ $\quad$ c) $\frac{4}{4}$; $\frac{3}{3}$; $\frac{7}{7}$ $\quad$ d) $\frac{0}{5}$; $\frac{0}{3}$; $\frac{0}{8}$

***** 43 En utilisant des multiples du dénominateur, propose des fractions égales pour chacune des fractions suivantes, comme dans l'exemple.**

$$\frac{1}{4} = \frac{1 \times 2}{4 \times 2} = \frac{2}{8}$$

$\frac{1}{4}$ $\quad \frac{1}{2}$ $\quad \frac{1}{3}$ $\quad \frac{3}{8}$ $\quad \frac{2}{5}$ $\quad \frac{5}{6}$

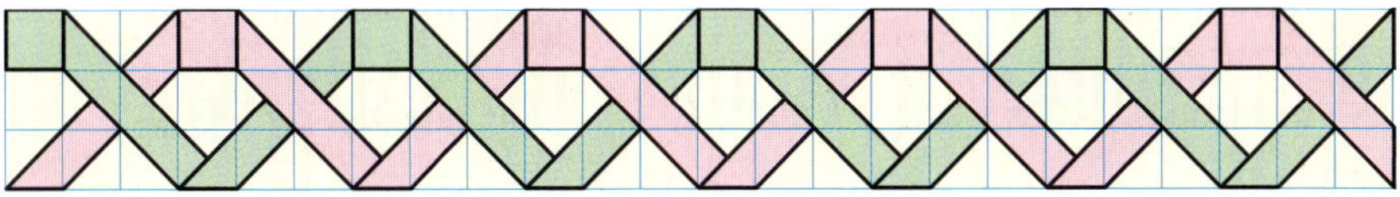

Tressage

Calcul mental

- Quel est le quart de : 16 ; 24 ; 48 ; 92 ; 100 ?
- Une usine de skis fabrique 48 paires de skis par heure. Combien en fabrique-t-elle en un quart d'heure ?

7 Mesure d'une grandeur sous forme fractionnaire

▪ 

$\frac{1}{5}$ kg = 0,2 kg = 200 g

Un cinquième de kilogramme est égal à 200 grammes.

▪ 

La fraction rouge du segment d'un décimètre mesure 3 centimètres, donc :

$$3 \text{ cm} = 0{,}3 \text{ dm} = \frac{3}{10} \text{ dm}$$

Une **fraction** est un **nombre** : elle peut mesurer une grandeur.

** **44 Donne les masses en grammes (1 L d'eau a une masse d'1 kg).**

3 paquets de $\frac{1}{4}$ kg de café	$\frac{1}{5}$ d'un cake de 250 g	$\frac{5}{10}$ L d'eau
$\frac{1}{2}$ L d'eau	4 pots de 125 g	$\frac{1}{3}$ L d'eau

** **45 Donne le montant en euros des valeurs suivantes.**

$\frac{1}{3}$ de 5 322 € d'impôts	$\frac{1}{3}$ de 360 €	$\frac{1}{4}$ kg de confiture à 26 € le kg
$\frac{1}{2}$ terrain à 8 600 €	$\frac{2}{5}$ de 625 €	$\frac{1}{30}$ d'un salaire de 1 950 €
$\frac{3}{4}$ de sirop à 2,40 €	$\frac{3}{8}$ de 72 €	$\frac{1}{5}$ de gâteau à 2,25 €

Résous les problèmes.

*** **46** Anne achète 6 m de tissu pour 36 euros. Elle utilise 4 m pour le costume de Carnaval d'Agathe et le reste pour déguiser Thomas.

a) Quelle fraction du tissu Anne a-t-elle utilisée pour Agathe ?

b) Quelle fraction du tissu a-t-elle utilisée pour Thomas ?

c) Combien coûte le costume d'Agathe ? Et celui de Thomas ?

47 Cinq frères se partagent de façon égale les 32 500 euros du montant de la vente d'un champ.

a) Quelle fraction de la valeur du champ reçoivent-ils chacun ?

b) Donne la somme en euros.

Les cinq frères vendent aussi une maison 155 000 €.

c) Quelle fraction du prix reçoivent-ils chacun ?

d) Donne la somme en euros.

e) Calcule de deux manières la somme reçue par chacun après la vente du champ et de la maison.

48 Un fleuriste reçoit un lot de 450 roses. À la fin de la semaine, il lui reste 45 roses, fanées et invendables.

a) Quelle fraction de sa commande a-t-il perdue ?

b) S'il perd la même fraction sur chaque lot de fleurs, combien de glaïeuls perdra-t-il sur les 480 qu'il recevra la semaine prochaine ?

49 Trace un segment de 10 cm pour chaque série de fractions : c'est l'unité. Choisis une couleur pour chaque fraction et trace sa valeur sur le segment.

a) $\frac{1}{10}$ $\frac{5}{10}$ $\frac{7}{10}$ $\frac{12}{10}$

b) $\frac{10}{100}$ $\frac{50}{100}$ $\frac{170}{100}$ $\frac{20}{100}$

50 Écris ces nombres décimaux sous forme de fraction.

a)	0,5 m	0,9 m	0,7 m	0,1 m	5 dm	2,3 m
b)	0,35 m	0,40 m	68 cm	0,46 m	59 cm	6,3 dm
c)	6,3 m	4,2 m	1,6 m	152 cm	0,85 m	0,25 m

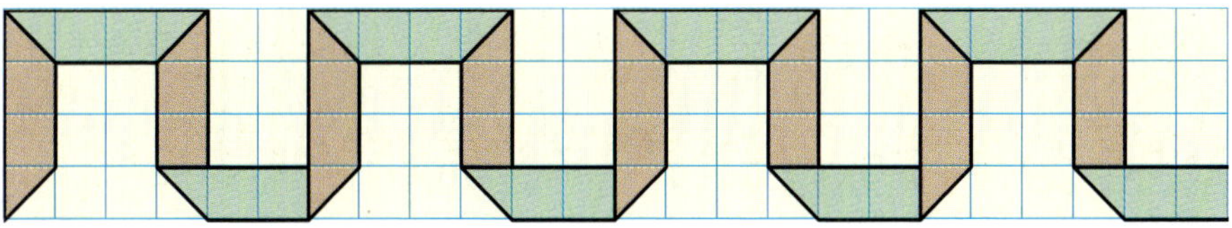

Replis

Calcul mental

- Un disque comportant cinq morceaux de musique dure 45 min. Quelle est la durée moyenne d'un morceau ?
- Quelle distance parcourt-on si l'on fait le quart d'un trajet de 464 km ?

8 Comparaison de fractions

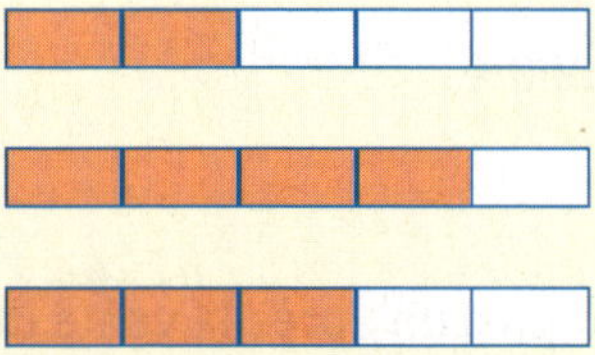

$\frac{2}{5}$

$\frac{4}{5}$

$\frac{3}{5}$

Les parts sont égales : on compare le nombre de parts.

Quand les **dénominateurs** sont **égaux**, on compare les **numérateurs**. La fraction la plus grande a le numérateur le plus élevé.

$$\frac{2}{5} < \frac{3}{5} < \frac{4}{5}$$

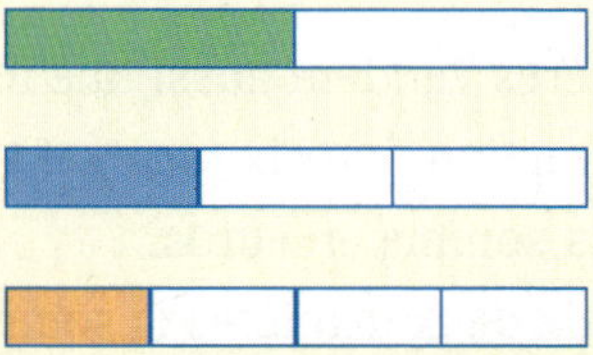

$\frac{1}{2}$

$\frac{1}{3}$

$\frac{1}{4}$

Les parts sont inégales : on compare la taille des parts.

Quand les **numérateurs** sont **égaux**, on compare les **dénominateurs**. La fraction la plus grande a le plus petit dénominateur.

$$\frac{1}{2} > \frac{1}{3} > \frac{1}{4}$$

**** 51 Compare les fractions à l'aide des signes <, > ou =.**

a)	$\frac{1}{4}$ … $\frac{3}{4}$	$\frac{2}{5}$ … $\frac{3}{5}$	$\frac{4}{7}$ … $\frac{1}{7}$	$\frac{6}{2}$ … $\frac{3}{2}$	$\frac{7}{3}$ … $\frac{1}{3}$
b)	$\frac{12}{14}$ … $\frac{2}{14}$	$\frac{7}{8}$ … $\frac{1}{8}$	$\frac{4}{10}$ … $\frac{6}{10}$	$\frac{9}{11}$ … $\frac{12}{11}$	$\frac{1}{15}$ … $\frac{3}{15}$

**** 52 Complète en écrivant le signe ou une fraction qui convient.**

a)	$\frac{3}{5}$ … $\frac{4}{5}$	… > $\frac{4}{5}$	$\frac{2}{5}$ < …	$\frac{1}{2}$ < …	$\frac{4}{6}$ … $\frac{2}{6}$	$\frac{2}{3}$ > …
b)	… < $\frac{5}{8}$	… < $\frac{3}{8}$	$\frac{5}{6}$ … $\frac{1}{6}$	$\frac{3}{3}$ > …	… < $\frac{8}{9}$	$\frac{3}{4}$ < …
c)	$\frac{6}{9}$ > …	$\frac{3}{9}$ > …	… > $\frac{5}{7}$	$\frac{12}{14}$ … $\frac{12}{10}$	$\frac{11}{12}$ > …	$\frac{3}{5}$ < $\frac{6}{…}$

***** 53 Observe l'exemple, puis effectue chaque division en t'aidant de ta calculatrice. Écris une fraction égale au résultat.**

$$3 \div 4 = 0{,}75 \rightarrow \frac{3}{5} = 0{,}75$$

a)	1 ÷ 2	5 ÷ 8	6 ÷ 5	5 ÷ 4	3 ÷ 8	4 ÷ 10
b)	1 ÷ 8	1 ÷ 4	1 ÷ 5	1 ÷ 10	1 ÷ 16	1 ÷ 32

** 54 Résous le problème.

a) Essaie de comparer $\frac{4}{5}$ et $\frac{5}{6}$. Est-ce facile ? Pourquoi ?

b) Alain et Bernard ont acheté chacun le même gâteau.
Alain mange les $\frac{4}{5}$ de son gâteau. Quelle fraction lui reste-t-il ?

c) Bernard mange les $\frac{5}{6}$ de son gâteau. Quelle fraction lui reste-t-il ?
Qui conserve le plus petit reste ? Qui a été le plus gourmand ?

d) Peux-tu maintenant comparer facilement $\frac{4}{5}$ et $\frac{5}{6}$?

** 55 Recopie le tableau, puis écris, sous chaque fraction, la fraction qui manque pour obtenir l'unité.

① fraction	$\frac{3}{4}$	$\frac{5}{6}$	$\frac{4}{5}$	$\frac{8}{9}$	$\frac{6}{7}$
② complément à l'unité	…	…	…	…	…

a) Compare et ordonne les fractions de la ligne ② dans l'ordre croissant.

b) Grâce aux résultats de a), compare et ordonne les fractions de la ligne ① dans l'ordre croissant.

** 56 Observe les fractions, puis réponds aux questions.

$\frac{1}{2}$ $\frac{5}{4}$ $\frac{2}{10}$ $\frac{8}{3}$ $\frac{12}{7}$ $\frac{4}{4}$ $\frac{9}{2}$ $\frac{5}{1}$ $\frac{5}{100}$ $\frac{1}{20}$

a) Quelles sont les fractions plus petites que l'unité ?

b) Quelles sont les fractions plus grandes que l'unité ?

c) Quelles sont les fractions égales à l'unité ?

Vérifie tes résultats avec une calculatrice.

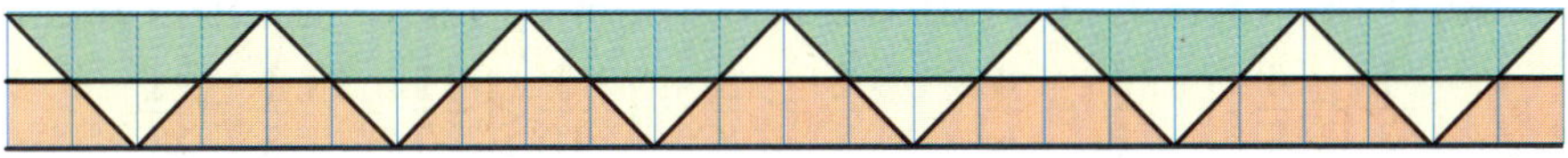

Reflets déphasés

Calcul mental

- Écris le nombre entier précédant les nombres décimaux : 15,6 ; 22,8 ; 74,9 ; 54,3 ; 87,45.
- Trouve le cinquième de 20 ; de 100 ; de 430 ; de 135 ; de 325.
- Élodie a acheté 200 g de cacahuètes et a mangé les trois quarts du paquet. Quelle quantité a-t-elle mangée ?

9 Somme et différence de deux fractions

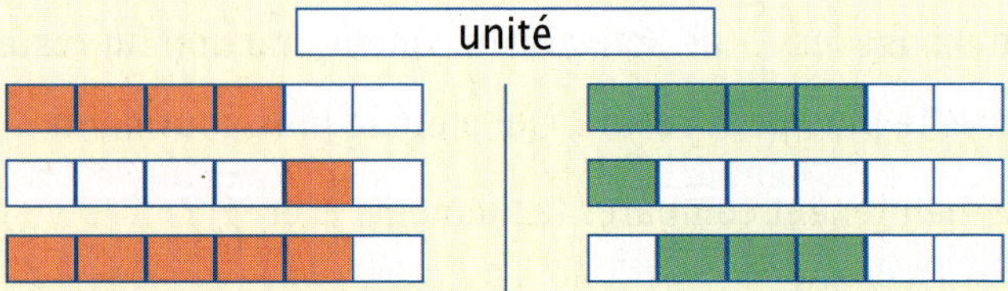

$\frac{4}{6} + \frac{1}{6} = \frac{5}{6}$ $\frac{4}{6} - \frac{1}{6} = \frac{3}{6}$

Pour **additionner** ou **soustraire** facilement des fractions, elles doivent avoir le **même dénominateur**.
On additionne ou on soustrait alors les numérateurs.

** **57 Écris, pour chaque figure, la fraction qui correspond à chaque partie coloriée. Calcule la somme des parties coloriées d'une même figure.**

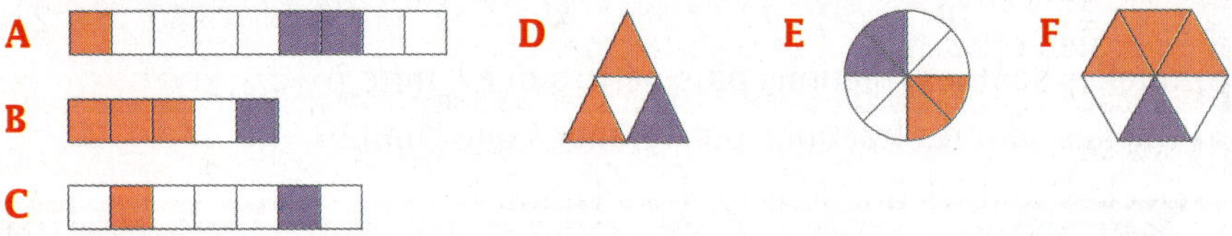

** **58 Écris les paires de fractions que tu peux additionner ou soustraire facilement. Calcule leur somme, puis leur différence.**

a) $\frac{1}{2}$ et $\frac{4}{5}$ $\frac{1}{6}$ et $\frac{4}{6}$ $\frac{2}{8}$ et $\frac{5}{8}$ $\frac{3}{10}$ et $\frac{11}{10}$ $\frac{1}{5}$ et $\frac{3}{6}$

b) $\frac{1}{7}$ et $\frac{1}{4}$ $\frac{2}{5}$ et $\frac{1}{2}$ $\frac{3}{7}$ et $\frac{2}{3}$ $\frac{7}{3}$ et $\frac{2}{3}$ $\frac{1}{9}$ et $\frac{8}{9}$

c) $\frac{5}{3}$ et $\frac{2}{5}$ $\frac{1}{3}$ et $\frac{1}{6}$ $\frac{1}{4}$ et $\frac{3}{4}$ $\frac{3}{8}$ et $\frac{2}{3}$ $\frac{4}{2}$ et $\frac{1}{2}$

** **59 Résous le problème d'eau.**
Une casserole peut contenir 1 litre d'eau. Hervé et Irmine y versent chacun $\frac{3}{4}$ de litre d'eau. Que va-t-il se passer ? Explique ta réponse.

** **60 Calcule la somme des fractions.**

a) $\frac{1}{3}+\frac{1}{3}$ $\frac{2}{7}+\frac{4}{7}$ $\frac{3}{8}+\frac{7}{8}$ $\frac{3}{5}+\frac{1}{5}$ $\frac{2}{9}+\frac{2}{9}$

b) $\frac{1}{2}+\frac{3}{2}$ $\frac{5}{11}+\frac{3}{11}$ $\frac{5}{9}+\frac{3}{9}$ $\frac{5}{7}+\frac{1}{7}$ $\frac{6}{6}+\frac{5}{6}$

** **61 Calcule les différences entre les fractions.**

a) $\frac{3}{4}-\frac{1}{4}$ $\frac{7}{9}-\frac{1}{9}$ $\frac{3}{8}-\frac{1}{8}$ $\frac{7}{5}-\frac{2}{5}$ $\frac{4}{5}-\frac{4}{5}$

b) $\frac{7}{2}-\frac{5}{2}$ $\frac{7}{10}-\frac{4}{10}$ $\frac{5}{6}-\frac{2}{6}$ $\frac{2}{3}-\frac{1}{3}$ $\frac{5}{7}-\frac{2}{7}$

** **62 Lis les fractions. Trouve à chaque fois celle qui manque pour obtenir l'unité.**

a) $\frac{2}{3}$ $\frac{1}{4}$ $\frac{4}{5}$ $\frac{1}{2}$ $\frac{7}{20}$

b) $\frac{3}{7}$ $\frac{4}{9}$ $\frac{1}{12}$ $\frac{7}{10}$ $\frac{5}{100}$

*** **63 Résous le problème.**

Un berger grec avait onze brebis. Il avait demandé qu'on partage son troupeau entre ses trois fils après sa mort : $\frac{1}{6}$ pour Epsilon, $\frac{1}{3}$ pour Omega et $\frac{1}{4}$ pour Alpha. Alpha, Epsilon et Omega consultèrent un sage. Pour les aider à effectuer le partage, le sage ajouta la plus belle brebis de son propre troupeau avant de faire le partage des 12 bêtes.

a) Combien chacun des fils a-t-il reçu de bêtes ?

b) Le sage remporta sa brebis, plus deux autres bêtes, en remerciement de ses services. Explique comment et par qui le sage fut payé.

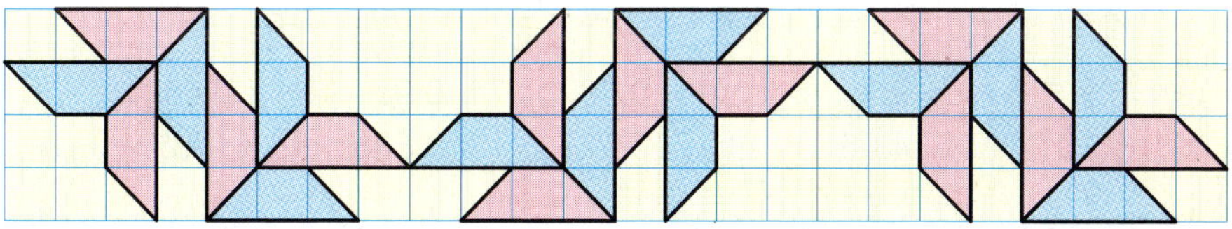

Cornières

Calcul mental

- Trouve le tiers de 42 ; de 72 ; de 57 ; de 318 ; de 684.
- Trouve la plus grande des deux fractions : ($\frac{1}{3}$ et $\frac{1}{4}$) ; ($\frac{1}{6}$ et $\frac{1}{2}$) ; ($\frac{1}{8}$ et $\frac{1}{5}$) ; ($\frac{1}{5}$ et $\frac{1}{9}$) ; ($\frac{1}{10}$ et $\frac{1}{20}$).
- Zora a reçu 125 € pour 5 jours de travail. Combien Clotilde, qui n'a travaillé qu'un jour au même poste, doit-elle recevoir ?

10 Fractions décimales

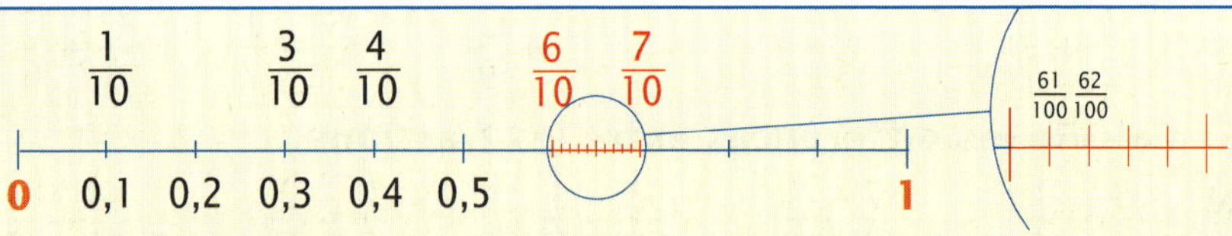

Les nombres décimaux ou fractionnaires qui peuvent s'écrire sous la forme d'une fraction avec 10, 100, 1 000 au dénominateur... sont des **fractions décimales**. Les fractions décimales qui ont **100 au dénominateur** s'appellent parfois **pourcentages**.

$$\frac{3}{10} + \frac{7}{100} = \frac{30}{100} + \frac{7}{100} = \frac{37}{100} \text{ (37 \%)}$$

$$0{,}3 + 0{,}07 = 0{,}300 + 0{,}070 = 0{,}37$$

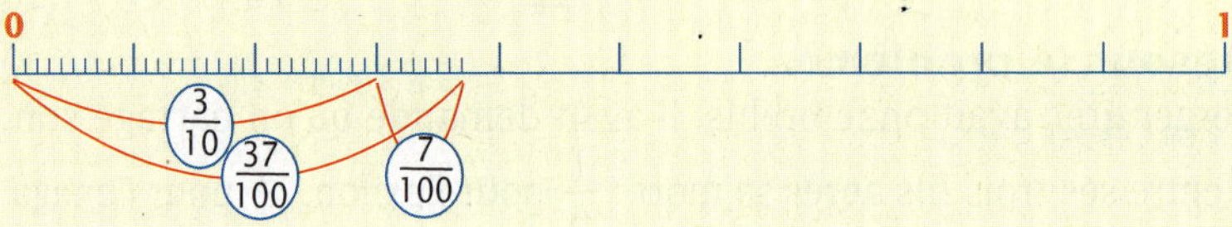

Pour additionner deux fractions décimales, on écrit les fractions avec un **même dénominateur** et on ajoute les numérateurs.

* **64 Écris ces nombres décimaux sous forme de fraction décimale, comme dans l'exemple.**

$$4{,}652 = 4 + \frac{6}{10} + \frac{5}{100} + \frac{2}{1\,000}$$

a) 0,5 2,7 0,58 0,91 0,43

b) 0,15 4,06 15,52 0,653 1,425

* **65 Transforme chaque fraction en un nombre décimal, puis calcule les sommes.**

a) $\frac{9}{10} + \frac{2}{100}$ | $3 + \frac{4}{10} + \frac{5}{1\,000}$ | $\frac{5}{100} + \frac{6}{1\,000}$

b) $\frac{5}{10} + \frac{7}{100} + \frac{4}{1\,000}$ | $\frac{8}{100} + \frac{4}{10\,000}$ | $\frac{9}{10} + \frac{2}{100} + \frac{4}{1\,000}$

c) $\frac{3}{100} + \frac{4}{10\,000}$ | $6 + \frac{1}{10} + \frac{5}{100}$ | $5 + \frac{7}{10} + \frac{3}{1\,000}$

d) $\frac{4}{10} + \frac{5}{1\,000} + \frac{6}{10\,000}$ | $\frac{8}{1\,000} + \frac{2}{10\,000}$ | $4 + \frac{9}{1\,000}$

66 Reproduis ce segment repésentant des dixièmes, puis place dessus chaque fraction.

a) $\frac{3}{10}$ $\frac{9}{10}$ $\frac{5}{10}$ $\frac{4}{10}$ $\frac{1}{10}$

b) $\frac{25}{100}$ $\frac{72}{100}$ $\frac{78}{100}$ $\frac{81}{100}$ $\frac{95}{100}$

67 Complète avec une fraction décimale, puis avec le nombre décimal qui lui correspond.

a) $\frac{4}{10} < \cdots < \frac{6}{10}$ $\frac{2}{10} < \cdots < \frac{3}{10}$ $\frac{8}{10} < \cdots < \frac{9}{10}$

$0{,}4 < \cdots < 0{,}6$ $0{,}2 < \cdots < 0{,}3$ $0{,}8 < \cdots < 0{,}9$

b) $\frac{45}{100} < \cdots < \frac{50}{100}$ $\frac{68}{100} < \cdots < \frac{7}{10}$ $\frac{71}{100} < \cdots < \frac{72}{100}$

$0{,}45 < \cdots < 0{,}50$ $\cdots < \cdots < \cdots$ $\cdots < \cdots < \cdots$

68 En t'aidant de ta calculatrice, trouve pour chaque fraction une fraction décimale qui lui correspond.

$$\frac{1}{8} = 0{,}125 = \frac{125}{1\,000}$$

a) $\frac{1}{2}$ $\frac{3}{4}$ $\frac{6}{16}$ $\frac{1}{4}$ $\frac{1}{5}$

b) $\frac{3}{5}$ $\frac{7}{8}$ $\frac{3}{2}$ $\frac{6}{5}$ $\frac{7}{40}$

69 Écris les fractions sous forme de pourcentage.

$\frac{5}{10}$ $\frac{3}{10}$ $\frac{250}{1\,000}$ $\frac{40}{2\,000}$ $\frac{4}{25}$ $\frac{3}{5}$

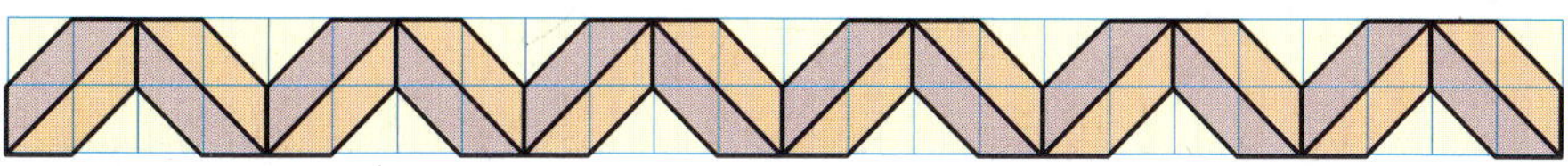

Imbrications

Calcul mental

- Tables : 42 : 7 ; 63 : 9 ; 54 : 6 ; 72 : 8 ; 56 : 8.
- Trouve le tiers de 36 ; de 69 ; de 693 ; de 960 ; de 6 390.
- On épluche 600 g de pommes de terre. Il y a un dixième d'épluchures. Quelle masse d'épluchures a-t-on produite ?
- Sur 250 billets de loterie, un dixième des billets sont des billets gagnants. Combien de billets sont gagnants ?

11 Un nombre : différentes écritures

sept	un	trois quarts
$4 + 3$	$\frac{4}{4}$ $\frac{2}{2}$	$\frac{3}{4}$ $\frac{6}{8}$
7	1 1×1	0,75
$14 : 2$		$\frac{12}{16}$ $\frac{75}{100}$
7×1		

Un **même nombre** peut s'écrire sous de **nombreuses formes**.

* **70 En utilisant les signes d'opération ou de fraction, écris chacun de ces nombres sous trois formes différentes.**

a) cent — vingt — cinquante — quatre-vingts — soixante-dix

b) trente-six — seize — soixante-deux — vingt-quatre — vingt et un

** **71 Trouve des fractions équivalentes.**

a) $\frac{1}{3} = \frac{2}{...} = \frac{...}{12}$ $\frac{3}{5} = \frac{9}{...} = \frac{30}{...}$ $\frac{4}{...} = \frac{2}{8} = \frac{...}{...}$

b) $\frac{5}{10} = \frac{25}{...} = \frac{...}{40}$ $\frac{3}{...} = 1 = \frac{...}{17}$ $\frac{4}{...} = \frac{8}{4} = \frac{40}{...}$

** **72 Écris ces nombres décimaux sous forme de fractions.**

$$0{,}80 = \frac{80}{100} = \frac{800}{1\,000} = \frac{40}{50}$$

a) 0,5 — 0,25 — 0,10 — 0,6 — 0,55

b) 0,12 — 0,7 — 0,05 — 0,123 — 0,001

c) 0,03 — 0,301 — 2,1 — 4,01 — 3

** **73 Écris les fractions sous forme d'un nombre entier ou d'un nombre décimal.**

a) $\frac{1}{2}$ $\frac{4}{5}$ $\frac{3}{8}$ $\frac{7}{10}$ $\frac{9}{12}$

b) $\frac{7}{2}$ $\frac{28}{7}$ $\frac{39}{13}$ $\frac{4}{25}$ $\frac{42}{7}$

** **74 Parmi ces 18 nombres, trouve ceux qui sont égaux.**

$\frac{3}{2}$	$\frac{1}{4}$	0,625	0,06	$\frac{60}{10}$	0,4
$\frac{1}{100}$	6	$\frac{4}{10}$	0,75	1,5	0,01
$\frac{5}{8}$	$\frac{40}{100}$	$\frac{3}{4}$	$\frac{2}{8}$	$\frac{2}{5}$	$\frac{6}{100}$

*** **75 Lis l'encadré, puis réponds aux questions.**

> Certaines fractions ne peuvent pas s'écrire exactement sous la forme d'un nombre à virgule.
>
> $\frac{1}{3} = 0{,}333...$

a) En utilisant ta calculatrice, recherche des fractions qui peuvent être écrites sous la forme d'un nombre exact à virgule.

b) En utilisant ta calculatrice, recherche des fractions qui ne peuvent pas être écrites sous la forme d'un nombre exact à virgule.

** **76 Recherche le nombre d'habitants de 5 grands pays d'Europe.**
Écris ces nombres en prenant le million d'habitants comme unité.
Range ces pays du plus peuplé au moins peuplé.

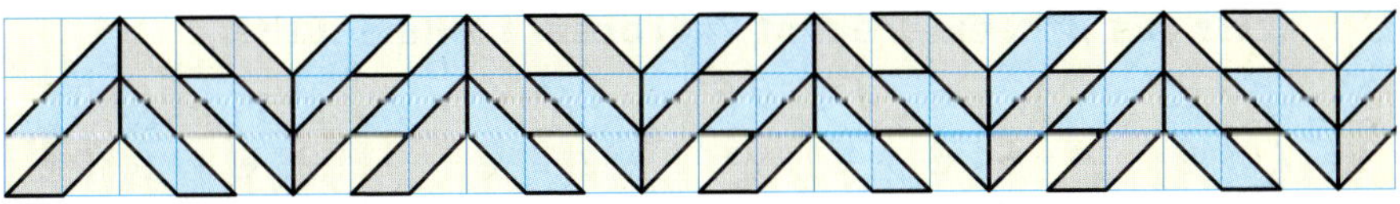

Chevauchements

Calcul mental

Pour ajouter neuf à un nombre, on ajoute dix, puis on soustrait un.

- Calcule : 25 + 9 ; 67 + 9 ; 83 + 9 ; 106 + 9 ; 264 + 9 .
- Une course à quatre relayeurs successifs dure 48 s. Combien de temps un coureur court-il en moyenne ?
- Le jambon vaut 15 € le kilo. Combien paierai-je pour une tranche de 0,1 kg ?

Un boulanger vend 10 pains 6,50 €. Quel est le prix d'un pain ?

12 Nombres décimaux et mesure

10	1	$\frac{1}{10}$	$\frac{1}{100}$
dam	m	dm	cm
	7	3	
4		7	

	€		€c
	7	3	5
	3		4

a) 0,73 dam = 7,3 m = 73 dm = 730 cm

b) 4,07 dam = 40,7 m = 407 dm = 4070 cm

c) 7,35 € = 735 €c

d) 3,04 € = 304 €c

Une même grandeur peut être exprimée dans des **unités différentes** par des **nombres différents**. La virgule indique la position de l'unité.

* **77 Écris ces prix en prenant l'euro comme unité.**

a)	186 €c	2 532 €c	80 €c	170 €c	9 €c	26 €c
b)	575 €c	6 400 €c	850 €c	365 €c	41 450 €c	59 €c
c)	879 €c	12 300 €c	1 854 €c	8 100 €c	195 €c	45 €c

* **78 Écris ces prix en prenant l'eurocent comme unité.**

a)	2,57 €	14,65 €	3,60 €	0,70 €	2,3 €	0,09 €
b)	7,05 €	64 €	125 €	32,50 €	11,25 €	9,36 €
c)	36,8 €	27,6 €	6 932 €	35,40 €	15,65 €	87 €

** **79 Écris ces longueurs en prenant le centimètre comme unité.**

a)	302 mm	60 dm	3 dam	302 dm	6,63 dm
b)	4,51 m	67,2 dm	3,25 dam	1,45 dm	1,013 mm
c)	5,012 m	14,35 dm	13 m	4,4 dam	1,6 mm
d)	453 dm	90 dm	7 dam	302 dm	663 mm

** **80 Écris ces longueurs en prenant le mètre comme unité.**

a)	7 dam	43 dm	50 dm	32,4 dm	663 mm
b)	302 mm	672 cm	465 dm	145 mm	1 013 mm
c)	592 mm	1435 mm	1,8 dam	4,4 dam	106 mm

**** 81 Recopie et complète à l'aide des signes < , > ou = .**

a)	13,6 ... 15	13,65 ... 13,9	4,825 ... 6	0,999 ... 1,455
b)	4,026 ... 4,206	3,5 5	18 ... 17,18	4,01 ... 5
c)	15,7 ... 16	0,732 ... 0,9732	0,732 ... 0,3972	5,01 ... 5,011

**** 82 Recopie et complète avec un nombre décimal.**

a)	13,6 > ...	13,65 < ...	... < 6,825	... < 1,455
b)	4,026 < ...	3,5 > ...	... > 17,18	... < 1
c)	15,7 > ...	0,732 < ...	... < 0,3972	... < 5

**** 83 Recopie en ignorant les zéros inutiles. Vérifie tes résultats à l'aide d'une calculatrice.**

a)	0,10	00,020	000,01	0,025	0,0205070	0,500
b)	0,03	100,02	012,05	2 001,001	060,0	00,120

***** 84 Recopie et complète avec un nombre décimal.**

a)	3,9 > ... > 3,8	3,35 < ... < 3,36	2,8519 < ... < 2,852	1,4549 < ... < 1,455
b)	4,08 < ... < 4,09	5,8 > ... > 5,75	1,121 > ... > 1,12	0,99 < ... < 1

***** 85 Écris cinq nombres décimaux compris entre 7,4 et 7,5.**
Combien peux-tu en écrire d'autres ?

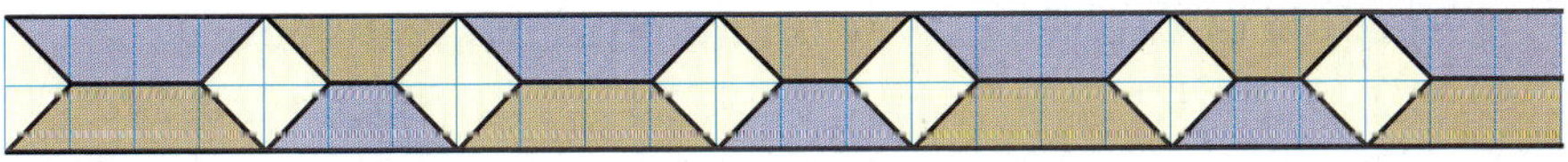

Poulies

Calcul mental

- Écris le plus grand des deux nombres 7,32 et 6,94. Fais de même avec : 12,58 et 72,1 ; 14,025 et 14,01 ; 5,68 et 5 ; 14,02 et 15,1.
- Arrondis 8,45 € à l'entier le plus proche. Fais de même avec 9,37 m ; 5,91 km ; 26,17 € ; 8,25 m.
- Les quatre tomes des *Trois mousquetaires* valent ensemble 30 €. Combien vaut un seul tome ?
- Quatre yaourts valent 184 €c. Combien vaut un yaourt ?
- Un lot de quatre paquets de café est vendu 8,20 €. Combien vaut un paquet ?

13 Ordre sur les décimaux

d	u	$\frac{1}{10}$	$\frac{1}{100}$	$\frac{1}{1\,000}$
2	4			
	7		9	
		9	1	5

0,915 < 7,09 < 24

Pour comparer deux nombres décimaux, **on compare chaque chiffre de rang égal en partant du rang le plus élevé**.

* **86 Compare ces nombres.**

a) Exprime les longueurs 1,6 m et 1,517 m en millimètres. Compare-les.

b) Compare maintenant 1,6 et 1,517.

c) Utilise la même méthode pour comparer : 2,09 m et 2,301 m ; 12,25 m et 12,052 m ; 15,306 m et 15,413 m ; 0,053 m et 0,090 m.

* **87 Recopie et complète en utilisant les signes < , > ou = .**

a) 14,5 ... 1,5   0,8 ... 8,01   6,4 ... 6,7   0,25 ... 0,026

b) 3,5 ... 3,05   0,689 ... 1,1   2,003 ... 2,1   5,6 ... 6,5

c) 1,32 ... 1,309   2,21 ... 10   3,42 ... 3,421   7,3 ... 7,034

** **88 Recopie et complète avec un nombre qui convient.**

a) 3,2 > ... > 1,2   4,3 < ... < 4,8   3,025 > ... > 3,02

b) 4,31 < ... < 4,4   3,201 > ... > 3,2   4,03 < ... < 4,035

c) 5,03 > ...   0,012 > ...   0,29 < ... < 0,3

** **89 Trouve deux nombres décimaux plus petits que 0,1 et deux autres plus petits que 0,01.**

** **90 Range ces nombres décimaux du plus petit au plus grand.**

a) 0,05   0,002   0,08   0,051   0,015   0,055

b) 2,1   12,01   2,012   12,2   2,02   12,1

c) 4,005   4,1   4,092   4,0401   4,03   4,08

*** **91 Place les nombres décimaux du a) et du c) de l'exercice précédent sur une droite numérique.**

Choisis toi-même une longueur et des graduations adaptées.

**** 92 Recopie le tableau, puis réponds aux questions.**
Au restaurant, quatre personnes ont commandé les repas suivants :

	menu	supplément	Total
Caroline	8 €	3,15 €	....
François	11,50 €	–	....
Arthur	9,35 €	1,65 €	....
Léa	11,50 €	2,50 €	....

a) Calcule la dépense de chacun.

b) Qui a dépensé le plus ?

c) Qui a dépensé le moins ?

d) Calcule la dépense totale de deux manières.

***** 93 Observe la règle du jeu, puis avec un camarade, continue la partie.**

Jeu d'approche

Le but du jeu est d'approcher 4. Anne joue 3,1 ; Béatrice 3,2...

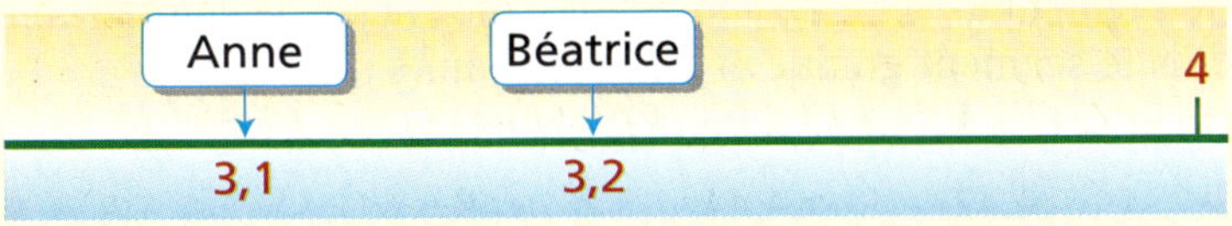

Aura perdu celle qui atteint 4 ou le dépasse, celle qui donne un nombre inférieur au précédent, celle qui passe son tour...

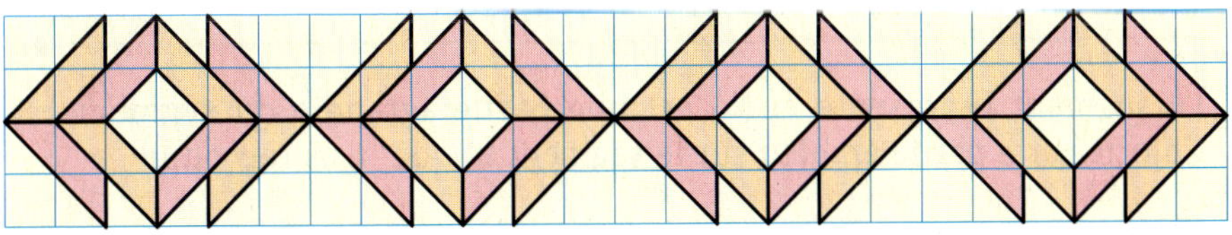

Serrages

Calcul mental

- Pour chaque paire de nombres, écris le plus grand des deux : 25,2 ou 9,671 ; 4,9 ou 4,29 ; 8 ou 13,7 ; 6,43 ou 6,45 ; 5,7 ou 74,5.
- Écris un nombre compris entre 8 et 9 ; 8,3 et 8,8 ; 6,40 et 6,5 ; 4,05 et 4,1 ; 2,43 et 2,44.
- Les 5 passagers d'une voiture partagent des frais d'essence d'un montant de 16,80 €. Combien chacun doit-il payer ?

14 Fractions, décimaux et droite numérique

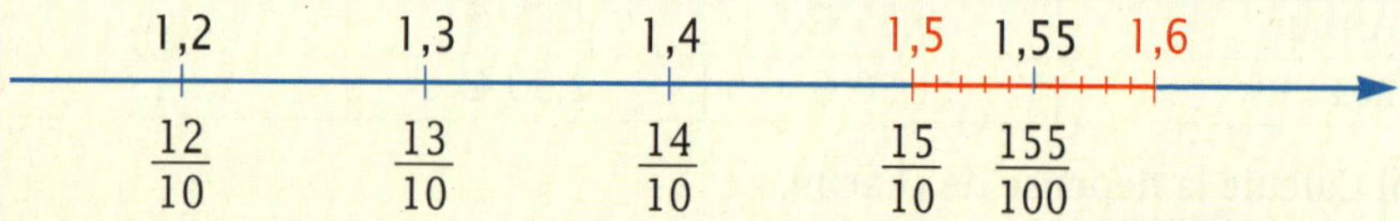

Un nombre décimal peut être écrit sous forme de **fraction décimale**.

* **94 Réponds aux consignes.**

a) Reproduis le segment gradué et place les points :
A (4,3) ; B (5) ; C (4,40) ; D (4,9) ; E (4,45)

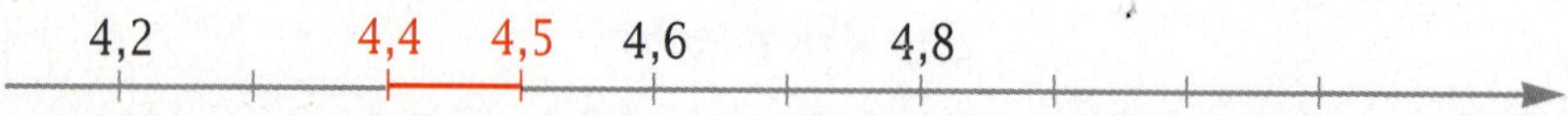

b) Sur le segment a), on a agrandi, ci-dessous, la partie colorée en rouge.
Reproduis le segment gradué et place les points :
F (4,43) ; G (4,45) ; H (4,440) ; I (4,49) ; J (4,415)

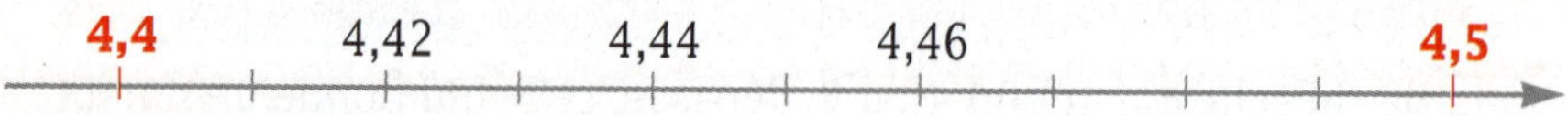

c) Reproduis le segment gradué et place les points :
K (4,423) ; L (4,425) ; M (4,4265) ; N (4,427) ; O (4,4430)

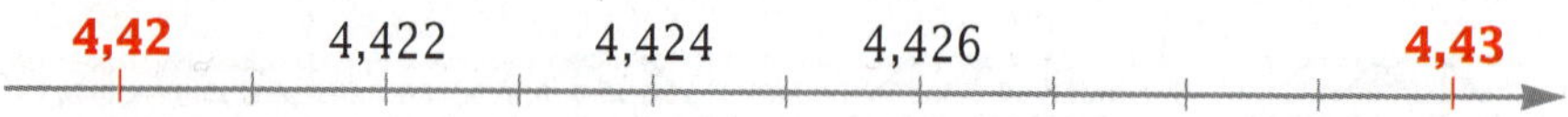

Le segment représenté en **c)** est une partie agrandie du segment **b)**. Colorie cette partie en bleu sur le segment **b)** que tu as reproduit.

* **95 Reproduis le segment gradué et place les points.**
A (7,29) ; B (7,25) ; C (7,225) ; D (7,205) ; E (7,240)

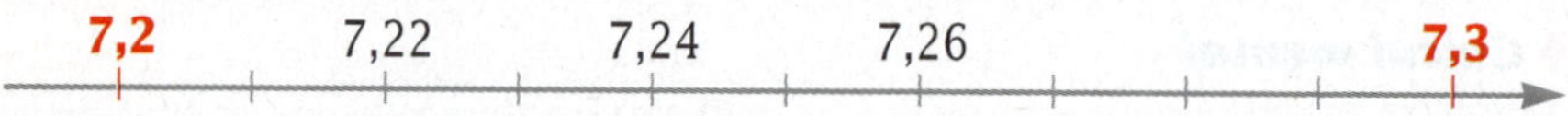

* **96 Écris un nombre décimal qui correspond à A, B, C, D, E.**

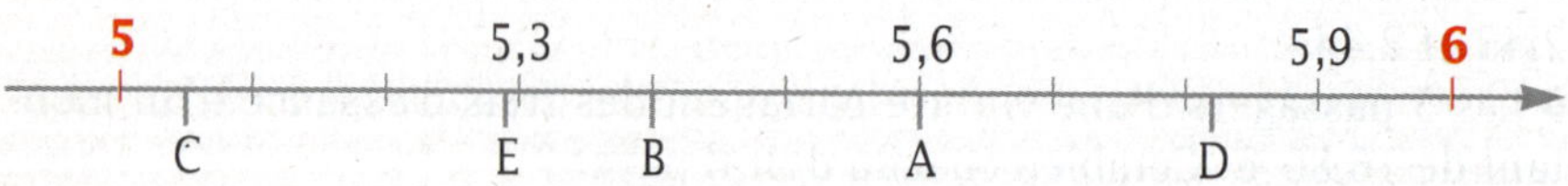

97 Écris ces nombres sous forme de fraction décimale.

a)	0,4	1,3	6,2	2,9	3,5
b)	0,06	0,25	1,04	1,30	1,82
c)	0,102	0,008	1,004	2,306	4,400

98 Écris ces fractions sous forme de nombre décimal.

a)	$\frac{5}{10}$	$\frac{32}{100}$	$\frac{272}{100}$	$\frac{47}{10}$	$\frac{157}{100}$
b)	$\frac{2}{5}$	$\frac{6}{5}$	$\frac{1}{5}$	$\frac{15}{5}$	$\frac{8}{5}$
c)	$\frac{4}{8}$	$\frac{3}{4}$	$\frac{9}{12}$	$\frac{5}{2}$	$\frac{6}{3}$

99 Sur une droite, limite un segment de 2 décimètres de longueur ; en prenant 1 cm pour 1/10, gradue-le de 0 à 2.
Place sur ce segment les nombres de l'exercice **98 b)**.

100 Lis le texte, puis réponds aux questions.

« LES FOSSILES »

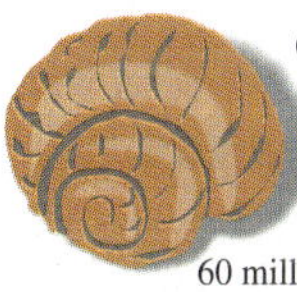

On a trouvé des fossiles d'organismes qui ont vécu il y a 540 millions d'années ; les dinosaures ont vécu entre 240 millions d'années et 60 millions d'années avant notre ère ; l'homme est apparu il y a 4 millions d'années.

a) En prenant 1 millimètre pour représenter un an, quelle serait la longueur du segment qui décrirait l'histoire de tous les hommes ?

b) Quelle serait la longueur de la droite qui décrirait l'histoire de la vie ?

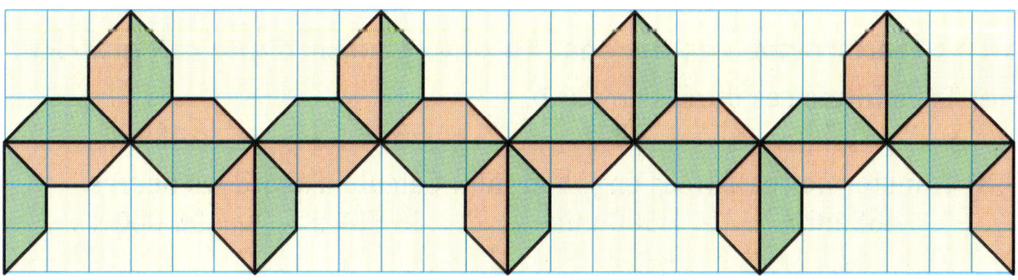

Épines

Calcul mental

- En combien de parts faut-il partager un gâteau pour en prendre un tiers ? un sixième ? un demi ? un huitième ? un quart ?
- Trouve le quart de 48 ; de 80 ; de 56 ; de 104 ; de 132.
- Pour le pique-nique de la classe, on achète 20 bouteilles d'eau d'un litre et demi. Quel volume d'eau a-t-on acheté ?

15 Nombres sexagésimaux

Les minutes et les secondes
se comptent par soixante.
Avec les **nombres sexagésimaux**,
il faut **60 unités**
pour obtenir le multiple de la seconde
ou de la minute.

Attention, il faut 24 unités pour obtenir le multiple de l'heure.

* **101 Reproduis l'axe du temps représenté ci-dessous.**

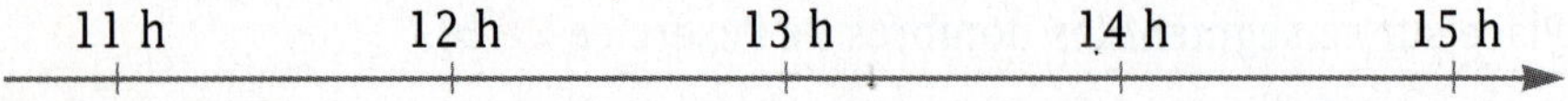

a) Combien de minutes représente l'intervalle entre deux graduations ?

b) Place dessus 11 h 27 min et 14 h 12 min. Donne, sans calcul, une approximation de la durée qui sépare ces deux instants.

* **102 Trace un axe du temps adapté pour chacun des cas.**

Instant 1	8 h 23 min	22 h 35 min	17 h 15 min	....
Instant 2	10 h 56 min	0 h 16 min	....	11 h 42 min
Durée	....	....	2 h 30 min	1 h 20 min

** **103 Transforme ces durées. Tu peux t'aider d'une calculatrice.**

a) Transforme ces durées en j et h.

26 h   78 h   368 h   489 h

b) Transforme ces durées en j, h et min. Calcule d'abord les heures.

465 min   1 500 min   36 784 s   90 000 s

** **104 Lis l'encadré, puis calcule les durées en j, h, min et s.**

Lors d'un tournoi, chaque équipe joue quatre matchs de 18 min.
Quel est le temps de jeu de chacune des équipes ?

$$\begin{array}{r} 18 \\ \times\ 4 \\ \hline 72 \end{array}$$

72 min = 60 min + 12 min = 1 h 12 min
Chaque équipe joue 1 h 12 min.

55 min × 7   24 s × 1 420   1 h 17 min × 15   58 min × 12

Résous les problèmes.

*** **105** Il faut 23 min pour fabriquer une pièce en atelier.
Combien peut-on fabriquer de pièces en quatre heures ?

*** **106** Les coureurs ont parcouru 8 tours en 12 min 25 s.
Quel est le temps moyen pour un tour ?

** **107** Bernard lit quatre fois par jour pendant les douze minutes de son trajet en métro. Il lui a fallu six jours pour achever son roman. Calcule en minutes, puis en heures le temps qu'il a mis pour le lire.

** **108** Aux échecs, on doit jouer 40 coups en 2 h. Quel est le temps moyen de réflexion pour un coup ?

*** **109** Un film dure 1 h 42 min. Il faut 10 min entre deux projections pour la sortie des spectateurs. Combien de séances peut-on programmer entre midi et minuit ?
Propose un horaire de début de projection.

*** **110** **En t'aidant de l'exemple, calcule les fractions décimales de l'heure.**

$$0{,}1 \text{ h} = \frac{1}{10} \text{ h} = \frac{10}{60} \text{ min} = 6 \text{ min}$$

Trouve la fraction décimale de l'heure qui correspond à une demi-heure, un quart d'heure, trois quarts d'heure, 20 min, 12 min.

Alternance long/court

Calcul mental

- Chaque mercredi, à 18 h 35, débute une série TV d'une demi-heure. À quelle heure se termine la séquence ?
- Maxime a enregistré six épisodes d'un dessin animé de 25 minutes chacun. Quelle est la durée d'enregistrement ?
- Le dessin animé commence à 18 h 26 et dure 17 min. Quelle heure est-il quand il se termine ?

16 Synthèse

* **111 Recopie et complète avec un nombre qui convient.**

15< … < 15,5 < … < 15,51 < … < 15,512

* **112 Range les nombres dans l'ordre croissant.**

129 921 219 12,9 9,21 91,2 21,9 92,1 1,29 2,91 1,92

* **113 Écris ces nombres en lettres.**

206 758 3 801 017 45 081 000

* **114 Écris ces nombres en chiffres.**

treize millions huit cent soixante-dix mille vingt et un ;
trois cent un millions six cent vingt mille onze ;
quatre-vingt-dix millions six cent soixante ;
deux cents millions trente et un mille quatre cent trente ;
cent quatre unités trois dixièmes et cinq millièmes.

** **115 Dessine cinq bandes de 15 cm de longueur. Pour chacune, colorie la partie qui correspond à la fraction demandée.**

un tiers ; un cinquième ; trois cinquièmes ; dix quinzièmes ; quatre cinquièmes.

Résous les problèmes.

** **116** Le maraîcher a planté 2 000 plants de salades. La grêle a ravagé les quatre cinquièmes de sa plantation. Combien de salades pourra-t-il espérer vendre ?

** **117** Un agriculteur a ensemencé 3/8 de ses terres en colza ; 1/8 en tournesol ; 2/8 en céréales et le reste est en jachère. Quelle est la fraction des terres en jachère ?

** **118 Pour chaque fraction, donne deux fractions égales.**

$\frac{2}{6}$ $\frac{6}{36}$ $\frac{5}{35}$ $\frac{8}{16}$ $\frac{5}{10}$

*** **119 Écris les fractions correspondant aux longueurs.**

a)	0,6 m	0,3 m	0,1 m	0,8 m	9 dm	1,6 m
b)	0,30 m	0,20 m	33 cm	0,8 m	47 cm	2,4 dm
c)	1,5 m	7,6 m	4,3 m	237 cm	0,75 m	0,55 m

***** 120 Observe le tableau, puis réponds aux questions.**

Les populations sont données en millions d'habitants.

	en 1900	en 1950	en 2000	*en 2050*
Afrique	133	221	749	*1 766*
Amérique du Nord	82	172	305	*392*
Amérique latine	74	167	504	*809*
Asie	947	1 402	3 681	*5 268*
Europe	408	547	728	*623*
Océanie	6	13	30	*46*

a) Quelle était la population mondiale en 1900 ? en 2000 ?
Quelle est la population mondiale prévue pour 2050 ?

b) Quelle a été pour chacune de ces six régions du monde l'augmentation de population entre 1900 et 2000 ?

c) Quelle est l'augmentation prévue entre 2000 et 2050 ?

***** 121 Réponds aux consignes.**

a) Écris quatre décimaux inférieurs à 0,1.

b) Écris cinq décimaux inférieurs à 0,01.

c) Range les neuf décimaux que tu as trouvés du plus grand au plus petit.

Résous les problèmes.

***** 122** Avec les vingt-six lettres de l'alphabet, combien peut-on écrire de « mots » de deux lettres ? Si ces « mots » étaient rangés par ordre alphabétique, quels seraient les trois premiers ? Quels seraient les trois derniers ? (Un « mot » est ici un groupe de lettres quelconques.)

***** 123** Une fabrique de crayons conditionne sa production en étuis de 10 crayons ; les étuis sont rangés en pochettes de 10 étuis ; les pochettes sont conditionnées en boîtes de 10 pochettes ; les boîtes sont mises en cartons de 10 boîtes.

a) Complète le tableau d'approvisionnement de la machine A (on ne note que les conditionnements pleins).

MACHINE A / Jours	quantité de crayons produite	étuis utilisés	pochettes utilisées	boîtes utilisées	cartons livrés
Lundi	45 650	…	…	…	…
Mardi	58 790	…	…	…	…
Mercredi	50 050	…	…	…	…
Jeudi	79 500	…	…	…	…
Vendredi	31 400	…	…	…	…

b) Quelle quantité de crayons a été produite chaque jour par la machine B ?

MACHINE B / Jours	quantité de crayons produite	étuis utilisés	pochettes utilisées	boîtes utilisées	cartons livrés
Lundi	...	5 129	...	...	5
Mardi	...	...	...	...	7
Mercredi	...	7 421	...	...	7
Jeudi	...	...	669	...	6
Vendredi	...	1 598	...	...	1

** **124 On fait fondre les trois-quarts d'une tablette de 100 g de chocolat. Quelle masse de chocolat a-t-on fait fondre ?**
Quelle masse de chocolat aurait-on fait fondre si on avait utilisé un quart de la tablette ? deux cinquièmes ? quatre cinquièmes ?

** **125 On partage un cake de 336 g. Quelle est la masse de cake qui correspond à une fraction de $\frac{3}{4}$? $\frac{5}{6}$? $\frac{5}{12}$? $\frac{2}{3}$? $\frac{2}{2}$?**
Range ces masses de la plus petite à la plus importante.

*** **126 Lis l'exemple dans le tableau, observe ces numéros de sécurité sociale, puis réponds aux questions.**
Voici un numéro de sécurité sociale. Il comprend treize chiffres :

le sexe (1 masculin et 2 féminin)	l'année de naissance	le mois de naissance	le département de naissance	la commune de naissance	le numéro d'ordre des naissances
1	44	07	89	206	093

❶ 1 44 07 89 206 093 ❹ 1 44 07 89 205 093 ❼ 2 44 07 89 206 092
❷ 1 44 07 02 206 093 ❺ 1 43 07 89 206 093 ❽ 2 44 06 89 206 093
❸ 1 44 07 89 207 093 ❻ 1 44 07 89 206 094 ❾ 2 69 11 75 116 078

a) Combien y a-t-il d'hommes ? Combien y a-t-il de femmes ?

b) Combien de personnes sont nées dans la même commune ?

c) Quel est le numéro qui a été attribué avant ❶ ? après ❶ ?

d) Quelle personne est la plus âgée ?

e) Quelles sont les deux personnes dont l'âge ne peut être comparé à l'aide de ces numéros ?

Opérations

17 Addition (entiers, décimaux)

On veut additionner 1 dizaine 5 dixièmes, 25 unités et 49 dixièmes.

dizaines	unités	dixièmes
1		5
2	5	
	4	9

$$\begin{array}{rrrr} & \overset{①}{1} & \overset{①}{0,} & 5 \\ + & 2 & 5 & \\ + & & 4, & 9 \\ \hline & 4 & 0, & 4 \end{array}$$

10,5 + 25 + 4,9 = 40,4

Il n'est possible d'**additionner** que des unités de **même rang**.

* **127 Trouve une question qui autorise l'addition de ces éléments. Formule la réponse en t'aidant de l'exemple.**

8 macaques et 6 chimpanzés : combien y a-t-il de singes dans ce zoo ?
Il y a 14 singes dans ce zoo.

a) 6 Boeing, 4 Douglas et 3 Airbus
b) 12 Citroën et 15 Renault
c) 10 BD et 11 romans
d) 13 cabillauds et 25 harengs
e) 29 triangles, 12 carrés et 16 cercles
f) 21 hortensias et 15 géraniums

** **128 Trouve une question qui autorise l'addition de ces éléments. Formule la réponse en t'aidant de l'exemple.**

2 kilomètres et 5 hectomètres : combien y a-t-il d'hectomètres ?
2 km c'est 20 hm ; il y a 25 hectomètres.

a) 1 h 30 min et 45 min
b) 2 douzaines d'œufs et 8 œufs
c) 1 an et 3 mois, 2 trimestres et 3 mois
d) 5 dam et 35 m
e) 2 j 18 h et 12 h
f) 5 litres et 4 décilitres

** **129 Pose et calcule les additions.**

a) 567 + 56 + 343	28 + 643 + 56 + 223	569 + 33 + 70
b) 569 + 20 + 682 + 56	286 + 86 + 53 + 62	56 + 6 + 269 + 79
c) 20 + 569 + 82 + 56	62 + 286 + 76 + 53	507 + 5 + 48
d) 264,4 + 39,2 + 96,1	378,10 + 6,70	9,1 + 269,4 + 5,3 + 79,1
e) 7,43 + 45,56	29,6 + 54,3	369,15 + 0,75

*** 130 Pose et calcule les additions.

a) 45,3 + 2,758	86,7 + 5,69	852,01 + 346
b) 65,16 + 45 + 232	87,05 + 53,2 + 4,125	45,8 + 2,12 + 6,202
c) 89,9 + 4,59 + 57,1 + 85	561 + 1,75 +9,5 + 4,2	9 + 1,58 + 45 + 68
d) 561,2 + 5,4 + 85 + 0,96	5,4 + 875 + 1,12 + 9,4	0,406 + 4,2 + 3,19

** 131 Recherche le nombre de figurines fabriquées par Philippe et Irmine.

Pour leur maquette du village, Irmine et Philippe ont fabriqué des figurines. Irmine a compté 12 figurines masculines, le reste étant des figurines féminines ; Philippe a compté 8 figurines qui portent un chapeau, les autres étant tête nue. Il y a 5 hommes qui portent un chapeau et 5 femmes qui sont tête nue.

** 132 Résous le problème.

En juillet, dans un camping, 54 bungalows ont été loués et 232 emplacements de caravanes réservés ; en août, ce sont 85 bungalows et 272 emplacements de caravanes qui ont été occupés.

a) Présente dans un tableau l'ensemble des données rangées : par catégorie (bungalows, caravanes) ; par période d'un mois ; pour les deux mois réunis.

b) Le gérant du camping établit chaque mois une facture par bungalow ou par emplacement. Combien de factures a-t-il établies ?

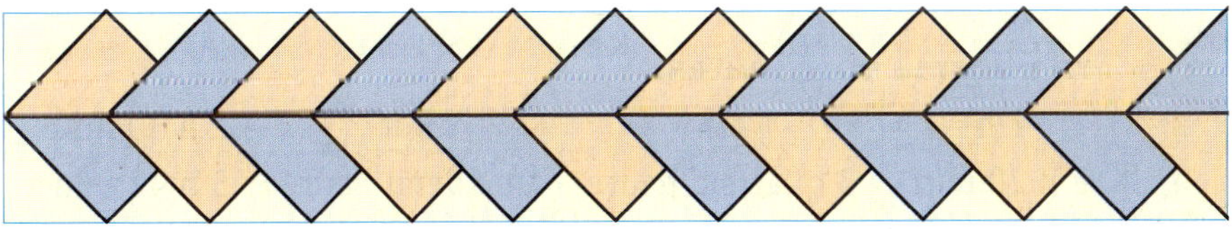

Reflets

Calcul mental

- Écris le nombre qui précède : 980 ; 1 025 ; 4 670 ; 3 800 ; 9 000.
- Calcule : 64 + 9 ; 56 + 9 ; 95 + 9 ; 232 + 9 ; 758 + 9.
- Jacques a 17 images ; Émilie lui en donne 8 qu'elle possède en double. Combien Jacques a-t-il maintenant d'images ?
- Pauline achète des chaussons de gymnastique 17 € et un jean 26 €. Combien paie-t-elle en tout ?
- Richard a prêté 17 € à Franck ; il lui reste 15 €. Quelle somme avait-il ?

18 Addition (nombres sexagésimaux)

On utilise un four 36 minutes pour cuire une tarte, puis 42 minutes pour cuire un rôti. Combien de temps le four reste-t-il allumé ?

$$36 + 42 = 78$$

78 = 60 + 18 : 78 minutes, c'est 1 heure 18 minutes.

On utilise le four : 1 h 18 minutes

Un train part de Paris à 8 h 27.
Le trajet Paris-Laroche dure 1 h 55 min.
Quelle est l'heure d'arrivée du train à Laroche ?

```
  8 h 27 min
+ 1 h 55 min
  9 h 82 min
```

9 h 82 min n'est pas usuel. Il faut donc transformer 60 minutes en 1 heure.

82 min = 60 min + 22 min = 1 h 22 min
9 h 82 min = 9 h + 1 h 22 min = 10 h 22 min
Le train arrivera à Laroche à 10 h 22 min

Dans les **nombres sexagésimaux** (minutes, secondes), il faut **60 unités** pour obtenir l'unité d'ordre supérieur.

* **133 Transforme en minutes.**

a)	1 h	4 h	6 h	2 h 30 min
b)	3 h 20 min	3 quarts d'heure	une demi-heure	5 h 42 min
c)	4 h 25 min	1 h 17 min	1 h et demie	1 h 45 min

* **134 Transforme en heures et en minutes.**

a)	180 min	300 min	120 min	420 min
b)	150 min	80 min	110 min	230 min
c)	97 min	154 min	175 min	212 min

** **135 Transforme en minutes et en secondes.**

a)	480 s	540 s	360 s	420 s
b)	225 s	150 s	170 s	615 s
c)	142 s	98 s	663 s	900 s

**** 136 Résous le problème.**

Au triathlon un concurrent a fait du vélo pendant 45 min 42 s, nagé pendant 35 min 12 s, couru pendant 17 min 25 s.
Quelle a été la durée de son épreuve ?

***** 137 Recopie le tableau, puis calcule les temps des participantes au biathlon et établis les classements.**

	course		natation		total	
Aline	19 min 12 s	…	15 min 16 s	…	…………	…
Bénédicte	21 min 45 s	…	14 min 53 s	…	…………	…
Claire	18 min 57 s	…	17 min 36 s	…	…………	…
Danièle	16 min 32 s	…	18 min 37 s	…	…………	…

***** 138 Observe l'exemple, puis transforme les heures décimales.**

0,5 h c'est une demi-heure, soit 30 minutes.

a) Calcule la somme 0,7 h + 0,8 h, puis transforme-la en minutes.
b) Transforme 0,1 h, 0,7 h et 0,8 h en minutes.

**** 139 Résous le problème.**

Il passe un train toutes les 18 minutes. Gina, qui est au lit car elle est malade, entend venir le septième train. Combien de temps s'est-il écoulé depuis que Gina a commencé à compter ?

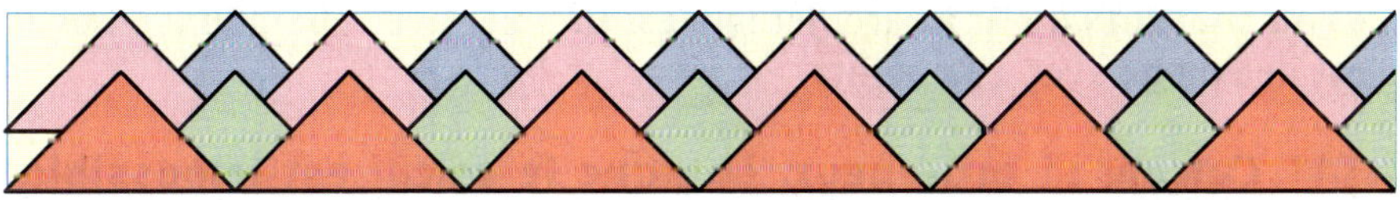

Alternances

Calcul mental

- Dictée de nombres : 12 025 ; 98 508 ; 72 864 ; 82 697 ; 61 001.
- On dispose de 4 cassettes vidéo ayant chacune une durée de 90 min. Peut-on enregistrer un spectacle de 5 heures ?
- Au cours de la saison de football, Kevin a joué 12 mi-temps de 45 min. Combien de temps a-t-il joué en tout (en minutes) ?
- Il faut 20 min pour cuire les gougères ; combien de temps faut-il pour faire 7 fournées ?
- Les cyclistes mettent 8 min pour faire un tour de circuit ; ils ont 21 tours à faire. Quelle sera la durée de la course ?

19 Sens de la soustraction

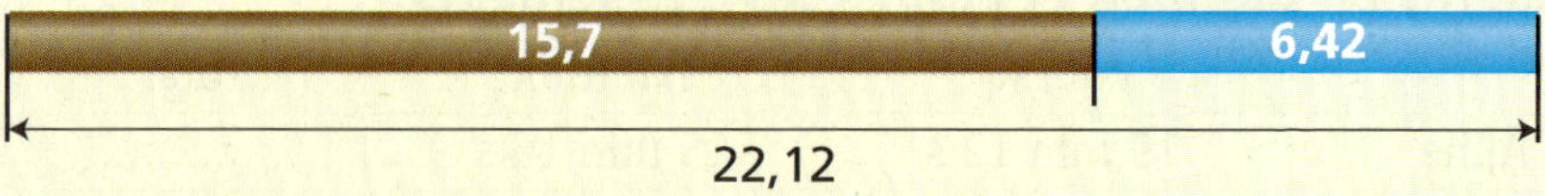

22,12 – 15,7 = 6,42 22,12 – 6,42 = 15,7 6,42 + 15,7 = 22,12

La soustraction permet de calculer le **manque**, le **reste**, la **différence** ou l'**écart**. Une lecture attentive permet de **comprendre le sens** et de **choisir la bonne opération**.

** 140 Trouve la question et rédige la réponse.

a) La grande échelle des pompiers mesure 32 mètres. La tour la plus haute de la ville mesure 54,50 mètres.

b) Alain est inscrit pour une marche de 12 km. Il a déjà marché 7,500 km.

c) Bernard a 56 points de fidélité ; il en faut 200 pour gagner un baladeur.

d) Au concours de tir à l'arc, Jérémy est premier avec 165 points ; David est deuxième avec 137 points.

** 141 Calcule si tu le peux. Lorsque le calcul est impossible, explique pourquoi.

a) (125 + 36) – 20	et	(125 – 20) + 36
b) (179 + 46) – 215	et	(179 – 215) + 46
c) (564 + 251) – 580	et	(564 – 580) + 251
d) (175,7 + 36,9) – 20,2	et	(175,7 – 20,2) + 36,9
e) (189,9 + 49,35) – 215,87	et	(189,9 – 215,87) + 49,35
f) (764,01 + 251,3) – 580,25	et	(764,01 – 580,25) + 251,3

** 142 Résous le problème.

Maman a acheté 3,16 € le lot de 6 demi-litres de lait UHT, deux pots de miel à 4,42 € l'un et deux ampoules au krypton. Elle a payé 15,14 € en tout. Combien lui a-t-on rendu sur son billet de 50 € ?
Quel est le prix des ampoules ?

** 143 Écris, à l'aide de parenthèses, l'opération qui correspond à chaque situation et rédige une ligne d'explications.

a) Un marchand fait une réduction de 35 € sur un vélo qui était affiché à 187 €. Quel est le prix du vélo après réduction ? Paul possède 93,5 €. Combien lui manque-t-il pour acheter le vélo de ses rêves ?

b) Paul avait économisé 93,5 € pour s'acheter un vélo qui coûte 187 € ; mais il n'a pu résister au plaisir de se payer une paire de rollers à 35 €. Combien lui manque-t-il pour acheter le vélo de ses rêves ?

c) Paul avait économisé 93,5 € pour s'acheter un vélo à 187 €, sa grand-mère lui a donné 35 € pour son anniversaire. Combien lui manque-t-il pour acheter le vélo de ses rêves ?

*** 144 Recopie et complète le tableau de production de cette machine à tisser.

	lundi	mardi	mercredi	jeudi	vendredi
prévu (en m)	825	850	890	780	480
réalisé	720	812,65	915,35	805,6	372,85

Calcule la différence entre les prévisions et les réalisations de la semaine.

** 145 Calcule.

a) (125 – 36) – 20	125 – (36 – 20)	125 – (36 + 20)
b) (1 325 – 306) – 207	1 325 – (306 – 207)	1 325 – (306 + 207)
c) (187 – 93) – 35	187 – (93 – 35)	187 – (93 + 35)

Que remarques tu ?
Invente un énoncé qui corresponde à chacune des trois opérations de a).
Exécute aussi les opérations avec la calculette. Quel résultat trouves-tu ?

Superpositions

Calcul mental

Pour soustraire 9, on retire 10 et on ajoute 1.

- Calcule ainsi : 74 – 9 ; 115 – 9 ; 687 – 9 ; 203 – 9 ; 1 012 – 9.
- Compte de quatre en quatre en reculant depuis 280 ; depuis 581. (temps limité : 1 minute)

20 Technique de la soustraction (1)

Par transfert interne

Nombres décimaux			
	4		
	~~5~~	10 + 3	8
–	2	4	1
	2	9	7

Nombres sexagésimaux		
	4	
	~~5~~ h	60 + 38 min
–	2 h	41 min
	2 h	57 min

Sans changer la valeur d'un nombre, il est possible, à l'intérieur de ce nombre, d'**effectuer des transferts d'un rang dans un autre**.

* **146 Transfère une unité du rang en gras dans le rang inférieur.**

32 = 30 + 2 = 20 + 10 + 2 = 20 + 12

a)	**5**1	1**6**3	**3**70	**4**82
b)	1**2**,3	45,**2**5	1**7**	**1**5,23

* **147 Calcule les soustractions. Tu peux t'aider des résultats de l'exercice précédent.**

a)	51 – 35	163 – 28	370 – 93	482 – 91
b)	12,3 – 10,9	45,25 – 45,08	17 – 8,2	15,23 – 7,11

** **148 Transfère une unité du rang en gras dans le rang inférieur.**

3 h 24 min = 2 h + 1 h 24 min = 2 h 60 min + 24 min = 2 h 84 min

a)	**4** h 15 min	**2** h 20 min	**6** h 42 min	**5** h 03 min
b)	1 h **42** min	4 h **15** min 31 s	2 h **07** min 12 s	**1** h 17 min

** **149 Utilise les résultats de l'exercice précédent pour calculer les soustractions.**

a)	4 h 15 min – 1 h 31 min	2 h 20 min – 1 h 50 min
b)	1 h 17 min – 37 min	6 h 42 min – 4 h 51 min
c)	5 h 03 min – 3 h 11 min	1 h 42 min – 51 min
d)	4 h 15 min 31 s – 2 h 07 min 54 s	2 h 07 min 12 s – 45 min 40 s

Résous les problèmes.

* **150** Au départ de Pau, le compteur kilomètrique de la voiture affichait 40682. À l'arrivée à la Rhune, il affiche 40828. Quelle est la longueur du trajet ?
Si l'on repart par le même chemin, que lira-t-on à l'arrivée à Pau ?

** **151** Ce sont les soldes : le manteau-housse à 128,80 € ne vaut plus que 99 € ; le bustier à 42,50 € est affiché 34 € ; la jupe en soie à 49,90 € est à 33 €. Quelle économie a réalisé Claudia qui a attendu les soldes pour acheter ces trois articles ?

** **152** Le prix d'un baladeur affiché à 76,07 € subit une baisse de 2,50 €. Quel est son nouveau prix ?
Leïla ne possède que 74,50 €. Pourra-t-elle acheter le baladeur ?
Quelle est la plus petite baisse qui permet à Leïla d'acheter le baladeur ?

*** **153** Pour Noël, Noémie a prévu d'acheter sur catalogue à ses neveu et nièce une console de jeux à 130,60 € et une montre à 97 €.
Elle avait prévu 300 € pour les cadeaux. Combien lui restera-t-il sur son budget cadeaux ?
Malheureusement, la montre n'est plus disponible : il ne reste qu'un modèle à 105 €. Cependant, la console vaut maintenant 125 €.
Calcule de deux manières ce qui reste à Noémie sur son budget cadeaux.

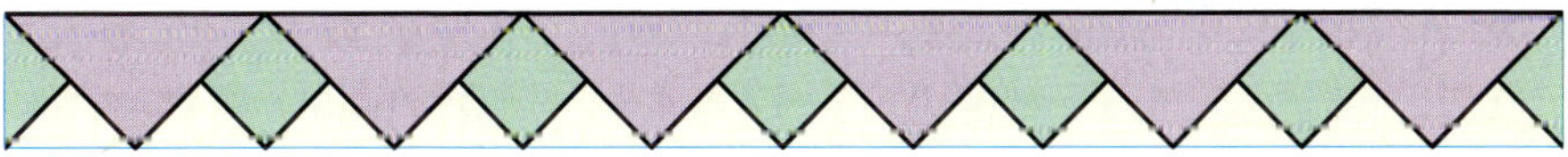
Renversements

Calcul mental

Pour soustraire 9, 90, 900... on retire 10, 100, 1 000... et on ajoute 1, 10, 100...

- Calcule : 847 – 90 ; 7 323 – 900 ; 16 540 – 90 ; 25 584 – 900 ; 33 000 – 9 900
- 373 habitants vivent dans la commune, 123 sont répartis dans des hameaux isolés. Combien d'habitants résident dans le centre du bourg ?
- La caissière du bac qui traverse le bras de mer a vendu 332 tickets-passagers pour les deux passages de la journée. 225 personnes sont descendues au premier passage. Combien de personnes ont débarqué sur l'île lors du second passage ?

21 Technique de la soustraction (2)

Par ajout parallèle

Nombres décimaux			
	5	10 + 3	8
–	2 + 1	4	1
	2	9	7

Nombres sexagésimaux		
	5 h	60 + 38 min
–	2 h + 1	41 min
	2 h	57 min

Quand on ajoute ou quand on retranche **un même nombre** aux deux termes d'une soustraction, **la différence ne change pas.**

* **154 Ajoute un même nombre aux deux termes proposés.**

32 et 18 ⟶ 32 + 2 et 18 + 2 ⟶ 34 et 20

a)	51 et 25	63 et 38	70 et 51	82 et 25	16 et 9
b)	624 et 142	506 et 232	480 et 391	133 et 59	756 et 588
c)	12,3 et 7,1	45,25 et 18,01	17 et 4,3	15,23 et 0,8	57,6 et 18

* **155 Calcule. Tu peux t'aider des résultats de l'exercice 154.**

a)	51 – 25	63 – 38	70 – 51	82 – 25	16 – 9
b)	624 – 142	506 – 232	480 – 391	133 – 59	756 – 588
c)	12,3 – 7,1	45,25 – 18,01	17 – 4,3	15,23 – 0,8	57,6 – 18

* **156 Ajoute une même durée aux deux termes proposés pour que la soustraction soit plus simple à effectuer.**

3 h 11 min et 2 h 42 min $\xrightarrow[+\,18\text{ min}]{+\,18\text{ min}}$ 3 h 29 min et 3 h

ou 3 h 11 min et 2 h 42 min $\xrightarrow[+\,1\text{ h}]{+\,60\text{ min}}$ 3 h 71 min et 3 h 42 min

a)	4 h 15 min et 2 h 38 min	1 h 17 min et 0 h 42 min
b)	5 h 03 min et 2 h 28 min	7 h 25 min et 2 h 19 min
c)	3 h 12 min et 2 h 59 min	5 h 43 min et 2 h 18 min

*** 157 Calcule. Tu peux t'aider des résultats de l'exercice 156.**

a) 4 h 15 min – 2 h 38 min 1 h 17 min – 0 h 42 min

b) 5 h 03 min – 2 h 28 min 7 h 25 min – 2 h 19 min

c) 3 h 12 min – 2 h 59 min 15 s 5 h 43 min 25 s – 2 h 18 min

**** 158 Ajoute 10 à chaque terme et calcule la différence.**

63	60 + 3	60 + (**10** + 3)
– 28	– 20 + 8	– (20 + **10**) + 8

a) 57 – 29 124 – 116 251 – 36 743 – 218

b) 125 – 17 525 – 19 382 – 78 834 – 115

**** 159 Ajoute 10 et 100 à chaque terme et calcule la différence.**

532	(500 + 30 + 2)	(500 + (100 + 30) + (10 + 2)
– 268	– (200 + 60 + 8)	– ((200 + 100) + (60 + 10) + 8)

a) 731 – 452 845 – 167 6 743 – 4 286

b) 836 – 569 948 – 269 6 743 – 586

**** 160 Résous le problème.**

Pour les fêtes, Caroline achète un gigot de 42,35 € et un bloc de foie gras à 37,52 €.

a) Quel est le montant de sa dépense ?

b) Elle avait prévu de dépenser 100 € pour ces achats exceptionnels. Que lui reste-t-il sur cette somme ?

Empiètements

Calcul mental

Pour soustraire 29, on retire 30 et on ajoute 1.

- Calcule : 78 – 29 ; 92 – 29 ; 256 – 29 ; 467 – 29 ; 725 – 29.
- Je donne un billet de 100 €. Que me rend-on si je dois 95 € ? 84,50 € ? 92,30 € ? 67,70 € ? 41,27 € ?
- Il reste 26 tickets de tombola, 69 ont été vendus. Combien y en avait-il ?

22 Multiples

3 × 7 = 21 ; 3 × 11 = 33…

21 est un multiple de 3 et de 7.

33 est un multiple de 3 et de 11.

3 × (entier) = (multiple de 3)

7 × (entier) = (multiple de 7)

11 × (entier) = (multiple de 11)

Un produit est **multiple** de chacun de ses **facteurs**.

Tous les nombres entiers sont **multiples** de 1.

* **161 Écris cinq nombres multiples de 3.**
Écris cinq nombres qui ne sont pas multiples de 3.

* **162 Écris tous les nombres multiples de 5 inférieurs à 100.**

* **163 Reproduis la grille, puis colorie les cases qui contiennent un nombre multiple de trois.**
Que remarques-tu ?
Calcule la somme des chiffres de quelques multiples de trois.
Que constates-tu ?

0	1	2	3	4	5	6	7	8	9
10	11	12	13	14	15	16	17	18	19
20	21	22	23	24	25	26	27	28	29
30	31	32	33	34	35	36	37	38	39
40	41	42	43	44	45	46	47	48	49
50	51	52	53	54	55	56	57	58	59
60	61	62	63	64	65	66	67	68	69
70	71	72	73	74	75	76	77	78	79
80	81	82	83	84	85	86	87	88	89
90	91	92	93	94	95	96	97	98	99

** **164 Écris tous les multiples de 3 compris entre 49 et 79.**
Écris aussi tous les multiples de cinq compris entre 49 et 79. Y a-t-il des nombres communs aux deux listes ? Quelle remarque peux-tu faire ?

** **165 Trouve un nombre qui soit à la fois multiple de 4 et multiple de 7.**
Comment en trouver d'autres ?

** **166 Reproduis la grille de l'exercice 163, puis colorie tous les multiples de 2, puis de 3, de 5, de 7.**
Reste-t-il des nombres qui ne sont pas coloriés ? Écris-les. Que peux-tu en dire ?

* 167 En t'aidant d'un produit connu, calcules-en un autre.

7 × 3 = 21

7 × 6 = 7 × (3 × 2) = (7 × 3) × 2 = 21 × 2 = 42

a)	7 × 4 = 28 → 7 × 8	6 × 7 = 42 → 7 × 6	6 × 3 = 18 → 6 × 6
b)	3 × 3 = 9 → 3 × 6	8 × 2 = 16 → 8 × 4	5 × 7 = 35 → 6 × 7
c)	9 × 3 = 27 → 9 × 6	9 × 3 = 27 → 9 × 6	4 × 7 = 28 → 8 × 7

Résous les problèmes.

** **168** Les 21 élèves de l'école d'Angely et les 62 élèves de Biville contituent des équipes de 5 relayeurs ; combien d'élèves restent en trop à Angely ? À Biville ? Lorsque les élèves des deux écoles se réunissent, combien d'élèves sont-ils alors en trop ? Était-il possible de prévoir ce résultat sans faire l'opération ? Pourrais-tu faire des prévisions dans le cas de 36 et 43 élèves ? de 24 et 29 élèves ? de 45 et 69 élèves ?

** **169** Le couturier a reçu 7 boîtes de 24 boutons de nacre. Il coud 5 boutons sur chacune des robes. Combien lui restera-t-il de boutons lorsqu'il arrivera à la dernière boîte ?
Il utilise pour un autre modèle de robe 5 boutons de corozo. Il a reçu 12 boîtes de 25 boutons. Combien lui restera-t-il de boutons lorsqu'il arrivera à la dernière boîte ? Combien lui resterait-il de boutons de bakélite, livrés par boîte de 14, s'il remplaçait le corozo par la bakélite ?

*** 170 Observe l'exemple, puis réponds aux consignes.

1 × 2 × 3 × 4 = 24. 24 est multiple de 1, par 2, par 3 et par 4.

a) Trouve un nombre multiple de 2, 3, 4, 5, 6, 7, 8 et 9.

b) Trouve le plus petit nombre multiple de 2, 3, 4, 5, 6, 7, 8 et 9.

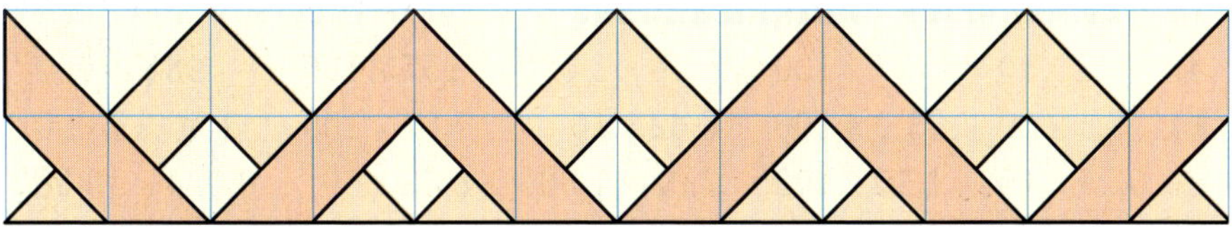

Masques alternés

Calcul mental

Pour multiplier par 5, on multiplie par 10 et on divise par 2.

- Calcule : 12 × 5 ; 32 × 5 ; 40 × 5 ; 19 × 5 ; 35 × 5.
- Dictée de nombres : 1 502 423 ; 2 000 054 ; 254 000 700 ; 56 156 302 ; 14 015 684.
- Écoute, puis écris le nombre s'il est multiple de quatre : 40 ; 57 ; 84 ; 60 ; 34 ; 78 ; 132 ; 542 ; 846 ; 972.

23 Multiplication par 10, 100, 1 000...

m	c	d	u	0,1	0,01	0,001
			2	1	3	6
		2	1	3	6	
	2	1	3	6		
2	1	3	6			

2,136 × 10 = 21,36 | 2 136 × 10 = 21 360

2,136 × 100 = 213,6 | 2 136 × 100 = 213 600

2,136 × 1000 = 2 136 | 2 136 × 1000 = 2 136 000

Lorsqu'un nombre est déplacé dans le tableau de numération de 1, 2, ou 3 rangs vers la gauche, il est multiplié par 10, 100 ou 1 000.

1,4 × 400 = 1,4 × 4 × 100 | 15 × 60 = 15 × 6 × 10

Un multiple de 10, 100, 1 000... peut être **décomposé** pour faire apparaître 10, 100, 1 000... dans la multiplication.

* **171 Effectue les multiplications.**

a) 15 × 10 | 37 × 100 | 48 × 1 000 | 157 × 100 | 98 × 1 000

b) 7,3 × 10 | 25,2 × 100 | 6,42 × 10 | 7,87 × 100 | 1,45 × 1 000

c) 0,25 × 10 | 1,50 × 100 | 7,02 × 1 000 | 8,65 × 10 | 0,024 × 10 000

* **172 Effectue les multiplications.**

a) 28 × 30 | 46 × 200 | 97 × 4 000 | 768 × 600 | 923 × 4 000

b) 8,7 × 60 | 56,8 × 500 | 7,63 × 90 | 9,68 × 800 | 8,68 × 6 000

c) 0,605 × 80 | 5,40 × 600 | 6,08 × 7 000 | 9,57 × 70 | 0,067 × 30 000

Résous les problèmes.

* **173** Le rayon informatique a vendu dix encyclopédies électroniques à 36,75 € l'une. Quel est le montant de la recette ?

* **174** Félix calcule qu'en un tour de pédale son vélo avance de 5,60 m. Quelle distance aura-t-il parcourue après 100 coups de pédale ? Après 1 000 coups de pédale ?

* **175** Du pôle Sud à la Terre-Adélie, une sportive espère faire 35 km par jour pendant 90 jours. Quelle distance aura-t-elle parcourue lorsqu'elle arrivera à la Terre-Adélie ?

** **176** Le dernier âge glaciaire s'est terminé il y a 12 000 ans. Depuis, la banquise Antarctique (du pôle Sud) a reculé de 75 m par an. Calcule en kilomètres le recul total de la banquise.

** **177** Recopie et complète le tableau récapitulant ce que le caissier de la banque a dans sa caisse.

Valeur	5 €	10 €	20 €	50 €	100 €	200 €	500 €
Nombre	6	23	17	12	13	8	4
Total	…	…	…	…	…	…	…

** **178** Une librairie a commandé 400 exemplaires du dernier prix littéraire. Chaque exemplaire est vendu 22,90 €. Quelle sera la recette lorsque le stock sera épuisé ?
Sur chaque exemplaire, le libraire fait un bénéfice de 1,80 €. Quel sera son bénéfice total ?

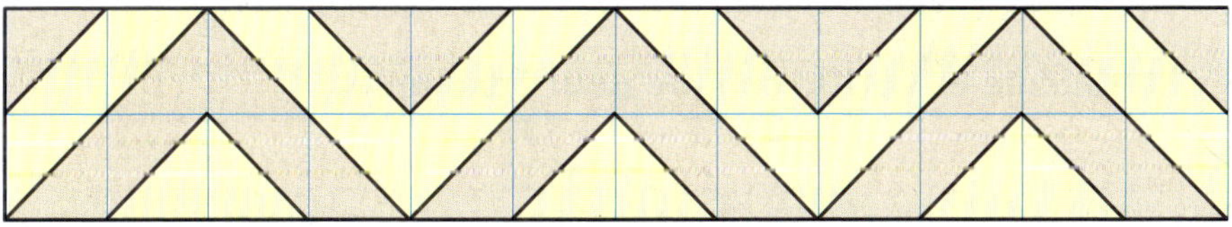

Retournements

Calcul mental

- Effectue les produits : 19 × 10 ; 42 × 10 ; 129 × 10 ; 73 × 100 ; 47 × 10.
- Un groupe de 10 jeunes achète pour un concert des billets à 11,50 €. Quelle est la dépense ?
- Un athlète fait 10 tours d'une piste de 400 m. Quelle distance parcourt-il ?
- Les élèves ont 20 jours de classe pendant chacun des 9 mois de l'année scolaire. Combien y a-t-il de jours de classe en un an ?
- Pour s'échauffer, Charline fait 5 fois le tour du terrain de basket (29 m sur 21). Quelle distance parcourt-elle ?

24 Sens et propriétés de la multiplication

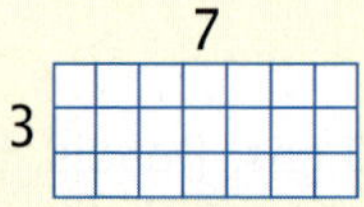

$7 \times 3 = 3 \times 7 = 7 + 7 + 7 = 3 + 3 + 3 + 3 + 3 + 3 + 3$

$(5 + 2) \times \mathbf{3} = (5 \times \mathbf{3}) + (2 \times \mathbf{3})$

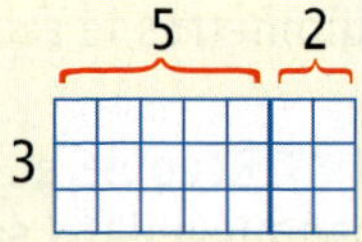

Lorsque l'un des deux facteurs d'un produit est une somme, le **produit de la somme** est égal à la **somme des produits**.

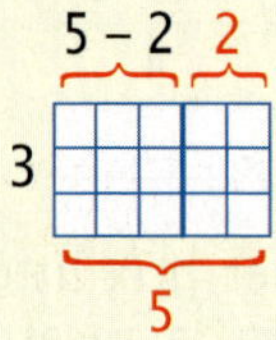

$(5 - 2) \times \mathbf{3} = (5 \times \mathbf{3}) - (2 \times \mathbf{3})$

Lorsque l'un des deux facteurs d'un produit est une différence, le **produit de la différence** est égal à la **différence des produits**.

3 est le **facteur commun**.

* **179 Fais un schéma qui correspond aux sommes.**

a) 5 + 5 + 5 b) 12 + 12 + 12 + 12 + 12 c) 7,3 + 7,3 + 7,3 + 7,3

* **180 Calcule et vérifie comme pour l'exemple.**

$(1 + 2) \times 5 = (1 \times 5) + (2 \times 5)$
$3 \times 5 = 5 + 10$
$15 = 15$

a) $(4 + 6) \times 3$ $(7 + 6) \times 5$ $4 \times (5 + 2)$ $2 \times (7 + 3)$

b) $(10 + 7) \times 6$ $(9 + 11) \times 7$ $12 \times (3 + 2)$ $5 \times (15 + 5)$

* **181 Complète.**

a) $(4 \times 7) - (7 \times 1) = (\ldots\ \ldots\ \ldots) \times \ldots$
$(5 \times 6) - (2 \times 6) = (\ldots\ \ldots\ \ldots) \times \ldots$
$(8 \times 4) - (7 \times 4) = \ldots$

b) $(8 - 3) \times 5 = (\ldots)\ ..\ (\ldots)$
$(9 - 5) \times 5 = (\ldots)\ ..\ (\ldots)$
$(11 - 9) \times 8 = \ldots$

Résous les problèmes.

* **182** À la boulangerie, Aanor a acheté 4 baguettes à 0,60 €, Benoît a pris 6 baguettes à 0,60 €. Quelle est la dépense de chacun ? Calcule de deux manières ce que la boulangère a encaissé.

* **183** Les billets de tombola sont vendus 2 € au profit de la coopérative ; Carine a vendu 5 billets, Dave 12 billets et Enzo 7 billets. Trouve de deux manières ce que le trésorier a maintenant dans sa caisse.

* **184 Souligne le facteur commun, complète et vérifie.**

$$(3 \times \underline{2}) + (4 \times \underline{2}) = (3 + 4) \times \underline{2}$$
$$6 + 8 = 7 \times 2$$
$$14 = 14$$

a)	(3 × 2) + (4 × 2)	(3 × 4) + (6 × 4)	(7 × 2) + (7 × 4)	(2 × 5) + (6 × 2)
b)	(3 × 8) + (3 × 2)	(4 × 5) + (2 × 5)	(9 × 8) + (3 × 9)	(7 × 6) + (6 × 7)
c)	(5 × 2) + (8 × 2) + (3 × 2)		(3 × 4) + (3 × 2) + (3 × 5)	

* **185** Pour l'éducation physique, le directeur a commandé 12 ballons de football à 6,50 €, 12 ballons de handball à 4,75 € ; 12 ballons de volley-ball à 4,50 € et 12 balles lestées à 4,25 €. Calcule la dépense.

* **186** Les jardiniers ont travaillé 3 jours pour entretenir le parc : le lundi ils étaient 4 et sont restés 3 heures ; le mardi, 2 ont travaillé pendant 8 heures ; le mercredi, ils étaient 3 pendant 4 heures.
Les jardiniers sont payés 7 € de l'heure.
Écris les calculs qui te permettent de déterminer le coût de l'entretien du parc.

*** **187** Pierre lance un défi à Jacques :
« Trouve de tête la somme de 158 × 45,19 et de 158 × 54,81 »
Jacques dit « Facile, ça fait 15 800 ».
Jacques est-il un calculateur prodige ?

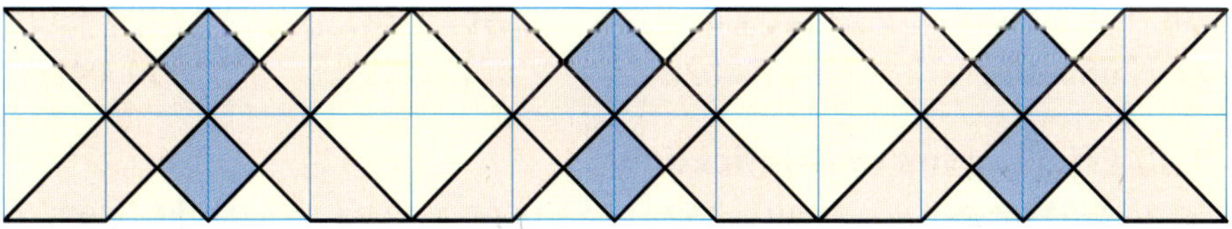

Transparences

Calcul mental

- Donne un résultat approché de : 29 × 7 ; 49 × 41 ; 59 × 21 ; 199 × 101 ; 451 × 21.
- On achète 4 boîtes de 6 œufs. Combien a-t-on d'œufs ?
- Sur l'album d'images, Line a rempli 7 pages avec 8 images par page. Combien a-t-elle d'images ?
- 15 équipes de 11 joueurs sont inscrites au tournoi. Combien de joueurs sont inscrits ?
- Ingrid a 19 pièces de 2 €. Combien lui en manque-t-il pour avoir 50 € ?

25 Technique de la multiplication

723 × 426
= (723 × 400) + (723 × 20) + (723 × 6)
= (723 × 4 × 100) + (723 × 2 × 10) + (723 × 6)
= 289 200 + 14 460 + 4 338
= 307 998

```
       7 2 3
     × 4 2 6
     -------
     4 3 3 8
   1 4 4 6 0
 2 8 9 2 0 0
 -----------
 3 0 7 9 9 8
```

Pour effectuer un **produit**,
on le décompose en **unités**, **dizaines**, **centaines**.

* **188 Décompose, calcule et pose comme dans l'exemple.**

145 × 23 = (145 × 3) + (145 × 20)

```
   1 4 5
 ×   2 3
 -------
   4 3 5
 2 9 0 0
 -------
 3 3 3 5
```

a) 58 × 13   49 × 32   86 × 35   54 × 67
b) 136 × 56   212 × 31   463 × 28   709 × 63
c) 268 × 153   954 × 620   740 × 251   950 × 460

** **189 Effectue les multiplications.**

a) 507 × 165   609 × 408   605 × 3 004   8 006 × 503
b) 570 × 320   6 300 × 540   8 700 × 310   1 600 × 500
c) 5 400 × 150   2 600 × 1 300   7 400 × 9 400   8 500 × 6 300

*** **190 Calcule les produits.**

a) Observe ces deux produits : 862 × 5 = 4 310   862 × 7 = 6 034
Sans effectuer de nouvelle multiplication et en utilisant les deux résultats précédents, calcule les produits.

862 × 75   862 × 57   862 × 12   862 × 705   862 × 507   862 × 19

b) Trouve d'autres produits, ayant pour l'un des termes 862, que tu peux calculer sans effectuer de nouvelle multiplication.

Résous les problèmes.

** **191** Un employé calcule son revenu annuel pour établir sa déclaration d'impôts : jusqu'en juillet il gagnait 1 275 € par mois ; à partir d'août, il a bénéficié d'une augmentation de 23 € par mois.
Quel est le montant annuel de son salaire ?

*** **192** **a)** Un hôtel dispose de 64 chambres par étage sur deux étages. Quelle sera sa recette, un jour de pleine saison où toutes ses chambres sont louées à 29 € ?

b) Les frais fixes (salaires des employés, chauffage, taxes...) s'élèvent à 1 256 € par jour pour l'ensemble. Les frais de réception (lavage, consommation électrique...) à 11 € par chambre occupée et par jour. Quel est le bénéfice journalier ?

c) Que se passe-t-il, en basse saison, lorsque la clientèle n'occupe qu'un étage de l'hôtel ?

*** **193 Observe la multiplication que Paul a posée.**

		3	5	7
×			7	5
	1	7	8	5
	2	4	9	9
	4	2	8	4

Il vérifie rapidement de tête :
« 357 × 10 = 3 570 ; c'est environ 4 000 ;
357 × 20 c'est environ 8 000.
75 est beaucoup plus grand que 20 et je trouve moins que 357 × 20, je me suis trompé. »
Paul recompte, mais ne trouve pas d'erreur de calcul.
Sur sa calculatrice, Paul entre 4 284 ÷ 357. Il espère trouver 75 mais la calculatrice affiche 12.
Quelle est l'erreur de Paul ?

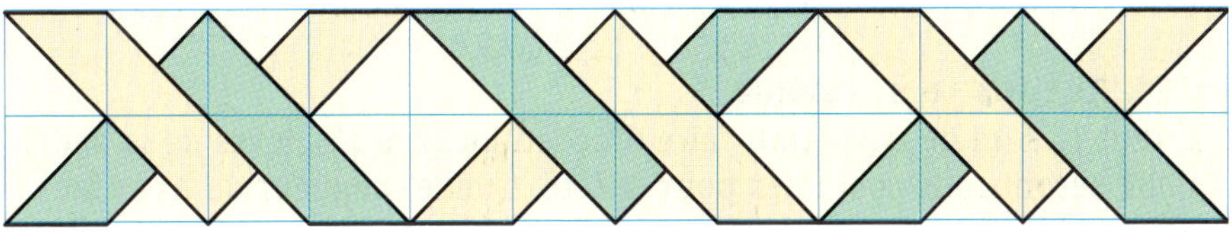

Entremêlés

Calcul mental

- Écris le chiffre des unités du résultat des multiplications suivantes : 7 × 36 ; 5 × 28 ; 4 × 39 ; 17 × 56 ; 25 × 38.
- Trouve le double de 14 ; 16 ; 15 ; 19 ; 18.
- Combien manque-t-il d'eurocents pour avoir un compte rond en euros avec 3,80 € ? 2,60 € ? 4,65 € ? 1,95 € ? 7,86 € ?

26 Multiplication d'un décimal par un entier

Quelle dépense faut-il prévoir pour 27 mètres de tissu à 3,60 € le mètre ?

En euros		En eurocents	
3, 6 0	→	3 6 0	multiplicande
× 2 7		× 2 7	multiplicateur
		2 5 2 0	
		7 2 0 .	
9 7, 2 0	←	**9 7 2 0**	

dixième d'euro (2) — **centième d'euro** (0)

Un **changement d'unité** permet d'effectuer la multiplication sans virgule. Un **changement d'unité inverse** permet de retrouver le produit recherché.

* **194 Calcule les multiplications.**

a)	1,32 × 7	4,65 × 23	5,08 × 153	7,23 × 250
b)	48 × 0,09	57 × 1,06	12 × 0,25	64 × 0,07
c)	157 × 0,61	210 × 2,33	745 × 0,66	791 × 5,8

* **195 Résous le problème.**

Il faut 1,75 m de tissu pour faire un costume. Les 25 élèves de la maternelle seront tous costumés pour la fête. Quelle longueur de tissu faut-il acheter ?

* **196 Calcule les multiplications.**

a)	1,2 × 20	5,7 × 500	4,451 × 50	6,332 × 300	5,45 × 9 000
b)	12,8 × 60	55,4 × 600	1,33 × 8 000	4,2 × 7 000	73,56 × 400
c)	0,008 × 300	0,0025 × 40	0,045 × 9 000	0,03 × 4 000	0,0054 × 300

* **197 Résous le problème.**

Une voiture consomme 4,85 L d'essence pour 100 km. Quelle sera sa consommation pour un trajet de 600 km ? De 700 km ? De 900 km ?

198 Effectue les produits.

1,5 × 12	0,5 × 24	2,4 × 16	0,25 × 84
0,62 × 54	0,06 × 48	2,3 × 65	7,2 × 72
2,8 × 55	0,64 × 122	0,09 × 364	1,4 × 60

a) Quels sont les produits inférieurs au multiplicateur ?

b) Quels sont les produits supérieurs au multiplicateur ?

c) Quelle conclusion peux-tu en tirer ?

Résous les problèmes.

199 Une employée payée 9 € de l'heure travaille 2 heures 30 minutes.

a) Quel salaire doit-elle recevoir ?

b) Essaie de calculer de la même manière :

temps	3 h 15 min	....	2 h 20 min	....
salaire	....	13,50 €	....	40,50 €

200 Une voiture consomme 6 L d'essence sans plomb à 1,12 € le litre pour parcourir 100 km.
Quelle dépense de carburant doit prévoir le propriétaire de cette voiture pour parcourir 342 km ?
Avant de rechercher le résultat exact, calcule la dépense pour 300 km, pour 400 km.

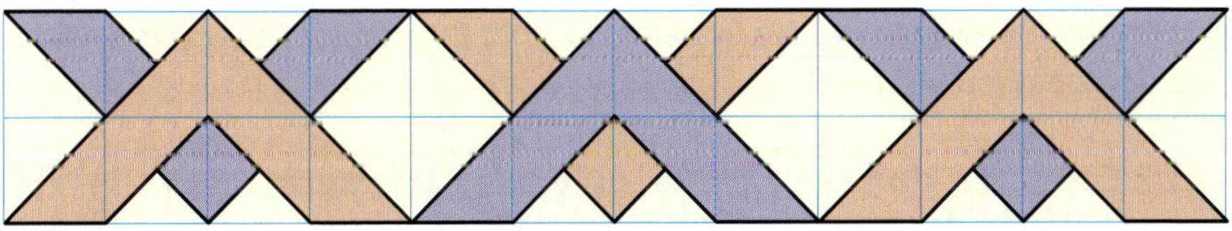

Renversements

Calcul mental

Pour multiplier un nombre par 11, on le multiplie par 10 et on l'ajoute au résultat.

- Calcule : 12 × 11 ; 14 × 11 ; 23 × 11 ; 45 × 11 ; 52 × 11.
- Un carat pèse 2 dg. Quelle est, en dg, la masse d'un diamant de 11 carats ?
- Pour s'évader de la tour, le chevalier a découpé un drap en 11 lanières de 2,80 m qu'il a nouées ensemble. Quelle longueur de tissu a-t-il obtenue ?
- Par étage, il faut 11 m de câble porteur pour installer un ascenseur. Quelle longueur faut-il prévoir pour un immeuble de 13 étages ?

27 Approximations

1 € = 6,55957 F ↔ 100 000 € = 655 957 F

L'euro est défini au cent-millième près par rapport au franc.
Une telle précision n'est pas nécessaire pour l'usage courant.

On peut utiliser des **valeurs approchées** :

Valeurs par défaut		Valeurs par excès
1 € ≈ 6 F	à l'unité près	1€ ≈ 7 F
1 € ≈ 6,5 F	au dixième près	1€ ≈ 6,6 F
1 € ≈ 6,55 F	au centième près	1€ ≈ 6,56 F

100 eurocents valent 1 euro. 100 €c = 1 €

* **201 Trouve des valeurs approchées.**

25,185 € 3,942 m 157,82 g 35,640 L 63,086 m

a) Donne les valeurs approchées à l'unité près par défaut ; par excès ; à l'unité la plus proche.

b) Donne les valeurs approchées au dixième près par défaut ; par excès ; au dixième le plus proche.

** **202 Écris ces données telles qu'on les utiliserait dans la vie courante en donnant une approximation.**

Lisa pèse 29,642 kg	Yul économise 2,635 €
Cédric saute 0,953 m en hauteur	Yoann mesure 1,34 m
Erwan a couru 1,839 km	La taille de Fabrice est 1,281 m

** **203 Trouve des produits approchés.**

Morgan se propose de calculer le produit : 491 × 312.

a) Écris un produit approché par défaut. Peux-tu en trouver d'autres ?

b) Écris un produit approché par excès. Peux-tu en trouver d'autres ?

c) Sans calcul, peux-tu dire parmi les produits approchés, quel est celui qui s'approche le plus du résultat exact ?

* **204 Résous le problème.**

Romaric a acheté deux armoires identiques pour 50,37 € dans une vente aux enchères. Romaric peut-il payer chaque armoire 25,185 € ? Pourquoi ?

** **205 Recopie le tableau et complète-le avec tes approximations.**

4,807 × 56		
Approximations par défaut	Approximations indéterminées	Approximations par excès
4 × 50	5 × 50	5 × 60
4 × 56	4 × 60	....
4,8 × 50	....	....

*** **206 Pour chaque énoncé, choisis dans le tableau ci-dessus une approximation et justifie ton choix.**

a) Quelle dépense doit-on prévoir pour acheter un lot de 4,807 kg de foie gras à 56 € le kilo ?

b) Combien peut-on espérer gagner avec la vente de 4,807 kg de foie gras à 56 € le kilo ?

c) La balance affiche 4,807 kg. Le prix d'un kg est 56 €.
Quel est le montant à payer ?

d) Dans un hall, on veut paver une bande de 56 m de long sur 4,807 m de large. Les pavés sont vendus au m^2. Quelle surface de pavé doit-on commander ?

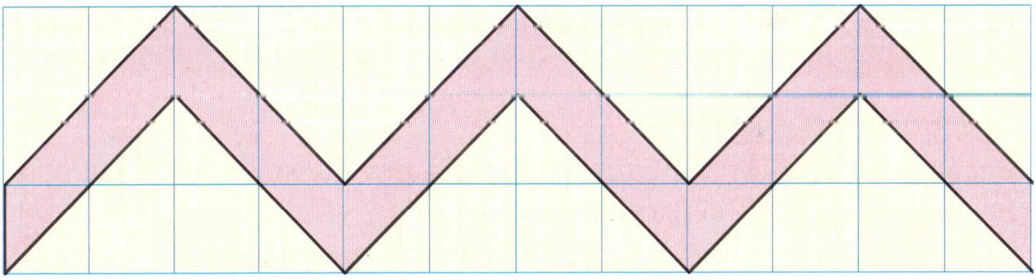

Zigzag

Calcul mental

- Donne une valeur approchée de : 4 671 ; 7 101 ; 3 958 ; 8 734 ; 6 485.
- Donne un résultat approché de : 441 + 31 ; 1 403 + 197 ; 3 295 + 499 ; 4 251 + 246 ; 5 732 + 103.
- Une couturière a 25 jours pour façonner un lot de 400 jupes. Combien doit-elle en confectionner chaque jour ?
- Une vache au pré a besoin de 25 ares d'herbe. Combien peut-on mettre de vaches sur 1 400 ares ?

28 Division euclidienne

Avec 52 œufs, combien peut-on remplir de boîtes de 6 œufs ?

Il faut diviser 52 par 6, c'est-à-dire déterminer le quotient et le reste.

On peut déterminer le quotient par approches successives.

4 × 6 < .... < 7 × 6 < **8** × 6 < 52 < **9** × 6

8 × 6 = 48 48 + 4 = 52

Il y a 48 œufs dans les 8 boîtes de 6.

Il reste 4 œufs.

52 = (6 × 8) + 4 **0 ≤ 4 < 6**

dividende = (diviseur × quotient) + reste

Le **dividende** est égal au **produit** du **quotient** par le **diviseur** augmenté du **reste**.

Le **reste** doit toujours être **inférieur au diviseur**.

* **207 Résous le problème.**

Nicolas range 29 œufs dans des boîtes de six œufs.

Quelle égalité correspond à la division que Nicolas effectue ?

(3 × 6) + 11 = 29 (4 × 6) + 5 = 29 (5 × 6) – 1 = 29 (1 × 6) + 23 = 29

Explique ton choix. Explique pourquoi tu rejettes les autres propositions.

* **208 Vérifie les égalités.**

Recopie les égalités qui correspondent à des divisions, puis souligne le quotient en rouge et le reste en bleu.

a)	15 = (6 × 2) + 3	(3 × 8) + 6 = 30	(4 × 5) + 6 = 26	23 = (5 × 4) + 3
b)	7 + (8 × 4) = 39	43 = (6 × 6) + 7	37 = (7 × 5) + 2	3 × 9 = 27
c)	69 = 5 + (16 × 4)	61 = (8 × 7) + 5	(6 × 8) + 12 = 60	(13 × 5) + 7 = 72

* **209 Résous le problème.**

Les travaux vont durer 32 jours. Combien de semaines dureront-ils ?

a) Remplace les points par deux nombres entiers qui se suivent.

... × 7 < 32 < ... × 7

b) Trouve le quotient. Recopie et complète l'égalité.

32 = (7 × ...) + ...

*** 210 Recherche, pour chaque division, le quotient et le reste.**

a)	27 par 5	36 par 7	18 par 4	15 par 7
b)	41 par 6	48 par 8	52 par 7	33 par 9
c)	51 par 9	75 par 8	59 par 7	86 par 9

Résous les problèmes.

** **211** Une citerne qui recueille les eaux de pluie contient 1 500 L d'eau. Pour le potager, on utilise chaque jour 22 arrosoirs de 12 L.

a) Quelle quantité d'eau utilise-t-on en un jour ?

b) Combien de jours peut-on arroser avant la prochaine pluie ?

** **212 Complète et termine l'énoncé de ce problème dont la solution est une division de quotient 5 et de reste 4.**
Anne-Marie partage un paquet de ... gâteaux entre ses ... petits-enfants.

... = (... × 5) + 4

Plusieurs réponses sont-elles possibles ?

*** **213 Écris trois divisions qui ont pour quotient 5 et pour reste 7.**
Invente un énoncé qui corresponde à l'une des trois divisions.

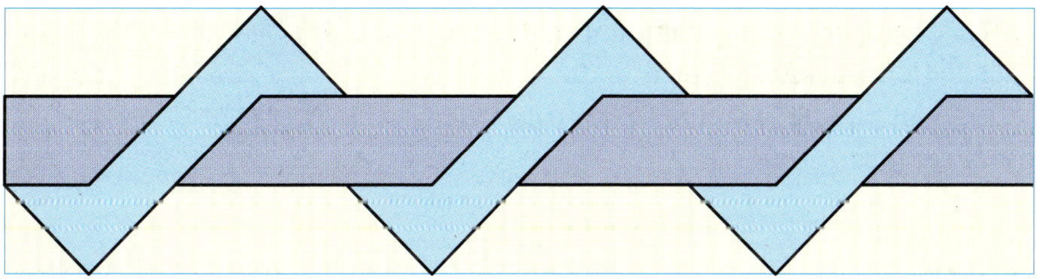

Enroulement droit

Calcul mental

Pour diviser par 20, on divise par 10, puis par 2.

- Calcule : 140 par 20 ; 70 par 20 ; 260 par 20 ; 66 par 20 ; 124 par 20.
- Donne le quotient de : 72 : 8 ; 42 : 7 ; 48 : 8 ; 54 : 6 ; 54 : 9.
- Donne le reste de la division de : 41 par 5 ; 37 par 6 ; 59 par 7 ; 47 par 7 ; 35 par 4.
- Un chargement de 20 cartons identiques pèse 580 kg. Combien pèse un carton ?
- Une cagette de 20 pêches pèse 2,600 kg. Quelle est la masse d'une pêche ?

29 Division exacte

Combien peut-on former d'équipes de 5 joueurs avec 35 participants ?

On pose la multiplication : 5 × ... = 35

Pour trouver le **facteur inconnu** d'un produit, on fait **une division** :

35 : 5 = ...

Le nombre 35 : 5 est le **quotient** de la division. 5 est le **diviseur.**

La division exacte correspond à une division euclidienne pour laquelle le reste est nul.

* **214 Observe, recopie, puis complète.**

3 × 8 = 24	6 × 9 = 54	12 × 5 = 60	15 × 18 = 270
8 × 3 = ...	9 × 6 = ...	5 × 12 = ...	18 × 15 = ...
24 : 3 = ...	54 : 6 = ...	60 : 5 = ...	270 : 15 = ...
24 : 8 = ...	54 : 9 = ...	60 : 12 = ...	270 : 18 = ...

Résous les problèmes. Aide-toi d'une calculatrice pour essayer des produits ; n'utilise pas la touche ÷.

* **215** Une fermière note le nombre d'œufs qu'elle ramasse.

Combien a-t-elle rempli de boîtes de 6 œufs chaque jour ?

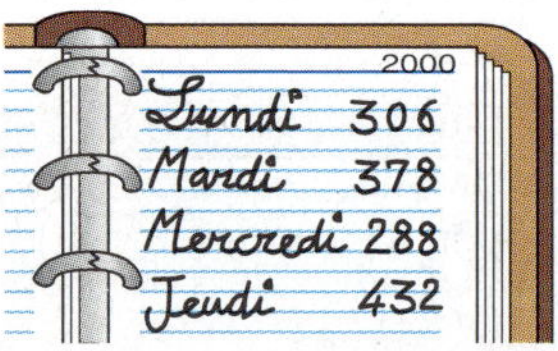

** **216** Un éleveur de poules note le nombre d'œufs qu'il ramasse.

Combien a-t-il rempli de boîtes de 6 œufs chaque jour ?

*** **217** Dans un élevage industriel de poules en batterie, on relève le compteur du nombre d'œufs collectés.

Lundi	Mardi	Mercredi	Jeudi
5 1 6 0	6 2 1 0	5 6 8 2	5 3 3 4

Combien la machine a-t-elle utilisé de boîtes pour emballer les œufs par 6 chaque jour ?

* **218** Pour les frites de la kermesse, on a besoin de 27 kg de pommes de terre. Les pommes de terre sont livrées en filets de 3 kg.
Combien de filets faut-il commander ?

* **219** Un flacon de produits pharmaceutiques contient 40 gélules. Émeline doit prendre 2 gélules le matin, 2 le midi, 1 le soir.
Combien de jours Émeline pourra-t-elle prendre ses médicaments ?

** **220** Un sac de pommes de terre pèse 45 kg. Une remorque affiche :

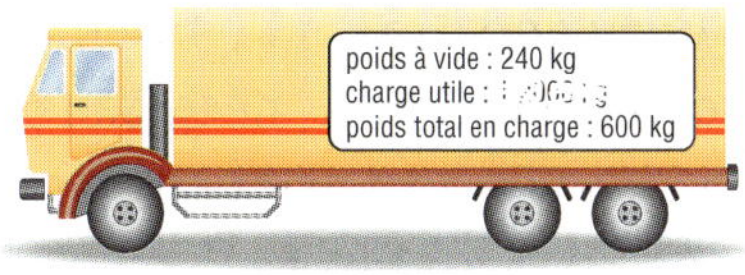

Combien de sacs peut-on charger ?
Aide-toi de ta calculatrice, et écris tes essais.

** **221** Un jardinier qui répartit ses pieds de pensées entre 8 massifs a planté 32 pieds par massif.
Combien de pieds de pensées a-t-il plantés ?

** **222** Une pelote de laine pèse 30 g. Combien a-t-il fallu de pelotes pour tricoter un pull de 240 g ?

** **223** Le tour du terrain de sport fait 250 m. Aurélien s'entraîne au 10 000 m en tournant autour du terrain de sport.
Combien de tours va-t-il faire ? (Plusieurs méthodes de calcul sont possibles.)

*** **224** Hervé a acheté un terrain rectangulaire de 8 640 m^2 ; sa largeur, au bord de la route, est de 48 m. Quelle est la longueur du terrain ?

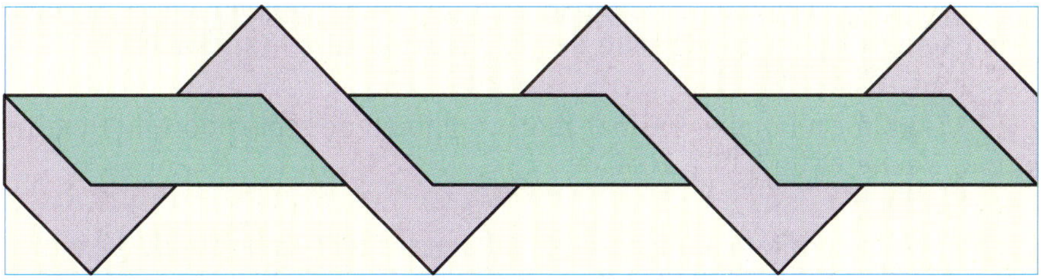

Enroulement gauche

Calcul mental

Pour diviser par 5, on multiplie par 2 et on divise par 10.
- Calcule : 60 : 5 ; 45 : 5 ; 240 : 5 ; 155 : 5 ; 635 : 5.
- Donne le quotient de 49 : 7 ; 54 : 9 ; 64 : 8 ; 56 : 7 ; 63 : 9.

30 Quotient par défaut ou par excès

Le sable est transporté en camions de 8 tonnes.
La sablière dispose de 61 tonnes de sable.

Combien de chargements complets la sablière peut-elle livrer ?	Combien de chargements sont nécessaires pour évacuer les 61 tonnes de sable ?

$7 \times 8 < 61 < 8 \times 8$

On peut livrer 7 chargements complets.	8 chargements sont nécessaires.

7 est le quotient **par défaut** de 61 divisé par 8.

8 est le quotient **par excès** de 61 divisé par 8.

Pour chaque exercice, écris la division sous forme de double inégalité. Indique quel quotient tu choisis et pourquoi.

* **225** Maël dispose de 55 €. Il veut acheter des albums à 9 €. Combien pourra-t-il en acheter ?

* **226** Le restaurant est équipé de tables pour 4 personnes. Un groupe de 25 convives est annoncé. Combien de tables seront occupées ?

* **227** Avec une baguette, on prépare 3 sandwiches. Combien faut-il acheter de baguettes pour que chacun des 22 présents ait un sandwich ?

* **228** Gérald économise 9 € par mois. Combien de temps doit-il attendre pour s'acheter un VTT à 70 € ?

* **229** **a)** Une fermière a ramassé 98 œufs et les met en boîtes de 12 œufs. Combien de boîtes utilise-t-elle pour les ranger tous ?

b) Elle emporte au marché les boîtes pleines et les vend 1,50 €. Combien sa vente lui rapporte-t-elle ?

* **230** Christelle a donné un coupon de 17 mètres de tissu pour faire des costumes. Il faut 2,50 mètres de tissu pour faire un costume. Combien y aura-t-il d'enfants costumés à la fête de l'école ?

* **231** Pour son anniversaire, Mickaël veut faire 3 gâteaux. Chacun nécessite 5 œufs. Combien Mickaël doit-il acheter de boîtes de 6 œufs ?

** **232** Un ouvrier a perçu 1 247 € pour 172 heures de travail. Calcule à un euro près son salaire horaire.

** **233** Une plaque d'ascenseur indique 

.
En estimant qu'un adulte pèse 80 kg, combien d'adultes peuvent prendre place ensemble dans l'ascenseur ?

** **234** Dans un groupe de jeunes, chacun est capable de marcher 24 km par jour. Ils décident de partir 8 jours en randonnée. Quelle est la longueur de l'excursion que le groupe peut entreprendre ?

** **235** Pour Noël, la famille Chaton a commandé 6 douzaines d'escargots pour régaler papa, maman et chacun des quatre enfants. Combien chacun aura-t-il d'escargots ?
L'oncle Pierre et la tante Dominique, qui étaient seuls, ont été invités. Quelle est finalement la part de chacun ?

*** **236** Une table et 6 chaises sont vendues 740 €. Vendue seule, la table est proposée à 350 €. Quel est le prix d'une chaise ?

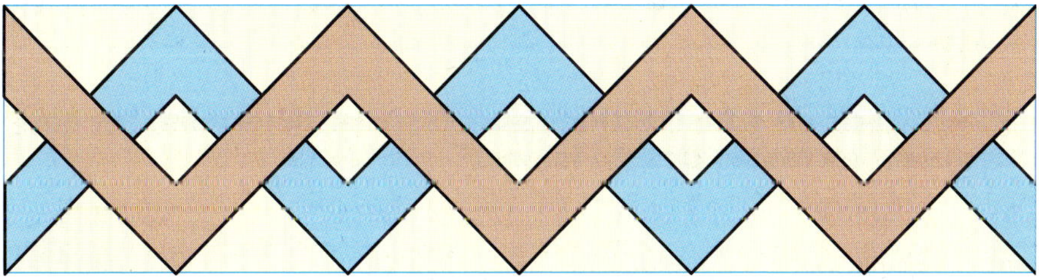

Surajouté

Calcul mental

- Dans 43, combien de fois 6 ? Dans 52, combien de fois 8 ? Dans 69, combien de fois 7 ? Dans 28, combien de fois 4 ? Dans 6, combien de fois 7 ?
- Quelle est la moitié de 72 ; 648 ; 106 ; 536 ; 854 ?
- Combien de numéros une personne abonnée à un hebdomadaire peut-elle recevoir en deux mois ?
- Un carnet de 10 tickets de bus vaut 9,60 €. Combien vaut un ticket ?
- Le périmètre d'un terrain carré est de 248 m. Combien mesure un côté ?
- Deux amis se partagent équitablement les 148 € gagnés lors d'un jeu. Combien chacun reçoit-il ?

31 Recherche du quotient par soustractions successives

Combien peut-on former d'équipes de 5 joueurs avec 37 participants ?

37 – 5 = 32 (1 équipe formée)
32 – 5 = 27 (2 équipes formées)
27 – 5 = 22 (3 équipes formées)
22 – 5 = 17 (4 équipes formées)
17 – 5 = 12 (5 équipes formées)
12 – 5 = 7 (6 équipes formées)
7 – 5 = 2 (7 équipes formées)

Avec 37 participants, on peut former 7 équipes, il reste 2 joueurs.

Pour trouver le quotient d'une division, on peut effectuer des soustractions successives.

* **237 À l'aide de soustractions successives, détermine les quotients et les restes des divisions.**

a)	40 par 8	35 par 7	21 par 9	25 par 6
b)	92 par 23	99 par 30	126 par 54	200 par 63
c)	399 par 11	490 par 125	790 par 420	2 500 par 900

Résous les problèmes.

* **238** 54 joueurs sont inscrits à l'Association sportive. Une équipe est constituée de 11 joueurs et de 2 remplaçants. Combien d'équipes peut-on former ?

* **239** Laurence veut offrir des assiettes en porcelaine à 23 € l'une pour un mariage. Elle dispose de 120 €. Combien d'assiettes peut-elle acheter ?

** **240** Les états de service d'un militaire annoncent 176 jours de mission. Combien ce militaire a-t-il accompli de mois entiers de mission ?
Fais tes calculs en comptant des mois de 30 jours.

241 La récolte d'olives laisse espérer 2 000 L d'huile. L'huile est vendue au grossiste en fûts de 225 L. Combien le récoltant doit-il commander de fûts ?

242 Un véhicule utilitaire peut transporter 825 kg. Combien de voyages faudra-t-il faire pour transporter 2 600 kg de matériel ?

243 Des grimpeurs se relaient tous les 60 m. Combien de relais devront-ils effectuer pour escalader une paroi de 350 m ?

244 Un producteur de cerises a cueilli 26 cagettes de 8 kg de cerises.
Quelle masse de fruits a-t-il récoltée ?
Un acheteur lui demande des lots de 24 kg de cerises.
Combien de lots pourra-t-il fournir à son acheteur ?

245 Un alternateur tourne en permanence.
Combien d'heures a-t-il fonctionné pendant un mois de 30 jours ?
Il doit être révisé toutes les 3 600 heures.
Combien de mois peut-il tourner sans être révisé ?

246 Chaque jour il faut 220 kg de viande pour nourrir les fauves du parc zoologique. Les chambres froides peuvent contenir 2 000 kg de viande.
Lorsqu'elles sont pleines, de combien de jours de réserve dispose-t-on ?
Quand devra-t-on les réapprovisionner ?
Quelle masse de viande fournira-t-on à chaque livraison ?

Slalom

Calcul mental

Pour diviser par 4, on divise par 2, puis encore par 2.

- Calcule : 24 : 4 ; 64 : 4 ; 38 : 4 ; 54 : 4 ; 62 : 4.
- Que reste-t-il si l'on partage 27 en 5 ; 36 en 4 ; 43 en 5 ; 52 en 9 ?
- Une fermière a ramassé 47 œufs qu'elle met en boîtes de 6. Combien aura-t-elle de boîtes pleines ? Combien restera-t-il d'œufs ?

32 Approche du quotient par arrondi du diviseur

Dans une usine de confection, on utilise 35 m de fil pour piquer une robe. Combien de robes peut-on piquer avec une bobine de 4 500 m de fil ?

Avec 30 m ou 50 m de fil, on a une approximation du nombre de robes.

Avec **30 m**	Avec **50 m**
... × 30 = 4 500	... × 50 = 4 500
150 × 30 = 4 500	**90** × 50 = 4 500

90 < nombre de robes < **150**

En utilisant 35 m de fil, on pourra piquer entre 90 et 150 robes.

Arrondir les données permet d'approcher le résultat.

* **247 Calcule en arrondissant comme pour l'exemple.**

420 par 56 → 420 : 60 = 7

320 par 81	490 par 69	810 par 87	540 par 58
161 par 16	242 par 12	357 par 70	355 par 60
478 par 79	642 par 81	538 par 88	452 par 52

a) Arrondis les données et calcule le quotient à l'unité près.

b) Avec une calculatrice, donne le quotient au dixième près.

Pour les énoncés suivants, arrondis les données et trouve une valeur approchée du quotient.

* **248** Un exposant vend, en moyenne, 7 lampadaires par exposition. Son camion peut contenir 75 lampadaires. Combien d'expositions peut-il faire sans se réapprovisionner ?

* **249** Lors d'un repas, on sert des portions de viande de 150 g. Combien de convives est-on sûr de servir avec un rôti de 1 680 g ?

** **250** Chaque élève a besoin de 4 cahiers pour commencer l'année. Les cahiers sont vendus par paquets de 50. Combien faudra-t-il commander de paquets pour équiper les 23 élèves de la classe ?

* **251** On suspend un rideau de 4,80 m à l'aide de crochets répartis tous les 18 cm. Combien faut-il prévoir de crochets ?

** **252** Un céréalier a récolté 2 380 tonnes de blé qu'il livre par camions de 19 tonnes. Évalue, à 10 près, le nombre de camions nécessaires pour livrer la récolte.

** **253** Un cageot de 6 kg de pêches est proposé à 17,50 €. Les mêmes pêches sont vendues au détail 6,43 € le kg.
Est-il plus intéressant de faire l'achat d'un cageot ?

*** **254** Un laboratoire pharmaceutique prépare une cuve de 100 L d'un médicament qui est réparti dans des ampoules buvables de 5 mL.
Combien d'ampoules pourra-t-on préparer ?
Les ampoules sont vendues en boîtes de 24.
Combien de boîtes est-il possible de remplir ?

*** **255 Observe le dessin, puis réponds aux questions.**
Combien coûte cette offre ?
Si les mensualités étaient calculées sur le prix affiché, à combien s'élèveraient-elles ?
L'offre du vendeur est-elle intéressante ?

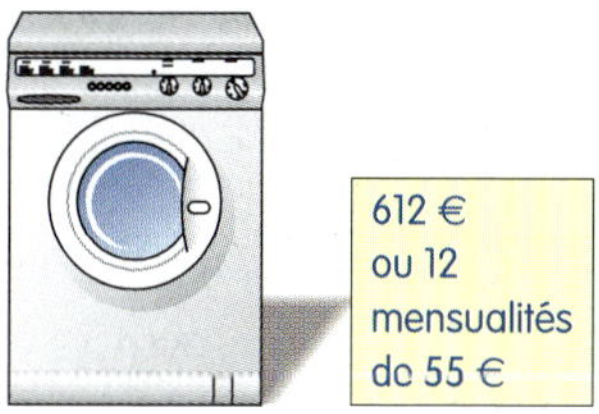

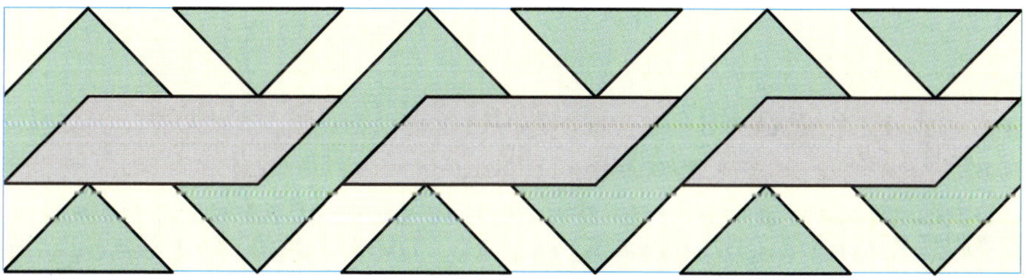

Enroulement 2

Calcul mental

Pour diviser un nombre par 5, on le multiplie par 2 et on le divise par 10.

- Calcule : 90 : 5 ; 130 : 5 ; 85 : 5 ; 39 : 5 ; 64 : 5.
- 5 enfants se partagent un paquet de 35 bonbons. Combien chacun reçoit-il de bonbons ?
- Le trajet aller-retour Rennes-Paris est de 704 km. Quelle est la distance de Rennes à Paris ?
- On plante des pieds de tomates tous les 25 cm. Combien de pieds peut-on planter sur une bordure de 17 m ?

33 Calcul du nombre de chiffres du quotient

Il faut 35 m de fil pour piquer une robe. Combien de robes pourra-t-on piquer avec une bobine de 4 500 m de fil ?

On cherche 4 500 : 35. On va déterminer le nombre de chiffres du quotient.

35 × 10 = 350
35 × 100 = 3 500 ← 4 500
35 × 1 000 = 35 000

350	<	3 500	<	**4 500**	<	35 000
10	<	100	<	**q**	<	1 000

Le quotient a 3 chiffres.

10 × 35 = 350	Si on pique **10**	robes il reste du fil.
100 × 35 = 3 500	Si on pique **100**	robes il reste du fil.
1 000 × 35 = 35 000	Si on pique **1 000**	robes on manque de fil.

Des multiplications du diviseur par 10, 100, 1 000 permettent de connaître le nombre de chiffres du quotient.

Dans chaque problème, donne une évaluation du quotient à l'aide d'une multiplication par 10, 100, 1 000... et résous le problème.

* **256** À la rentrée, on distribue un crayon à chacun des 192 élèves de l'école. Combien le directeur doit-il acheter de boîtes de 12 crayons ?

* **257** Au centre aéré, le directeur a engagé 14 moniteurs ; il répartit entre eux les 168 enfants inscrits. De combien d'enfants chaque moniteur aura-t-il à s'occuper ?

* **258** Un caramel pèse 8 g. La machine malaxe 60 kg de pâte à caramel. Combien fabriquera-t-elle de caramels ?

* **259** Dans un département, 3 153 adhérents à l'USEP vont constituer des équipes de basket de 5 joueurs. Combien d'équipes seront constituées ?

* **260** Un maçon pose 12 mètres carrés de briques par jour. Quelle surface posera-t-il en un mois de 24 jours de travail ?

*** **261** Un iceberg a été repéré dans l'Antarctique au début de l'été austral (le 22 décembre dans l'hémisphère sud) ; 90 jours plus tard, à la fin de l'été (23 mars), il s'était déplacé de 1 450 km. Quelle distance, en moyenne, a-t-il parcourue par jour ?

*** **262** Les monocoques de la Route du café vont parcourir 4 420 milles marins en 18 jours. Combien de milles parcourent-ils en un jour ?
Les multicoques vont faire 5 520 milles en 17 jours.
Combien de milles parcourent-ils en un jour ?

*** **263** Un quotidien a été imprimé à 513 597 exemplaires en 3 h 30. Combien d'exemplaires sont fabriqués en une minute ?

*** **264** Pour mettre 3 rangs de fil de fer barbelé autour d'un pré rectangulaire de 38 m de large et 72 m de long, il a fallu 9 rouleaux. Quelle est la longueur d'un rouleau ?

*** **265** Pour acheter un Caméscope à 534 €, la coopérative d'une école envisage de vendre des bouquets de jonquilles à 3 €.

a) Combien faudra-t-il vendre de bouquets ?

b) Chaque bouquet est composé de 18 jonquilles. Combien faudra-t-il cueillir de jonquilles ?

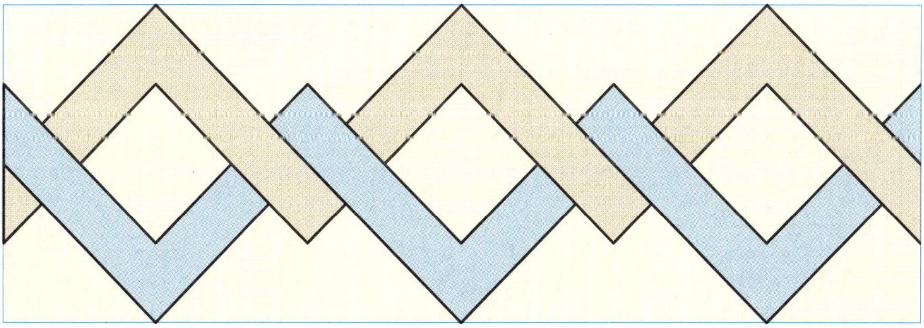

Torsade serrée

Calcul mental

Pour diviser par 25, on multiple par 4 et on divise par 100.

- Calcule : 400 : 25 ; 125 : 25 ; 625 : 25 ; 230 : 25 ; 140 : 25.
- 25 copropriétaires doivent payer une réparation de 2 600 €. Quelle sera la facture de chacun ?
- Le maître a commandé 270 crayons pour les 25 élèves de sa classe. Combien chacun pourra-t-il en user dans l'année ?

34 Calcul du quotient

Il faut 35 m de fil pour piquer une robe. Combien de robes pourra-t-on piquer avec une bobine de 4 500 m de fil ?

Étape 1 : on précise la connaissance du quotient

On pique les robes par **centaines**.

35 × 100 = 3 500
← 4 500
35 × 200 = 7 000

On pique **100** robes.

Après avoir piqué 100 robes, il reste 1 000 m de fil :

4 500 – 3 500 = 1 000

Étape 2 : on affine la connaissance du quotient

On pique les robes par **dizaines**.

35 × 10 = 350

35 × 20 = 700
← 1 000
35 × 30 = 1 050

On pique **20** robes.

Après avoir piqué 120 robes, il reste 300 m de fil :

1 000 – 700 = 300

Étape 3 : on peut encore affiner la connaissance du quotient

On pique les robes **une à une**.

35 × 1 = 35

35 × 2 = 70

...

35 × 7 = 245

35 × 8 = 280
← 300
35 × 9 = 315

On pique **8** robes.

Après avoir piqué **128** robes, il reste 20 m de fil :

300 – 280 = 20

Conclusion :

100 + 20 + 8 = 128 (128 × 35) + 20 = 4 500

Avec 4 500 m de fil, on pourra piquer 128 robes et il restera 20 m de fil.

** **266 Détermine les quotients.**

a)	35 : 6	154 : 6	753 : 6	98 : 23
b)	270 : 131	562 : 23	7 467 : 23	6 830 : 131

Résous les problèmes.

** **267** Catherine profite de 8 jours de vacances dans le désert de Libye pour parcourir à pied les 220 km qui séparent deux oasis. Quelle sera la longueur d'une étape ? (à 1 km près)

** **268** Un RMIste dispose de 385 € pour un mois. De combien peut-il disposer pour chaque semaine complète ? Prudemment, il partage cette somme en 5. De combien dispose-t-il par jour ?

** **269** La vente de la cueillette des ceps de Bordeaux a rapporté 5 176 € à l'*Amicale populaire*.
De combien en moyenne chacun des 8 membres a-t-il enrichi l'association ?

*** **270** On a livré un colis de CD-Rom pesant 8,750 kg. Un magasinier a déjà placé les CD-Rom sur les rayonnages. Le chef de rayon voudrait savoir combien il y en avait dans le colis.
L'emballage du colis vide pèse juste 1 kilogramme, un CD-Rom dans sa boîte de présentation pèse 31 grammes.

a) Peux-tu trouver la masse des CD-Rom seuls, sans l'emballage ?

b) Quel est le nombre CD-Rom reçus ?

Torsade lâche

Calcul mental

- Donne le quotient de 23 : 5 ; 33 : 6 ; 47 : 8 ; 55 : 9 ; 27 : 7.
- Donne le reste de 22 : 6 ; 19 : 5 ; 37 : 8 ; 49 : 7 ; 61 : 9.
- Un jardiner fait des rangées de 9 salades. Combien fera-t-il de rangées avec 50 plants ?
- À l'usine, il faut 7 minutes pour équiper de pneus une voiture. Combien de voitures peut-on équiper en une heure ?

35 Division approchée

Diviser les restes au-delà de l'unité

Un lot de 8 serviettes de table est vendu 27,72 €.
Quel est le prix de vente de chaque serviette ?

1ère approche (les euros) :

$$3 \times 8 < 27{,}72 < 4 \times 8$$
$$24 < 27{,}72 < 32$$
$$27{,}72 - 24 = 3{,}72$$

Avec 3 € par serviette, il reste 3,72 € à répartir.

2e approche (les dixièmes d'euro) :

3,72 € c'est 37 dixièmes d'euro et 2 centièmes d'euro.

$$4 \times 8 < 37 < 5 \times 8$$
$$32 < 37 < 40$$
$$37 - 32 = 5$$

Avec 3,4 € par serviette, il reste 5 dixièmes d'euro et deux centièmes d'euro à répartir.

3e approche (les centièmes d'euro) :

5,2 dixièmes d'euro = 52 centièmes d'euro

$$6 \times 8 < 52 < 7 \times 8$$
$$48 < 52 < 56$$
$$52 - 48 = 4$$

Avec 3,46 € par serviette, il reste 4 centièmes d'euro à répartir.

$$27{,}72 = (3{,}46 \times 8) + 0{,}04$$

Il serait possible de continuer le partage des sous-multiples suivants, mais c'est ici sans intérêt car les millièmes d'euros n'existent pas.

** **271 Résous le problème.**
Mamie a donné 6 € que ses quatre petits-enfants se partagent.
Combien chacun reçoit-il ?

** **272 Calcule dans chaque cas la part de chaque personne.**

a)	4 € pour 5	11 € pour 4	15 € pour 8
b)	42 € pour 5	36 € pour 5	22 € pour 3
c)	15,40 € pour 5	21,60 € pour 6	17,50 € pour 7

273 Calcule au dixième près par défaut les quotients.

a) 58,4 par 4 — 73,8 par 8 — 296,1 par 9 — 99,26 par 14

b) 233,36 par 8 — 313,5 par 6 — 722,4 par 7 — 792 par 32

Vérifie tes calculs avec des approximations du dividende et du diviseur.

274 Calcule au centième près par défaut les quotients.

a) 49,28 par 4 — 198 par 8 — 43,29 par 9 — 139,5 par 18

b) 597,17 par 7 — 69,42 par 3 — 205,26 par 6 — 127 par 25

Vérifie tes calculs avec des approximations du dividende et du diviseur.

Résous le problème.

275 En partant d'Angers, Léa a fait le plein ; son compteur marquait 36832. À l'arrivée à Bourges, le compteur affichait 37186. Il lui a fallu 22 litres pour faire à nouveau le plein.

a) Avec 22 L d'essence, quelle distance la voiture de Léa peut-elle parcourir ?

b) Quelle est la consommation (au mL près) pour un km ?

c) Quelle est, en litres, la consommation pour 100 km ?

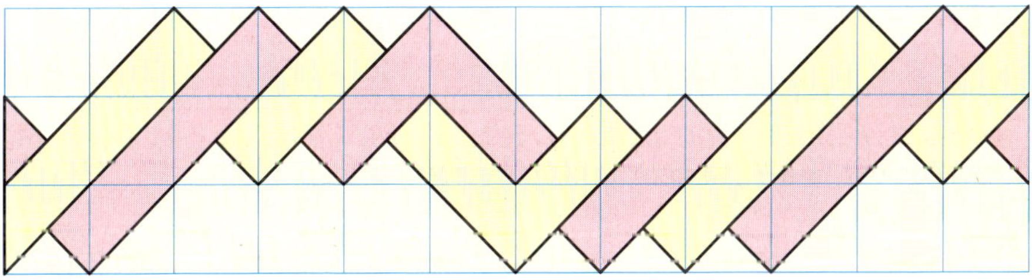

Torsade double

Calcul mental

Pour diviser par 10, 100... on décale la virgule de 1, 2... chiffres vers la gauche.

- Quel est le quotient de 21,5 par 10 ; 2,4 par 10 ; 24,33 par 100 ; 154 par 100 ; 225,2 par 1 000.
- Une boîte de 10 stylos vaut 2,50 €. Quel est le prix d'un stylo ?
- Gérald a réparti le contenu d'une bouteille de 75 cL de jus de fruit dans 10 verres. Quel est le contenu d'un verre ?
- En sport, on a marqué 10 zones le long des 67 m du terrain de rugby. Quelle est la longueur d'une zone ?

36 Synthèse

** **276 Calcule.**

a) (745,2 – 20,3) – 36,4	745,2 – (36,4 – 20,3)	745,2 – (36,4 + 20,3)
b) (640,6 – 45,52) – 57,8	640,6 – (57,8 – 45,52)	640,6 – (57,8 + 45,52)
c) (5 325,47 – 207,6) – 306,002	5 325,47 – (306,002 – 207,6)	
d) (917,123 – 35,9) – 93,54	917,123 – (93,54 – 35,9)	917,123 – (93,54 + 35,9)

Exécute aussi les opérations à la calculette. Que remarques-tu ?

** **277 Calcule les différences entre les durées.**

a) 6 min 35 s et 4 min 17 s ; 9 min 17 s et 7 min 58 s ; 12 min et 10 min 29 s

b) 12 min 7 s et 9 min 40 s ; 19 min 4 s et 14 min ; 10 min 34 s et 9 min 56 s

c) 17 min 15 s et 51 s ; 3 min 20 s et 2 min 13 s ; 25 min et 7 min 59 s

Résous les problèmes.

** **278** Pour partir en vacances, la famille doit payer 134,84 € de billets de train. En louant une voiture, le même trajet coûterait 168,50 €.
Combien économise-t-on en choisissant le moyen de transport le moins cher ?

** **279** En 1992, la R.A.T.P. (la Régie autonome des transports parisiens) a vendu 2 milliards 400 millions de voyages. Combien cela fait-il de voyages par jour ? (Tu peux utiliser ta calculatrice.)

** **280** Le tour de France cycliste de l'an 2000 a comporté 21 étapes pour 3 630 km à parcourir. Si toutes les étapes avaient la même longueur, quelle serait la longueur d'une étape ? (à 1 km près).

*** **281** À l'école tous les CM sont inscrits à la natation, au rugby, ou au deux. 15 élèves sont inscrits à la natation, 30 sont inscrits au rugby, 7 sont inscrits aux deux. Combien y a-t-il de CM dans l'école ?

*** **282** Un camion pesant à vide 2 635 kg doit passer sur un pont dont la charge est limitée à 6 t. Quelle est la limite du chargement qu'il peut transporter ?
Ce camion doit transporter 9 t de blé d'un silo à la coopérative céréalière. Il met 55 min pour aller du silo à la coopérative.
À quelle heure le chauffeur doit-il commencer ses rotations s'il veut espérer terminer à midi ?

283 Pour équiper une salle, la commune commande 25 tables à 93 € et 25 chaises à 12 €. Calcule le montant de la facture de deux façons.

284 Tout être humain a un père et une mère. Toi aussi. Au 2e degré, tu as 4 grands-parents.

a) Calcule combien tu as d'ancêtres au 4e degré ; au 8e degré.

b) Avec quatre générations par siècle, combien avais-tu d'ancêtres vivant en 1700 ? Combien vivaient en 1400 ?

c) En 1400, la population de la France était sans doute de l'ordre de 10 millions d'habitants. Compare avec le résultat que tu as trouvé.

285 Une société expédie sa revue trimestrielle à chacun de ses 1 254 membres. Un envoi pèse 360 g. Les sacs postaux ne doivent pas peser plus de 25 kg.

a) Combien de plis peut-on mettre, au maximum, dans un sac ?

b) Combien de sacs faut-il prévoir ?

c) Ainsi préparés, les envois sont facturés 0,77 € l'un. Quel est le coût de l'expédition ?

d) Au tarif ordinaire un envoi de 360 g revient à 2,44 €. Quel est le gain pour le total des envois ?

286 On pense que les trois quarts des 45 000 spectateurs attendus au Grand stade viendront en métro. Chaque rame de métro transporte 750 voyageurs. Les rames se succèdent toutes les 2 min 30 s.
À quelle heure faut-il, au plus tard, ouvrir les portes pour un spectacle qui débute à 21 heures ?

287 L'Empire State Building, construit en 1931 sur 102 étages pour une hauteur de 381 mètres, fut longtemps le plus haut bâtiment du monde. Chaque année, une course est organisée pour l'ascension de ses 86 volées d'escalier.

a) Une marche moyenne mesure 20 cm. Évalue le nombre de marches nécessaire pour atteindre le sommet de l'édifice.

b) Quel temps faut-il si l'on monte une marche par seconde ?

c) Évalue le nombre de marches par volée d'escalier.

288 L'inventeur du jeu d'échecs demanda en récompense un grain de riz sur la première case de l'échiquier, deux grains sur la deuxième, quatre grains sur la troisième et ainsi de suite jusqu'à la soixante-quatrième.
Cette demande parut d'abord raisonnable.
Sans faire le calcul, écris la suite des opérations qui permettrait de donner le nombre de grains de la dernière case ?
On peut écrire ce nombre 2^{64} ; explique cette écriture.

Opérations

⁂ **289 Résous le problème.**
Les 56 chambres de la pension ont toutes été louées pour juillet et août. En juillet, 26 ont été louées à des couples sans enfant, 21 à des couples avec enfant, le reste à des personnes seules. En août, 17 ont été louées à des couples sans enfant, 11 à des personnes seules, le reste à des couples avec enfant.
Construis un tableau qui reprenne clairement l'ensemble des données.
Combien de couples avec enfant ont loué au cours des deux mois ?
Combien de personnes seules ont loué pendant les deux mois ?

⁂ **290** Cécile a compté ses pas entre la borne hectométrique marquée ⑤ et la borne hectométrique marquée ⑦. Elle s'est appliquée à marcher régulièrement ; elle a fait 330 pas.

a) Quelle distance Cécile a-t-elle parcourue ?

b) Quelle est, au cm près, la longueur d'un de ses pas ?

⁂ **291** Une ramette de 500 feuilles de papier A4 (21 cm × 29,7 cm) a une épaisseur de 54 mm.

a) Quelle est l'épaisseur d'une feuille ?

b) La ramette pèse 2 800 g. Quelle est la masse d'une feuille ?

c) On découpe dans cette feuille un carré d'un centimètre de côté. Quelle est la masse de ce carré ?

** **292 Retrouve les chiffres effacés.**

```
      ◆ ◆ 7              7 ◆ ◆
  ×     ◆ ◆          ×     ◆ ◆
  ---------          ---------
      ◆ 0 ◆              7 ◆ ◆
    ◆ ◆ 8            3 ◆ ◆ ◆
  ---------        -----------
    7 ◆ ◆ 1        ◆ ◆ 6 8 9
```

⁂ **293 Observe l'exemple, puis retrouve la valeur de A, B, C, D. Fais la somme des nombres inscrits dans les quatre cases du carré.**

	6	4	10
	11	12	23
15	17	16	18

	A	B	23
	C	D	23
35	16	30	11

Problèmes et outils du numérique

37 Algorithme

Exemple d'algorithme : la division

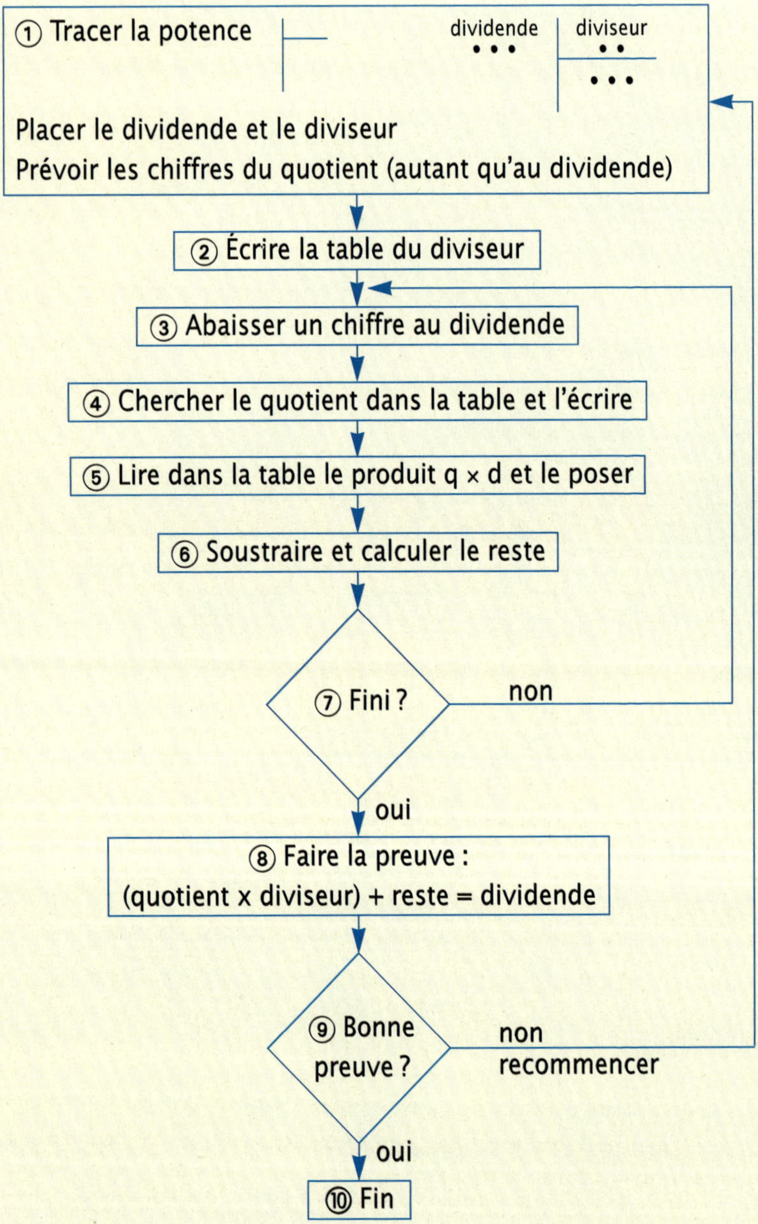

La résolution d'une division suppose de nombreuses étapes qui peuvent être résumées dans un **algorithme**.

Exemple : diviser 276,03 par 47.

①

```
c d u
2 7 6, 0 3 | 4 7
           |----------
           | • • •, • •
           | c d u
```

②

Table de 47
47 × 0 = 0
47 × 1 = 47
47 × 2 = 94
47 × 3 = 141
47 × 4 = 188
47 × 5 = 235
47 × 6 = 282
47 × 7 = 329
47 × 8 = 376
47 × 9 = 423

③ ④ ⑤ ⑥ Exécution des boucles de calcul.

```
   c d u
   2 7 6, 0 3 | 4 7
   2          |------------
   2 7        | 0 0 5, 8 7
   2 7 6      | c d u
 - 2 3 5      |
 -------      |
   0 4 1 0    |
   - 3 7 6    |
   -------    |
     0 3 4 3  |
     - 3 2 9  |
     -------  |
       0 1 4  |
```

⑦ Preuve : (5,87 × 47) + 0,14 = 276,03

Remarque : il est toujours possible de continuer la division tant que le reste n'est pas nul en abaissant des zéros au dividende.

* **294 Utilise la table de 47 pour donner la partie entière des quotients.**

a) 282 par 47 — 325 par 47 — 156 par 47 — 280 par 47

b) 112 par 47 — 39 par 47 — 99 par 47 — 172 par 47

** **295 Donne des valeurs approchées des quotients.**

Observe l'exemple, puis utilise la table de 47 et donne un encadrement du quotient à la centaine près.

25 630 par 47 ⟶ **5**00 < q < **6**00

a) 17 000 par 47 — 21 480 par 47 — 25 025 par 47 — 6 480 par 47

b) 1 542 par 47 — 31 600 par 47 — 46 250 par 47 — 35 603 par 47

Problèmes et outils du numérique

** **296 En utilisant l'algorithme et la table de 47, calcule les divisions proposées dans l'exercice précédent au dixième près.**

** **297 Observe l'exemple, puis prévois le nombre de zéros qui vont apparaître en premier au quotient.**

> Souvent, les premiers chiffres du dividende donnent des zéros au quotient : l'algorithme « tourne à vide ».
>
> Exemple 1 : **6** 480 ÷ 47 → 1 zéro car **6** < 47, mais 64 > 47
>
> Exemple 2 : **17** 000 ÷ 47 → 2 zéros car 17 < 47, mais 170 > 47

a)	185 ÷ 47	512 ÷ 47	3 093 ÷ 47	469 ÷ 47
b)	2 394 ÷ 315	4 862 ÷ 156	2 458 ÷ 253	1 001 ÷ 109
c)	4 231 ÷ 439	12 806 ÷ 403	13 622 ÷ 256	9 877 ÷ 966

*** **298 Écris les tables dont tu as besoin et utilise l'algorithme pour calculer les quotients au centième près.**

a)	25 ÷ 3	45 ÷ 7	28 ÷ 8
b)	42 ÷ 12	99 ÷ 12	158 ÷ 12
c)	65 ÷ 19	92 ÷ 19	254 ÷ 19

Résous les problèmes.

*** **299** La facture de la cantine s'élève à 156,80 € pour un trimestre.
Claire compte qu'elle a pris 56 repas au cours du trimestre.
Combien est facturé un repas ?

*** **300** Il a fallu 3 029 jours pour réaliser le tunnel sous la Manche, entre le 20 janvier 1986, date de la décision de l'entreprendre, et le 6 mai 1994, date de son inauguration. La galerie est longue de 50 km.
À quelle vitesse (en mètres par jour) le chantier a-t-il progressé ?

*** **301** Un train part de Marseille à 14 h 50 et arrive à Lyon à 17 h 37.
Entre Marseille et Lyon la distance est de 320 km.

a) Calcule en minutes la durée du trajet.

b) Calcule au mètre près la distance parcourue en une minute.

c) Calcule au kilomètre près la distance parcourue en une heure.

*** **302** Le dictionnaire de Grégory est épais de 67 mm et comporte 1796 pages.

a) Combien ce dictionnaire a-t-il de feuilles ?

b) Quelle est l'épaisseur d'une feuille ?

Pour vérifier ses calculs, Grégory recherche combien il faut de feuilles pour faire une épaisseur de 1 cm. Il trouve 134. S'il commence à mesurer à partir de la page 1, jusqu'à quelle page doit-il aller pour obtenir 1 cm d'épaisseur ?

** **303** Pour s'acheter un véhicule, un voyageur de commerce emprunte 9 400 € qu'il rembourse en 12 mensualités égales.
Quel est le montant d'une mensualité ?

** **304** Une association de 42 personnes souhaite acquérir un véhicule d'occasion qui lui est proposé pour 15 960 €. Si chaque adhérent de l'association participe pour un même montant à cet achat, quelle sera le montant de sa contribution ?

*** **305** Un camion de gravillons permet de recouvrir 22 m de long d'une route large de 5 m. Combien de camions de gravillons faut-il prévoir pour refaire une portion de 5 km de route ?
L'entreprise d'extraction ne peut fournir que 12 camions de gravillons par jour. Combien de jours durera le chantier ?

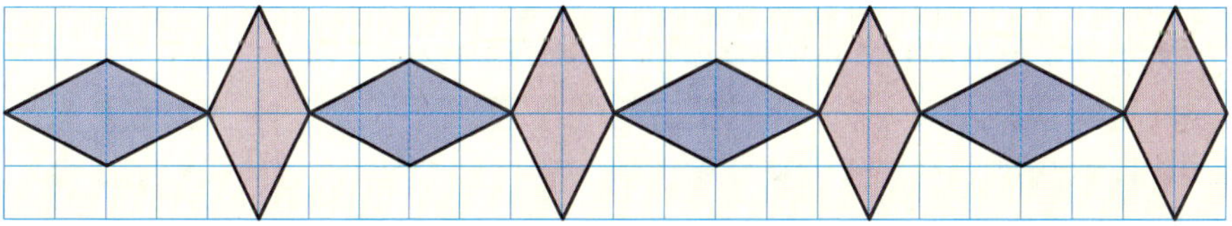

Alternance couché debout

Calcul mental

- Un libraire a reçu 100 livres qui lui sont facturés 2 872 €.
Quel est le prix d'un livre ?
- 100 caramels valent 9,50 €. Quel est le prix d'un caramel ?
- Un paquet de 100 nougats vaut 26,70 €.
Combien coûte un nougat ?
- Le fleuriste a reçu 258 tulipes. Combien peut-il faire de bouquets de 10 tulipes ?
- On agrafe des livrets de 9 feuilles. Combien de livrets fabrique-t-on avec 39 feuilles ? On met 3 agrafes par livret. Combien faut-il d'agrafes ?

38 Calculatrice

Une calculatrice possède trois registres.
Seul le registre d'affichage est visible.

Registre d'opération	Registre d'affichage	Registre de mémoire

① Pour copier le contenu de l'affichage dans le registre d'opération, on appuie sur une touche d'opération ([+], [–], [x], [÷]).

② Pour exécuter l'opération, on appuie sur la touche [=].

③ Pour additionner (ou soustraire) l'affichage au contenu du registre de mémoire, on appuie sur [M+] (ou [M–]).

④ Pour observer le contenu du registre de mémoire, on appuie sur [MR].

*** 306 Écris le numéro des règles utilisées pour chacune de ces séries d'appuis. Prévois ce qui apparaît à l'affichage.**

a) [3] [+]
b) [3] [M]
c) [3] [+] [2] [=]
d) [5] [M–]
e) [4] [x] [+]
f) [5] [M+] [MR]

*** 307 Tape les multiplications sur ta calculatrice et compare les résultats.**

16 × 32 1.6 × 32 1.6 × 3.2

Quel est le rôle de la touche [.] ?

*** 308 Compare les résultats affichés à l'issue de ces quatre séquences et explique le rôle de la touche [CE].**

[5] [6] [+] [0] [=]
[5] [6] [+] [1] [=]
[5] [6] [+] [1] [CE] [+] [2] [=]
[5] [6] [+] [1] [CE] [CE] [+] [2] [=]

*** 309 Compare les résultats affichés à l'issue de ces quatre séquences et explique.**

[2] [5] [+] [4] [M+]
[2] [5] [+] [4] [M+] [4] [+] [2] [=] [MR]
[2] [5] [+] [4] [M–]
[2] [5] [+] [4] [M–] [4] [+] [2] [=] [MR]

*** 310 Effectue le calcul : 8 – (4 +1) à la main.**

Ensuite, entre sur ta calculatrice les deux séquences de calcul :

[8] [–] [4] [+] [1] [=]
[4] [+] [1] [M] [+] [8] [–] [MR] [=]

Explique les résultats que tu obtiens.

**** 311 Écris pour chaque opération les touches que tu utilises pour obtenir les résultats corrects.**

12 – (7 + 2) = (10 + 2) – (7 + 2) = 5 × (4 + 2) =

(4 + 2) × (5 + 1) = (4 +3) + (5 × 6) = (7 – 3) – (3 – 2) =

Invente d'autres opérations qui obligent à utiliser le registre de mémoire.

**** 312 Écris la suite des touches sur lesquelles tu as appuyé.**

La maîtresse commande pour la classe 12 livres à 7,20 € l'un, 2 ramettes de papier à 5,40 € l'une et 1 classeur à 4,32 €. Calcule le montant de la commande avec ta calculatrice sans écrire de résultats intermédiaires.

**** 313 Observe l'exemple, puis recherche les quotients entiers et les restes à l'aide de la calculatrice.**

> Nadia doit rechercher le quotient entier et le reste de 25 divisé par 4.
> Nadia utilise sa calculatrice : [2] [5] [÷] [4] [=] [6] [.] [2] [5]
> Le quotient entier est 6.
> Elle tape [6] [×] [4] [M–] [2] [5] [M+] [MR]
> Elle voit s'afficher le reste [1]
> Elle conclut : 25 = (4 × 6) + 1

a) 33 = (6 × …) + … 41 = (5 × …) + … 54 = (7 × …) + …

b) 65 = (16 × …) + … 92 = (23 × …) + … 78 = (45 × …) + …

c) 544 = (17 × …) + … 682 = (34 × …) + … 690 = (30 × …) + …

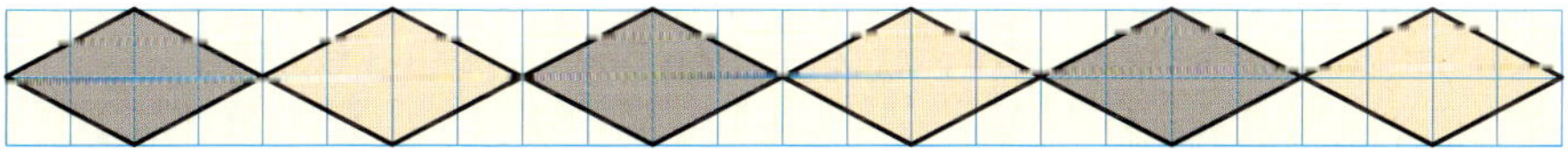

Couchés

Calcul mental

- Trouve le complément à 10 de : 4, 3, 5, 7, 2.
- Quel est le complément à 100 de : 91, 74, 82, 61, 37 ?
- Cérès s'achète un collier à 4,25 € et une bague à 6,80 €.
Pour payer, donne-t-elle son billet de 10 € ou son billet de 20 € ?
- Un cycliste parcourt 47 km samedi et 35 km dimanche.
Quelle distance a-t-il parcourue pendant le week-end ?

39 Proportionnalité (1)

Un producteur d'oranges veut vendre sa production.
Chaque kilogramme d'oranges est vendu le même prix.

On établit un tableau de proportionnalité.

Masse d'oranges (kg)	Prix des oranges (€)
1	2
2	4
3	6
4	8
5	10
...	...
10	20

(+) (+) × 2

Quand les prix sont **proportionnels**, le tableau permet d'établir le prix à partir de la quantité.

* **314 Recopie et complète le tableau de proportionnalité qui permet de résoudre le problème.**

Un producteur veut vendre sa production de cerises à 3 € le kg.

Cerises (kg)	1	2	...	4	...	...	7	...	...	...	...
Prix (€)	3	...	...	...	...	...	...	...	...	...	...

: 3 × 3

** **315 Reproduis le graphique. Complète-le en utilisant le tableau de l'exercice précédent et réponds aux questions.**

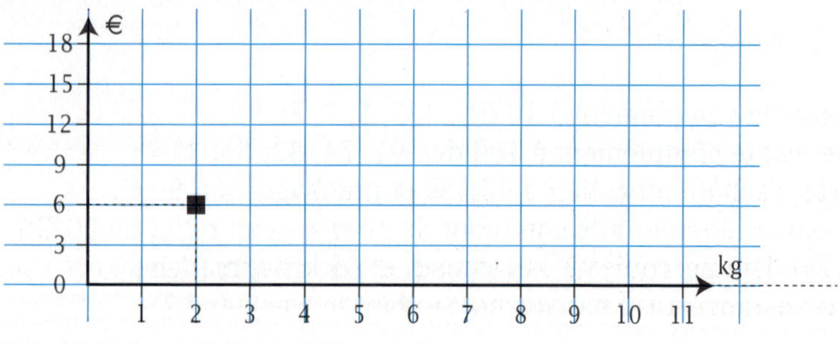

a) Relie chaque point au suivant par un segment de droite.
Que remarques-tu ?

b) Trouve sur ton graphique, sans calcul, le prix de 5,5 kg de cerises ?

** 316 Le cours des cerises a chuté.
Reproduis et complète le tableau de proportionnalité.

: …

Cerises (kg)	1	2	…	4	…	…	7	…	…	…	…
Prix (€)	2,5	…	…	…	…	…	…	…	…	…	…

× …

** 317 Complète le graphique de l'exercice 315.

a) Reporte en rouge les valeurs obtenues après la chute du cours des cerises (le kg de cerises qui valait 3 € vaut maintenant 2,50 €).

b) Comment lis-tu sur ton graphique, sans calcul, la différence de prix de vente pour 6 kg de cerises ?

* 318 Construis un tableau de proportionnalité pour résoudre le problème.

Il faut 5 kg d'olives pour extraire un litre d'huile. Choisis 12 valeurs pour la récolte des olives et établis pour chacune le tableau de la production d'huile.

** 319 Reproduis et complète le tableau de proportionnalité.

× …

Raisins (kg)	1	…	5	10	15	20	…	30	…
Jus de raisin (L)	…	1	…	8	…	…	20	…	36

: …

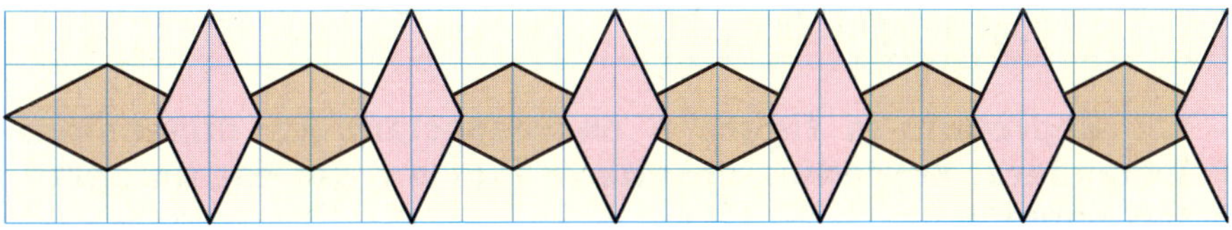

Masques de couchés

Calcul mental

Pour soustraire 99, on retire 100 et on ajoute 1.

- Calcule 647 – 99 ; 940 – 99 ; 3 174 – 99 ; 5 883 – 99 ; 7 702 – 99.
- À vélo, je peux rouler 23 kilomètres en une heure. Quelle distance puis-je parcourir si je roule 4 heures ?

40 Proportionnalité (2)

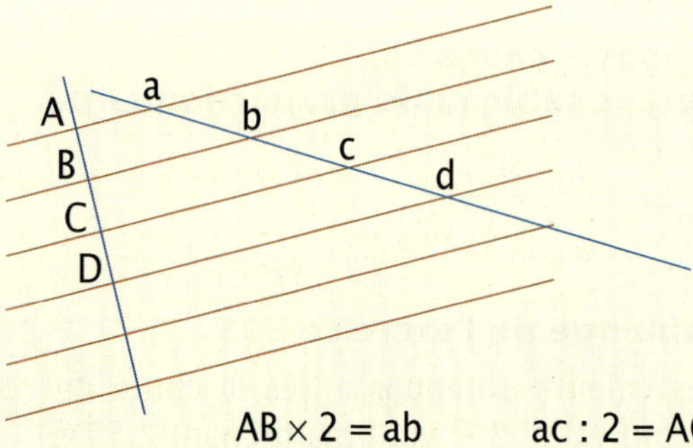

× 2

AB	ab
AC	ac
BD	bd
AD	ad
BC	bc

: 2

AB × 2 = ab ac : 2 = AC

BD × 2 = bd bd : 2 = BD

Les segments [ab], [bc], [ad]... sont proportionnels aux segments [AB], [BC], [AD]... qui leur correspondent.

On peut passer de la mesure des uns à la mesure des autres à l'aide du coefficient de proportionnalité (une multiplication ou une division, permet de déterminer les données manquantes).

Pour savoir si une situation est proportionnelle, il faut trouver un **coefficient de proportionnalité**.

* **320 Recopie et complète le tableau de proportionnalité.**

: ...

Longueur	1	3	...	6	8	...	11	...
Longueur agrandie	...	...	16	24	...	40	...	60

× ...

** **321 Reproduis la figure A en respectant les dimensions demandées. Reproduis ensuite la figure B qui est un agrandissement de A.**

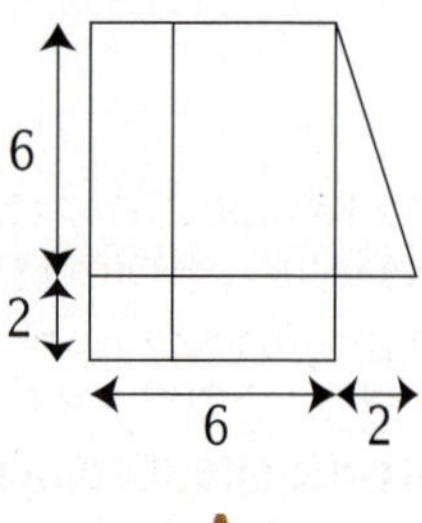

A

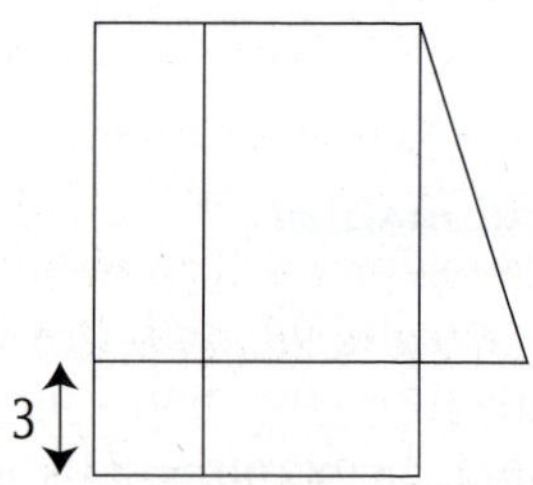

B

* **322 Construis un tableau de proportionnalité, puis agrandis le graphique sur du papier millimétré et complète-le (100 g → 1 cm ; 1 m → 1 cm).**

Un mètre de fil de fer pèse 135 g.

a) Construis un tableau de proportionnalité permettant de trouver, pour les longueurs inférieures à 20 m, la masse de fil de fer.

b) Agrandis, puis complète le graphique correspondant au tableau de proportionnalité. À l'aide du graphique, détermine quelle longueur de fil de fer correspond aux masses de 100 g ; 1 kg ; 1 200 g ; 2 kg.

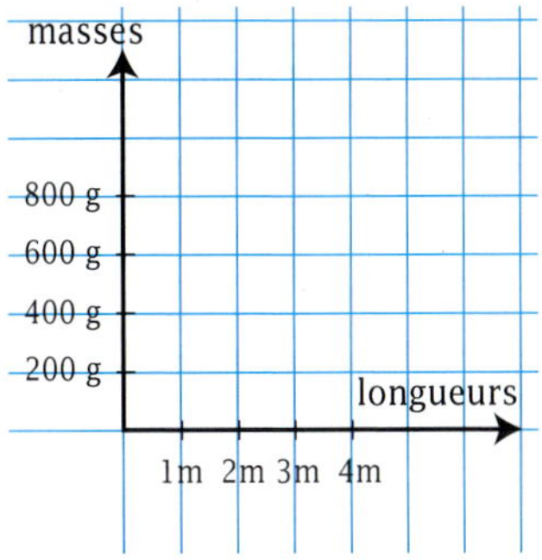

Résous les problèmes.

** **323** La promenade en pédalo coûte 9 € pour trente minutes. Pauline possède 6 €. Combien de temps pourra-t-elle naviguer ?

** **324** Un couple de lapins de laboratoire fait en moyenne 8 petits (4 mâles et 4 femelles). Voici le tableau de l'accroissement de la population à chaque génération.

générations		1re	2e	3e	4e	5e	6e	7e	8e
couples		1	5	25	125	625	…	…	…
naissances		8	40	200	1 000	…	…	…	…
total des lapins	2	10	50	250	1 250	…	…	…	…

a) Complète le tableau.

b) Observe-t-on une situation de proportionnalité ? Pourquoi ?

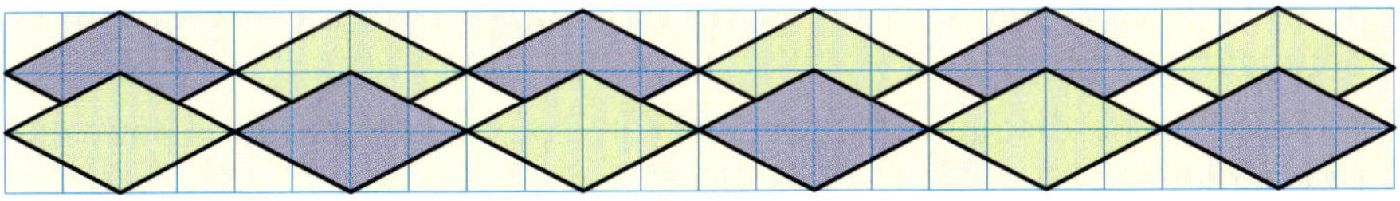

Ligne double

Calcul mental

- Quel est le bon produit ? :

3 × 12 a) 36 b) 15 c) 30 | **5 × 300** a) 15 b) 150 c) 1 500

15 × 20 a) 200 b) 120 c) 300 | **9 × 111** a) 99 b) 9 999 c) 999

- Un VTT est vendu 255 €. Le foyer coopératif se propose d'en acheter 3. Combien paiera-t-il ?
- 2 places de concert valent 8 €. Combien paiera-t-on pour 6 places ?
- 2 gâteaux valent 3 €. Combien paiera-t-on pour 6 gâteaux ?

41 Pourcentages

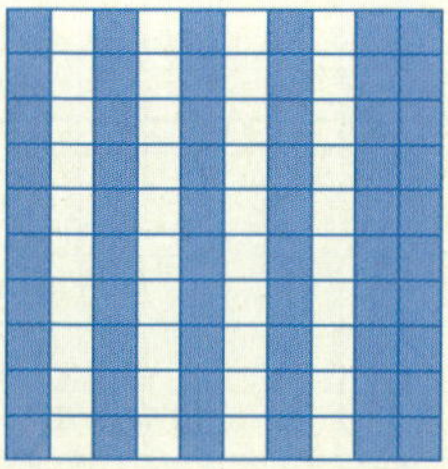

60 carrés sont coloriés sur les 100.

$\frac{60}{100} = 0,60$

On dit que soixante pour cent du carré est colorié.
On écrit aussi 60 %.

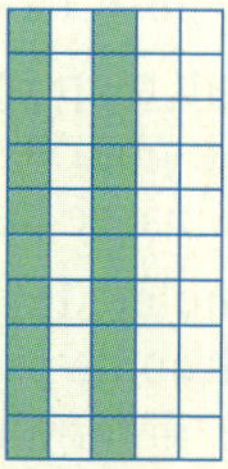

20 carrés sont coloriés sur 50.

On calcule :
$\frac{20}{50} = \frac{40}{100} = 0,40$

On conclut :
40 % des cases sont coloriées.

Les fractions qui ont **100 pour dénominateur** sont des fractions particulières. On les appelle les **pourcentages**.

*** 325 Résous le problème.

10 % des adultes ont une lecture qui n'est pas efficace.
Parmi 100 adultes pris au hasard, combien sont gênés par leur mauvaise lecture ? Parmi 1 000, combien sont gênés ? Combien sont gênés dans une ville de 40 000 habitants ? Parmi 25 élèves d'une classe ?

** 326 Colorie dans chaque cas les pourcentages indiqués.

25% 75% 50% 10%

a) Trace quatre segments de 10 cm de longueur, colorie sur chacun le pourcentage indiqué.

b) Trace quatre disques de 3 cm de rayon, colorie sur chacun le pourcentage indiqué.

c) Trace quatre carrés de 10 cm de côté, colorie sur chacun le pourcentage indiqué.

** 327 Recherche un pourcentage.

Trace trois segments de 16 cm de longueur. Pour chaque segment, colorie la longueur indiquée.

a) 8 cm

b) 4 cm

c) 12 cm

Dans chaque cas, indique le pourcentage colorié.

*** 328 Complète le tableau.**

Garçons	40	70	......	......	30	16
Filles	60	......	......	12	......	4
Total	......	140	120	......	......	......
Pourcentage de filles	60%	50%	25%	60%	10%	......

Résous les problèmes.

** **329** 800 spectateurs adultes ont assisté à la rencontre de football ; il y avait 160 femmes. Quels sont les pourcentages d'hommes et de femmes ? Représente ces pourcentages sur une figure (segment, rectangle ou cercle, selon ton choix).

*** **330** Une épidémie s'est déclarée :
- à la crèche, où 10 bébés sont inscrits, 3 sont malades ;
- à l'école maternelle, dans une classe de 30 enfants, 6 sont malades ;
- au C.M., sur 25 élèves, il en manque 6 ;
- sur les 240 places de l'amphithéâtre de l'Université, habituellement plein, 24 sont vides.

a) Où y a-t-il le plus d'absents ? Range les établissements en comparant le nombre des absents.

b) Calcule dans chaque établissement le pourcentage d'absents.
Range les établissements en commençant par l'établissement qui a le pourcentage d'absents le plus élevé.

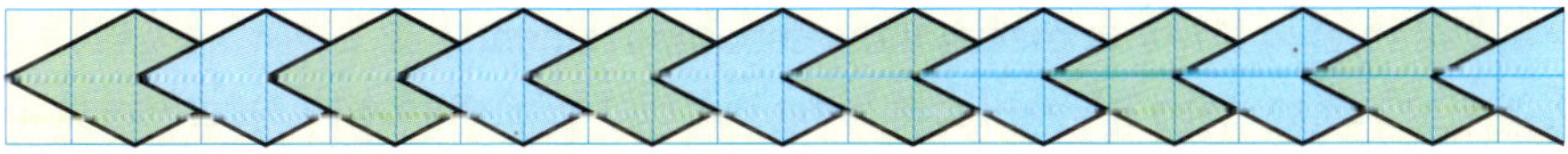

Superposition droite

Calcul mental

19 est une valeur approchée de 20.

- Donne un résultat approché de : 117 + 19 ; 206 + 19 ; 275 + 29 ; 467 – 19 ; 845 + 59.
- Donne le chiffre des unités du résultat des multiplications : 29 × 7 ; 49 × 41 ; 59 × 21 ; 199 × 101 ; 451 × 21.
- Le pied d'Émilie mesure 23 cm. Elle a reporté 60 fois son pied dans la longueur du préau. Quelle est en cm la longueur du préau ?
- Le facteur transporte 175 lettres de 20 g. Quelle est (en g) la masse de lettres transportée ?

42 Échelles

Voici le plan d'un appartement au 1/200.

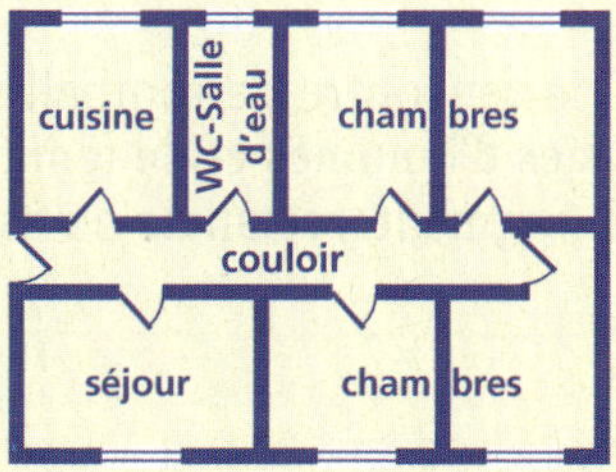

Échelle :
$\frac{1}{200}$ → 1 cm sur le plan représente 200 cm dans la réalité.

Voici une carte au 1/25 000.

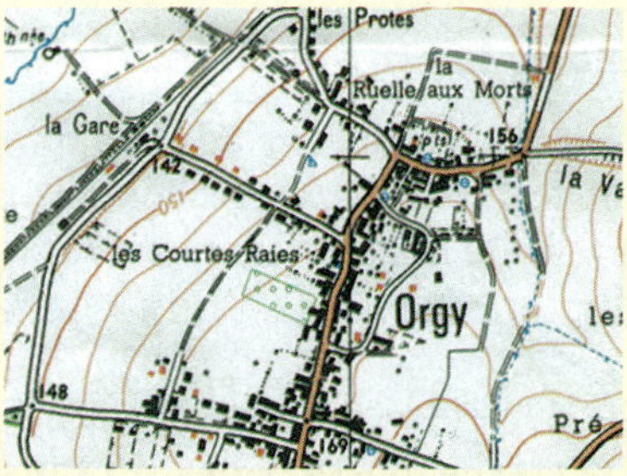

Échelle :
$\frac{1}{25\,000}$ → 1 cm sur le plan représente 25 000 cm dans la réalité.

L'échelle d'un plan ou d'une carte indique le rapport entre la représentation et la réalité.

* **331 Observe le plan de l'appartement dans la règle, puis réponds aux questions.**

a) Combien y a-t-il de pièces dans cet appartement ?

b) Quelle est, dans la réalité, la longueur de l'appartement ? Quelle est sa largeur ? Quelles sont les dimensions de la pièce la plus grande ?

c) On décide d'accoler à cet appartement un appentis de 6 m le long et de 3 m de large. Reproduis le contour de l'appartement et dessine l'appentis, accolé à un emplacement de ton choix.

** **332 Recopie et complète le tableau.**
Une carte est à l'échelle 1/25 000. Que signifie à l'échelle 1/25 000 ?

sur la carte	3 cm	6,5 cm	11 cm	...	...
sur le terrain	...	...	...	450 m	1,5 km

** **333 Trouve l'échelle de la carte.**
Il y a deux kilomètres de l'école à la gare. Sur la carte, la distance entre les deux est de 80 mm. Quelle est l'échelle de la carte ?

334 Recopie et complète.

échelle	1/500	1/1 000 000		1/80 000		1/200 000
longueur sur plan	10 cm	……	15 cm	6 cm	4 cm	……
longueur sur le terrain	……	60 km	300 m	……	200 m	25 km

335 Observe le dessin, puis réponds aux questions.

Ce meuble de salon est représenté ici à l'échelle $\frac{1}{15}$.

Quelles sont les dimensions d'une porte ? d'un tiroir ?
Quelles sont ses dimensions totales ?
La profondeur du meuble est de 45 cm.
Dessine, à l'échelle, ce meuble vu de côté.

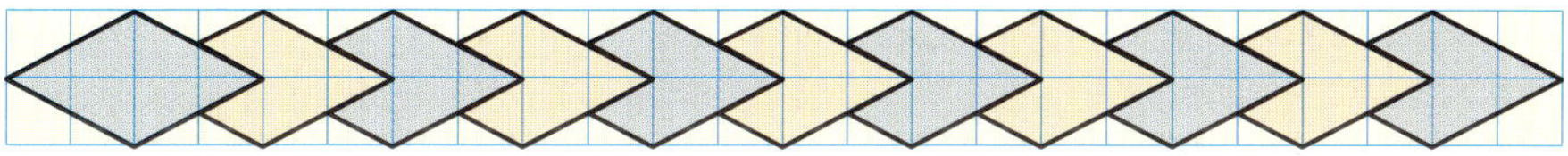

Superposition gauche

Calcul mental

- Lis ces paires de nombres, puis écris le plus grand des deux.

2 651 et 1 827	37 689 et 53 478	41 152 et 19 762
48 807 et 68 112	92 864 et 71 687	40 025 et 40 905

- Matin et soir, Dorothée passe 18 min dans le métro, 5 jours par semaine. Combien de temps a-t-elle passé dans le métro à la fin de la semaine ?
- Un marchand gagne 15 € sur chaque paire de chaussures vendue. Il a vendu 24 paires. Quel est son bénéfice ?
- Le directeur de l'école a commandé 38 douzaines de stylos à bille. Combien va-t-il recevoir de stylos ?
- Des marcheurs mettent 18 min pour faire un tour du circuit ; ils ont 19 tours à faire. Quelle sera la durée de la marche ?

43 Tableaux de nombres et graphiques

Dans un pot à confiture qui pèse, vide, 194 g, on a versé 100 g d'eau.

Pour étudier l'évaporation, des pesées ont permis, les jours suivants, de relever des masses, transcrites dans un tableau et sur un graphique.

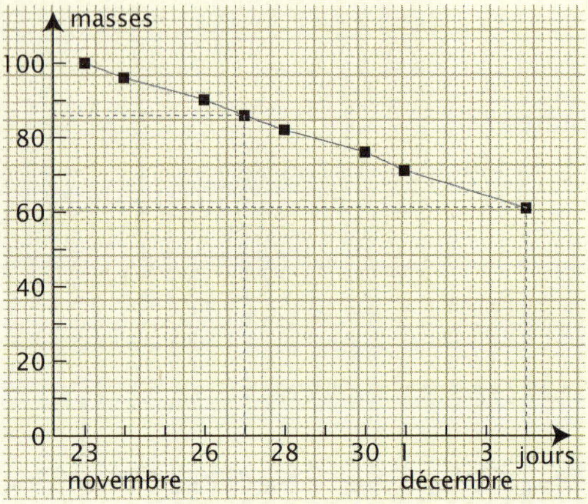

dates	masse totale	masse d'eau
23/11	294	100
24/11	290	96
26/11	284	90
27/11	280	86
28/11	276	82
30/11	270	76
1/12	265	71
4/12	255	61

Un **graphique** permet de représenter un **tableau de nombres**.

Résous les problèmes.

** **336** On a versé 100 g d'eau dans un pot à confiture qui pèse, vide, 198 g. On a placé ce pot sur un radiateur. Les jours suivants, des pesées ont permis de relever des masses que l'on a notées dans un tableau.

dates	23/11	24/11	26/11	27/11	28/11	30/11	1/12	4/12
masse totale	298	275	250	240	229	220	205	198
masse d'eau	100	...	...	...	...	...	...	...

a) Reproduis le tableau et complète-le.

b) Reporte sur une feuille de papier millimétré les masses d'eau calculées pour chaque relevé.

c) Compare ton graphique avec celui de la règle. Que remarques-tu ?

** **337** Charlotte a versé 100 g d'eau dans un pot à confiture et a refermé le couvercle. Voici le résultat de ses pesées :

dates	23/11	24/11	26/11	27/11	28/11	30/11	1/12	4/12
pesées	314	310	312	310	314	310	310	312

a) Quelle est la masse du pot à confiture ?

b) Calcule la masse d'eau à chaque relevé. Que remarques-tu ?

c) Reporte les masses sur un graphique. Quelle allure a la ligne qui joint les points de chaque relevé ?

** **338** Aurélien a posé un buvard dans une barquette en plastique ; il a versé 100 g d'eau sur le tout. Voici ses relevés :

dates	23/11	24/11	26/11	27/11	28/11	30/11	1/12	4/12
masses	140	80	40	40	40	40	40	40

Quels renseignements peux-tu obtenir des relevés d'Aurélien ?
Comment expliques-tu ce qui s'est passé avec l'expérience d'Aurélien ?

** **339** Le thermomètre enregistreur automatique placé dans la classe a enregistré les températures suivantes entre le 23 et le 30 novembre :

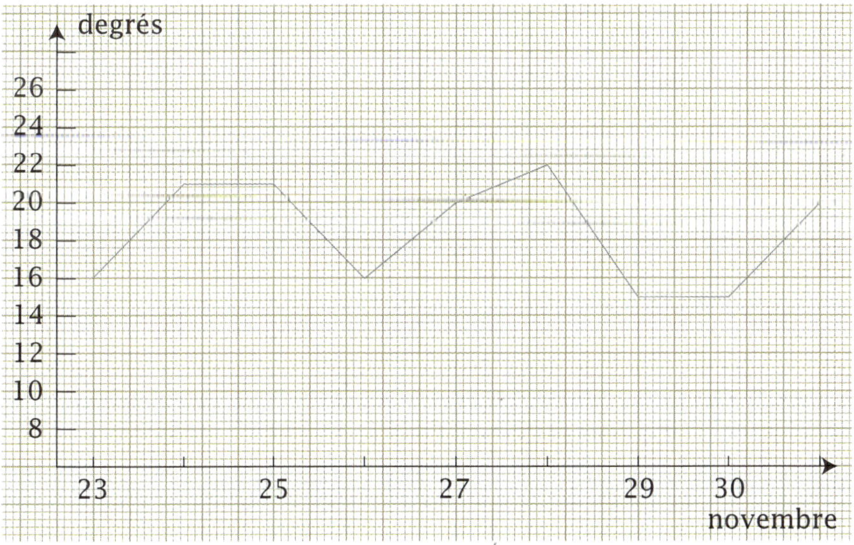

a) Quelle était la température de la classe le 28 novembre ?

b) Entre quelles limites se sont situées les températures au cours de la semaine ?

c) À quoi correspondent les températures les plus basses ?

** **340** Lucie a pesé un chiffon dans une barquette en plastique ; elle a trouvé une masse totale de 166 g.

Après avoir versé 100 g d'eau sur le tout, elle a réalisé ce graphique :

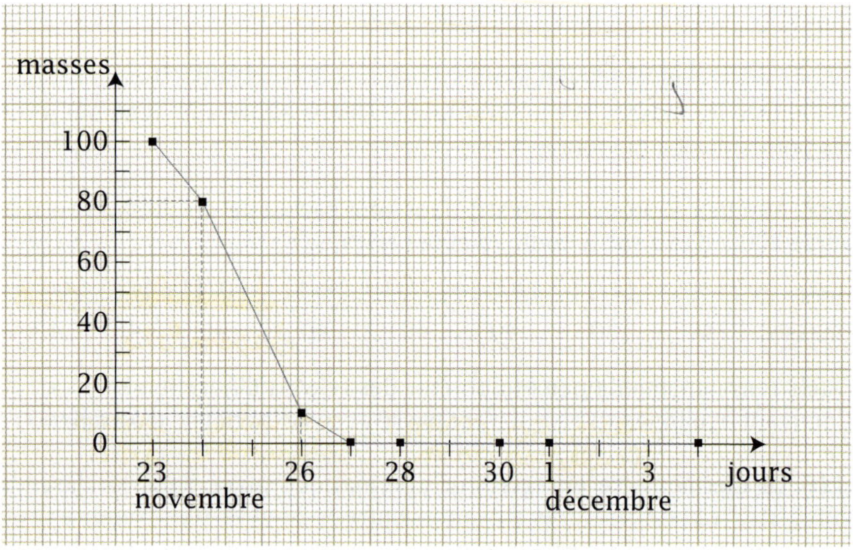

Reproduis et complète le tableau en t'aidant du graphique de Lucie.

dates	23/11	24/11	26/11	27/11	28/11	30/11	1/12	4/12
masses	...	...	...	...	...	...	...	...

*** **341** Xavier voudrait savoir si l'école est chauffée pendant le week-end. Il envisage de laisser un récipient contenant de l'eau sur un radiateur et de le peser chaque jour de classe.

a) Dessine la forme de la courbe des masses d'eau si la classe est chauffée.

b) Dessine l'ébauche du même graphique si la classe n'est pas chauffée.

*** **342 Trouve des exemples de situations où l'on utilise un graphique.**

343 Observe l'histogramme, puis réponds aux questions.

Précipitations mensuelles à Lorient.
(hauteur de pluie recueillie chaque mois à Lorient)

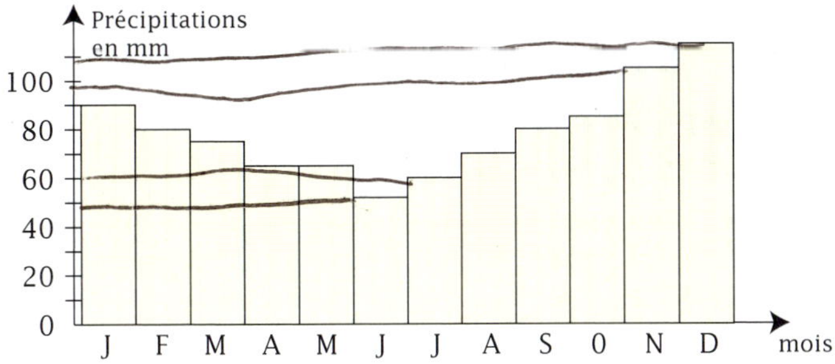

a) Quel est le mois le moins pluvieux à Lorient ? ~~decembre~~ Juin

b) Quel est le mois le plus humide à Lorient ? desembre

c) Quelle hauteur d'eau tombe en juin et juillet à Lorient ? en novembre et décembre ? Juin 50 mm / Juillet 60 mm | novenbre 100 / decembre 110

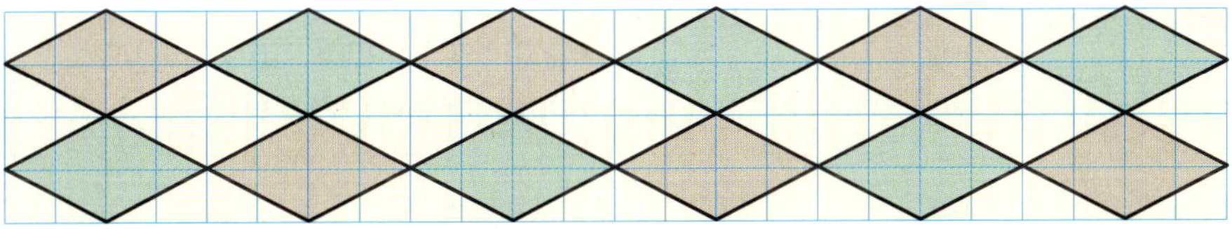

Pavage

Calcul mental

- Joue au Jeu de mémoire : *Albane dit « 2 », Bérangère répète « 2 » et ajoute « 5 », Cédric répète « 2 ; 5 » et ajoute « 4 », etc.* Celui qui se trompe en énonçant la série à prolonger a perdu.
- Calcule : 531 + 90 ; 725 + 99 ; 2 350 + 900 ; 6 412 + 999 ; 3 927 – 99.
- Un flacon vide pèse 250 g. On le remplit progressivement avec un gobelet. Quelle masse d'eau contient-il lorsqu'il pèse 350 g ? 460 g ? 525 g ? 617 g ? 643 g ?
- Une barquette vide pèse 43 g. Lorsqu'on verse un verre d'eau dedans, elle pèse 115 g. Quelle est la masse de l'eau ?
- Une barquette vide pèse 43 g. Lorsqu'on pose un chiffon dedans, elle pèse 160 g. Quelle est la masse du chiffon ?

44 Méthodes de calcul et vérifications

Calculs exacts et vérifications

Effectuer des opérations avec 10, c'est facile, pour les nombres entiers, comme pour les décimaux.

15 × 10 ➤ 150
3,25 × 10 ➤ 32,5

54 + 19 = (54 + 20) – 1
54 × 19 = (54 × 20) – 54

Remplacer un nombre par un multiple de 10 facilite les calculs.

Arrondir les nombres permet d'avoir une approximation du résultat.

122 + 56 ≈ 120 + 60

28 < 30 et 42 < 50 ➤ 28 + 42 < 30 + 50 ; 28 × 42 < 30 × 50

Rechercher un ordre de grandeur permet de donner une valeur approchée du résultat.

Observer la parité (pair ou impair) de chaque terme d'une opération permet de repérer certaines erreurs.
(P = pair ; I = impair)

Propriétés de la parité :

P + P = P	P × P = P	P – P = P
P + I = I	P × I = P	P – I = I
I + P = I	I × P = P	I – P = I
I + I = P	I × I = I	I – I = P

54 – 19 = 35 ➤ 35 + 19 = 54
54 ÷ 9 = 6 ➤ 6 × 9 = 54

Effectuer l'opération inverse permet de vérifier les calculs.

Arrondir les nombres, rechercher des **ordres de grandeur**, utiliser les **propriétés** des nombres, **vérifier** les résultats sont les moyens de **détecter les erreurs** qui peuvent apparaître dans les calculs.

* **344 Arrondis les nombres pour obtenir une approximation du résultat.**

799 + 1 251   751 × 99   2 403 – 399   11 952 : 996

* **345 Observe l'exemple. Trouve le nombre de chiffres et le dernier chiffre.**

12 × 156 = ...2 (4 chiffres)   8 756 × 829 = ...4 (7 chiffres)

48 × 589   705 × 262   102 × 212   43 × 65

En arrondissant les termes, donne un ordre de grandeur de chacun des produits.

** **346 Observe la parité de chaque terme de l'opération, puis repère les résultats inexacts.**

a)	b)	c)
57 + 63 = 120	561 – 45 = 517	45 × 67 = 3 015
82 + 76 = 158	427 – 58 = 369	63 × 28 = 1 764
54 + 95 = 148	632 – 124 = 508	54 × 17 = 913
47 + 62 = 109	826 – 57 = 769	32 × 68 = 2 176

*** **347 Sans faire de calcul, explique pourquoi tu peux affirmer que les résultats de ces opérations sont inexacts.**

a)	b)	c)
4 582 + 859 = 1 441	2 981 + 1 753 = 21 734	127 × 58 = 7 367
4 538 – 984 = 7 554	803 – 697 = 406	256 × 103 = 2 636
272 + 5 263 = 7 983	812 × 61 = 4 532	591 : 3 = 19

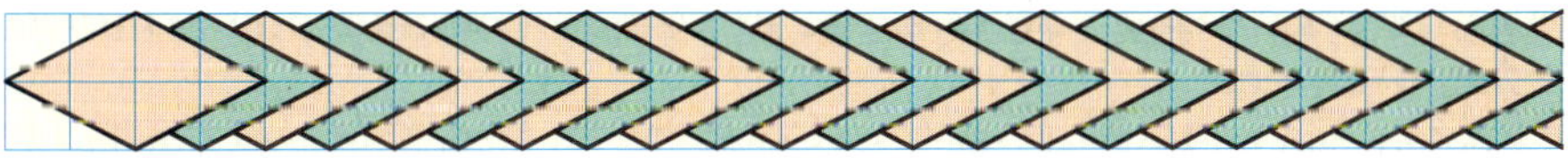

Superposition gauche serrée

Calcul mental

Pour multiplier un nombre par 15, on le multiplie par 10 et on ajoute la moitié.

- Calcule : 6 × 15 ; 14 × 15 ; 18 × 15 ; 5 × 15 ; 13 × 15
- Un caramel vaut 0,20 € ; combien coûtent 15 caramels ?
- Un tournoi de basket réunit 15 équipes de 7 joueurs. Combien de joueurs sont inscrits ?
- Un coureur perd 15 secondes à chaque tour. Quel sera son retard après 19 tours ?

45 Résolution de problèmes (1)
Identifier la question, repérer les données

Xavier habite Grenoble et veut se rendre par le train à Chamonix qui est à 150 km de Grenoble. Il part à 7 h 56 et arrive à 12 h 08.
Combien de temps dure le trajet ?

Ce que l'on cherche (question)	Ce que l'on sait (données)
durée du trajet	heure de départ : 7 h 56 heure d'arrivée : 12 h 08 distance de Chamonix à Grenoble : 150 km

La donnée « 150 km » est inutile pour la question posée.

Dans un problème, avant tout calcul, on **analyse la question**, puis on **trie les données utiles** pour y répondre.

* **348 Écris ce que l'on cherche et ce que l'on sait pour chacun des problèmes.**

a) Yann veut enregistrer sur une cassette de 2 h 30 le feuilleton « Ibelon ». Chaque épisode débute à 16 h 55 et se termine à 18 h 10.
Combien pourra-t-il enregistrer d'épisodes ?

b) Une famille de 5 personnes décide d'aller au restaurant. Le prix du repas pour un adulte est de 15 €. L'addition s'élève à 68 €. Quel est le nombre d'enfants de cette famille et le prix d'un repas enfant ?

** **349 Rédige un énoncé qui corresponde aux données et à la question.**

a)

Ce que l'on sait (données)	Ce que l'on cherche (question)
vitesse moyenne : 90 km/h durée du parcours : 20 mn longueur du circuit : 1,5 km	nombre de tours

b)

Ce que l'on sait (données)	Ce que l'on cherche (question)
longueur du circuit : 1,5 km durée du parcours : 20 min nombre de tours :10	vitesse moyenne

** **350 On a mélangé les données de quatre problèmes. Regroupe-les pour écrire des énoncés. Rédige une question par énoncé.**

1) Masse du camion vide : 10 t	8) Prix d'un kg de pommes : 1,50 €
2) Prix de location d'une paire de chaussures : 4,50 € par jour	9) Durée d'un trajet : 20 min
3) Prix total des fruits : 15,50 €	10) Nombre de caisses : 14
4) Masse totale des fruits : 8 kg	11) Vitesse de la voiture : 75 km/h
5) Nombre de trajets : 6	12) Prix de la location d'une paire de skis : 11,50 € par jour
6) Prix d'un kg de poires : 2,20 €	13) Masse du camion plein : 45 t
7) Prix total de la location : 96 €	

** **351 Trouve une (ou plusieurs) question(s) pour chaque énoncé et résous le problème.**

a) Pour l'anniversaire de sa mère, Julien achète 2 douzaines de roses à 8,50 € la douzaine. Dans son porte-monnaie, il a 3 pièces de 5 €, 4 pièces de 2 € et 2 pièces de 0,50 €.

b) Le cordonnier pique un caparaçon de cuir. La couture est longue de 2 m. Sa machine fait 4 points de 1,5 mm par seconde.

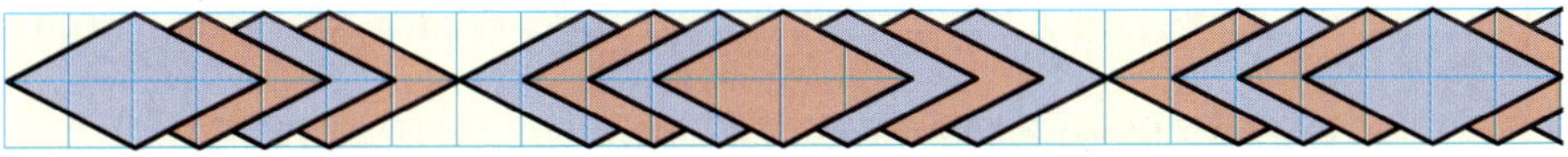

Empilement

Calcul mental

Pour diviser par 5, on multiplie par 2 et on divise par 10.

- Calcule 70 : 5 ; 95 : 5 ; 135 : 5 ; 455 : 5 ; 815 : 5.
- La caissière du cinéma sert 5 clients en 1 min. Combien lui faut-il de temps pour servir les 175 clients de la séance de 17 h ?
- Hervé lit une page en 5 min. Combien de pages aura-t-il lues en 2 h ?
- La voiture consomme 5 L de gasoil pour 100 km. Combien peut-on parcourir avec 35 L de gasoil ?

46 Résolution de problèmes (2)

Extraire l'information

Une facture

LA COMPAGNIE DES EAUX

Adresse desservie :
Mr DUPONT
40, rue du Bois
89930 CHANTEVILLE

FACTURE 18 juin 1999

Service de l'eau de CHANTEVILLE

Présentation simplifiée de votre facture semestrielle détail au dos

Messages
Prochain relevé : juin 2000.
Prochaine facture : janvier 2000.

Évolution de votre consommation (m^3)

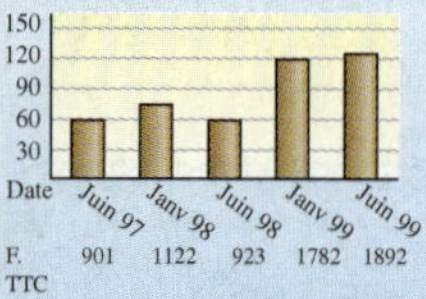

VOTRE CONSOMMATION	134 m^3

	m^3	Prix moyen*	Montant TTC
Abonnement et autres prestations			105,61
Consommation	134	13,33	1 786,25
TOTAL			1 891,86
NET À PAYER			**1 891,86 F**

Merci de régler cette facture à réception au plus tard le : 3 juillet 1999.

Valeur en Euro pour information : 288,41

TÉLÉPHONIE 2000

FACTURE

Votre agence	N° d'appel	N° de compte	Date de facture
25 Bd Decamps 25000 VARES	01 46 25 21	0003BGH25	18 juin 1999

Nom et adresse de l'installation
Mr DURANT
40, rue du Prés
86960 FLEURSVILLE

Prochaine facture vers le : 18/08/1999 (montant T.T.C.)

Facture précédente 18/04/1999	1200,23
	–1200,23
	0,00

Services et produits facturés	Montant T.T.C.
Abonnement principal	130,23
1 Poste Alto	40,02
Consommation du 18/04/1999 au 18/06/1999	1747,61
Montant totale de la facture T.T.C.	1877,84

SOMME À PAYER EN EUROS : 286,27 **SOMME À PAYER EN FRANCS** **1877,84**

Téléphonie 2000 – 25000 VARES

Pour extraire des données d'un **document complexe**, il faut comprendre les **techniques** qui ont permis de **l'élaborer**.

Observe chacune des 2 factures (eau et téléphone), puis réponds aux questions.

* **352** Quelles sont les dates qui apparaissent sur la facture d'eau ? Sur la facture du téléphone ?
Quelle est la date d'émission de la facture d'eau ? De la facture de téléphone ?

* **353** Quel est l'intervalle de temps qui s'écoule entre deux factures d'eau ? De téléphone ?
Quel est la date limite de paiement de la facture ?

* **354** Quel est le montant à payer en francs ? En euros ?
Qu'est-ce qui coûte le plus chaque mois, l'eau ou le téléphone ?

** **355** Quel est le montant à payer pour la consommation seule ?

Observe la facture d'eau, puis résous les problèmes.

** **356** Combien a consommé monsieur Dupont de juin 1997 à janvier 1999 ? De janvier 1998 à juin 1999 ?
Quelle est sa consommation pour les 6 derniers mois ? Trouve un ordre de grandeur de sa consommation mensuelle.

** **357** En admettant que le montant de l'abonnement et le prix moyen du mètre cube d'eau n'aient pas changé, trouve le montant de la facture de juin 1997 à partir de la consommation rappelée.

*** **358** Monsieur Dupont estime sa consommation annuelle à 200 m^3 ; sa famille se compose de 4 personnes.

a) Calcule la consommation moyenne, en litres, par personne et par jour.

b) On connaît les consommations suivantes :
une douche : 50 L – un bain : 200 L – une utilisation de la chasse d'eau : 15 L – une utilisation du lave-vaisselle : 25 L – une utilisation du lave-linge : 65 L.
Essaie d'établir un tableau de la consommation moyenne par poste et de réfléchir aux moyens de la réduire.

Note : 1 m^3 = 1 000 L

Une carte IGN

Résous les problèmes en recherchant les informations sur l'extrait de carte IGN.

* **359** Quelles sont les dimensions réelles de la zone rectangulaire représentée par la totalité de l'extrait de carte ?

** **360** Agnès habite à la sortie de Chevannes, en direction d'Orgy. Claire habite près de la mare, à la sortie d'Orgy, en direction de Chevannes. Évalue le temps qu'il faut à Claire pour se rendre chez son amie, à pied, sachant qu'elle marche en moyenne à une vitesse de 5 km/h.

* **361** Christian habite à Villefargeau, à l'angle de la nationale D965 et de la route de La Villotte. Pour essayer son vélo neuf, il décide de faire une promenade qui ne dépasse pas 5 km aller-retour.
Peut-il aller jusqu'à la ferme de Baulche ?

* **362** Évalue la longueur de la rue principale d' Orgy.

** **363** Recherche différents chemins pour aller de La Villotte à Chevannes. Compare leur longueur.

** **364** Denis et Émilie partent au même moment à vélo. Denis part de l'église de Chevannes et se rend à la ferme de Baulche, Émilie part de la ferme de Baulche et se rend à l'église. Qui est avantagé ? Pourquoi ?

*** **365** Fanny et Arthur partent à pied en promenade de Chevannes à 15 h. Ils empruntent la Dl ; après la Croix Saint-Laurent, ils tournent à droite puis font une halte de 30 min au Chemin Riot, pour goûter. Ils se dirigent ensuite vers Trémilly puis tournent à droite après le Bois Sallé. Avant de rentrer chez eux, ils s'arrêtent 15 min à la Ferme de Ribourdin pour acheter du fromage. À quelle heure, environ, vont-ils arriver ?
Fanny et Arthur marchent en moyenne à 5 km/h.

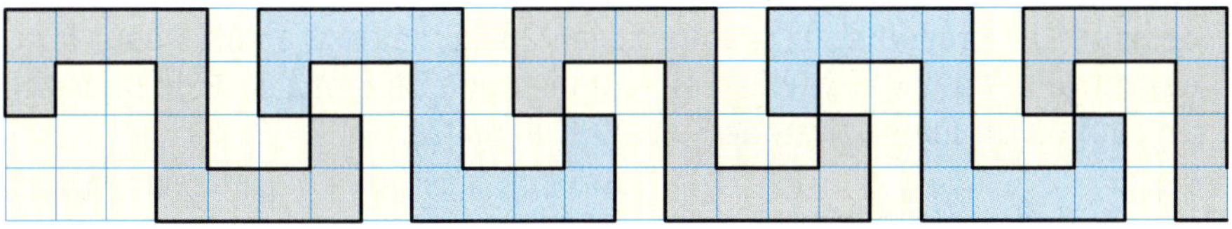

Serpents

Calcul mental

- La chasse d'eau consomme 15 L. Combien consomme une personne qui passe aux toilettes 3 fois dans la journée ?
- Quelle économie réalise Alain en se douchant avec 50 L d'eau au lieu de prendre un bain qui consomme 200 L ?

47 Résolution de problèmes (3)
De l'énoncé à la structure mathématique

La caisse de l'école contient 1 235 €. Le directeur doit payer la moquette de la bibliothèque (25 m² à 12 € le m²).
Peut-il acheter les fournitures demandées par ses collègues : 53 cahiers de brouillon à 0,80 €, 18 cahiers à 1,50 € et 26 livres à 11 € ?

Prix de la moquette (en €) : 25 × 12	Prix des cahiers : (53 × 0,8) + (18 × 1,5) Prix des livres : 26 × 11
Somme restante : 1 235 – (25 × 12)	Prix total des fournitures : (53 × 0,8) + (18 × 1,5) + (26 × 11)

La comparaison des 2 nombres donne la solution.

Le lien entre les données d'un énoncé **se traduit par des opérations.**

* **366 Écris ce que représente chaque nombre du tableau.**
Madeleine doit faire 2 rideaux de 2,10 m de haut et 3 rideaux de 2,60 m de haut. Elle prévoit pour chaque rideau 20 cm de tissu en plus pour faire des ourlets. Au marché, elle trouve un coupon de 8 m à 11 € le mètre et un coupon du même tissu de 5 m à 9 € le mètre.

2 + 3	5 + 8	(5 × 9) + (8 × 11)	2,6 + 0,2
2 × 2,1	3 × 2,8	(2 × 2,8) + 2,3	(2,10 + 0,2) × 2

** **367 Rédige des questions et retrouve parmi les calculs proposés ceux qui sont utiles pour répondre aux questions.**
M. et Mme Dubois cherchent à prévoir le coût de leur semaine de vacances à la montagne avec leurs deux enfants : le trajet aller est de 450 km et la voiture consomme en moyenne 8 litres pour 100 km ; l'essence coûte 1,20 € le litre et le péage pour l'autoroute est de 11 € ; la

location du chalet est de 420 € pour une semaine et il faut compter 12 € par personne et par jour pour la nourriture.

① 450 + (8 × 100)	③ 450 – 100	⑤ 8 × 1,2	⑦ (100 × 4) + (100 : 2)
② (4 × 8) + (8 : 2)	④ (36 × 1,2) + (2 × 11)	⑥ (420 + 12) × 4 × 7	

** **368 Retrouve la solution de chacun des problèmes parmi les nombres proposés ci-dessous.**

La salle municipale comporte 150 places.

a) Réunion des parents d'élèves :
12 rangées de 8 personnes sont occupées. Combien reste-t-il de places vides ?

b) Concert de l'*Harmonie* : 12 chaises sont réservées pour la municipalité et 8 chaises sont cassées. Combien peut-on asseoir d'auditeurs ?

c) Repas au profit de la Caisse de l'école :
on réserve pour 8 € par personne. La salle est pleine ; tous les convives ont payé leur repas sauf les 12 personnes qui ont préparé la soirée.
Combien d'argent pourra-t-on donner à la caisse de l'école ?

d) Soirée théâtre : les acteurs prennent 12 chaises dans la salle et les mettent sur l'estrade. On installe, à la place des chaises, un banc où l'on pourra asseoir 8 personnes.
Combien de places sont disponibles pour les spectateurs ?

e) Prêt de la salle à l' Association des Handicapés : la salle est pleine ; le prix de l'entrée est de 12 € ; il faudra payer l'électricité, soit 8 €.
Combien la soirée rapportera-t-elle à l'Association ?

① 150 – 12 + 8	④ 150 + 12 + 8	⑦ (150 – 12) × 8
② 150 + (12 × 8)	⑤ 150 – (12 × 8)	⑧ 150 – 12 – 8
③ 150 × 12 × 8	⑥ (150 × 12) – 8	⑨ (150 × 12) + 8

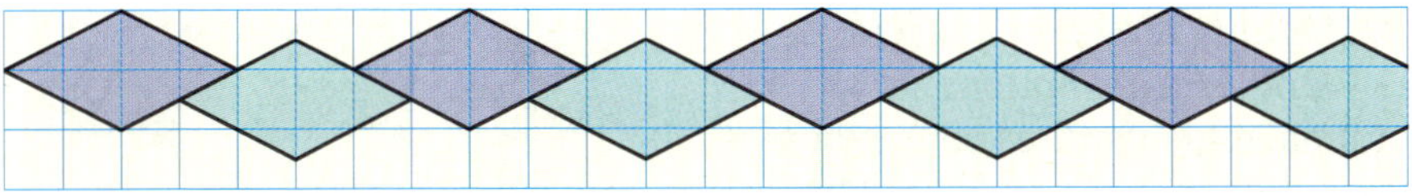

Pavage à demi motif

Calcul mental

- On achète 3 douzaines d'escargots à 1,50 € la douzaine. Quelle est la dépense ?
- 12 donateurs se sont cotisés et ont apporté 48 € à la caisse de l'école. Combien, en moyenne, chacun a-t-il donné ?
- Sur les 35 musiciens qui constituent la fanfare, 12 sont malades. Combien de musiciens jouent aujourd'hui ?

48 Résolution de problèmes (4)
Utiliser un schéma

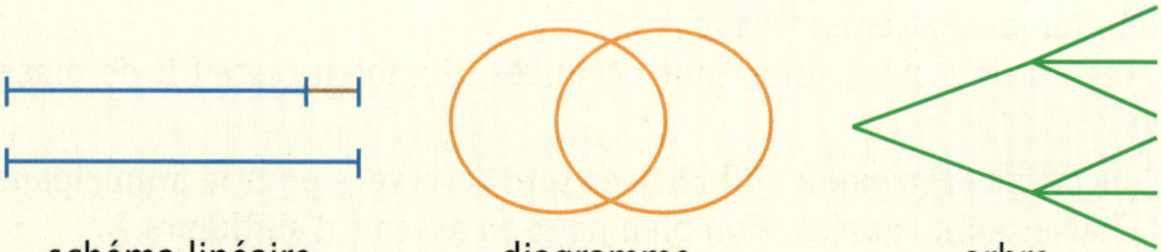

schéma linéaire — diagramme — arbre

Un **schéma** adapté **résume** le problème.

Il permet de **mieux comprendre l'énoncé**, d'**expliquer** le lien entre les données, **d'aboutir à la solution.**

** **369 Utilise un schéma linéaire, annote-le et réponds à la question posée.**
Karine a 5 ans de plus que Dimitri.
La somme de leurs âges est de 53 ans. Quel est l'âge de chacun ?

** **370 Utilise un diagramme, annote-le ; vérifie s'il est conforme à toutes les données et réponds à la question posée.**
Un fabricant d'automobiles présente ses modèles dans un salon :
– 15 voitures sont équipées de freins ABS,
– 19 ont la direction assistée,
– 7 ont les deux options.
Combien de voitures sont exposées ?

** **371 Complète le tableau pour répondre à la question.**
Le fabricant de voitures *Saturna* annonce : 13 modèles à 3 portes dont 6 diesel ; 13 modèles à 5 portes dont 6 essence.
Combien propose-t-il de modèles diesel ?

	essence	diesel	total
3 portes			
5 portes			
total			

**** 372 Reproduis et termine l'arbre qui permet de présenter toutes les solutions.**

Le vendeur de voitures *Saturna* vérifie ses stocks. Il dispose de trois couleurs : grenat, bleu et vert. Dans chaque coloris, il propose des modèles essence et diesel et des modèles à 3 portes et à 5 portes.
Combien de catégories différentes offre-t-il ?

couleur	moteur	portes	catégories
		3	grenat, essence, 3 portes
	essence		
		5	
grenat			
	diesel		
bleu			
vert			

Résous chaque problème en faisant un schéma de ton choix.

*** **373** Observe le menu.
Je dispose de 10 €.
Quels sont tous les menus possibles ?

Menu

Entrée
- crudités....2,5 €
ou
- pâté...........3 €

Plat principal
- steak frites....5,5 €
ou
- pot-au-feu......5 €
ou
- osso buco.........6 €

Dessert
- fromage blanc......2 €
ou
- tarte aux pommes...........2,5 €

*** **374** Justine regarde un documentaire à la télévision, puis un dessin animé. Sa mère lui dit : « Voilà 55 min que tu es devant la télé ! ».
Le dessin animé a duré 7 min de plus que le documentaire.
Quelle est la durée de chaque émission ?

*** **375** Paul et Marie ont à eux deux 59 ans. Paul a 23 ans de plus que son fils Jules. Marie avait 25 ans quand Chloé, la sœur de Jules, est née. Jules a trois ans de plus que Chloé. Quels sont leurs âges ?

Pavage

Calcul mental

- Calcule : 830 + 50 ; 706 + 70 ; 425 + 65 ; 764 + 48 ; 458 + 80.
- Fabien achète un CD à 7,80 € avec un billet de 10 €.
Combien lui rend-on ?
- Dans ma rue, 37 maisons ont des volets rouges et 28 ont des volets bleus. Combien de maisons ai-je comptées ?

49 Synthèse

**** 376 Observe et termine en faisant des essais sur ta calculatrice.**

Un carré d'1 cm de côté a une aire d'1cm².

a) Trace un carré de 5 cm de côté. Calcule son aire.
Trace un carré de 9 cm de côté. Calcule son aire.

b) Tu connais l'aire, calcule le côté :
Un carré contient 64 cm². Quelle est la longueur d'un côté ?
Un carré contient 289 cm². Quelle est la longueur d'un côté ?
Avec 5 cm², quelle serait, à 0,1 mm près, la longueur d'un côté ?

***** 377 Recopie et complète le tableau pour résoudre le problème.**

Au rayon boucherie, le prix du rôti est de 14 € le kilo. Complète chaque donnée manquante de deux façons.

× 2   × 2

× 14

Masse (kg)	0,2	0,4	0,6	1,2
Prix (€)	2,8	…	8,4	…

***** 378 Complète la donnée manquante de deux façons.**

\+

× 12

Masse (kg)	0,3	0,5	0,8
Prix (€)	3,6	6	…

Résous les problèmes.

*** **379** Un pavillon occupe une surface au sol de 80 m², le terrain sur lequel il est construit a une surface totale de 500 m².
Quel est le pourcentage du terrain occupé par le pavillon ?

*** **380** Un récepteur de télévision avait un prix affiché de 500 €.
Au cours de la semaine commerciale, le vendeur a baissé son prix de 10 %.

a) Quel est alors le prix affiché sur l'étiquette ?

b) À l'issue de la semaine commerciale, le vendeur a augmenté le prix précédent de 10 %.
Quel est le prix affiché après la semaine commerciale ?

** **381 En utilisant la carte de la page 110 (au 1/25 000), calcule la distance entre ces lieux.**

	Ferme de Baulche	La Villotte	Ferme de Ribourdin	Les Savelys
Ferme de Baulche		……	……	……
La Villotte	……		……	……
Ferme de Ribourdin	……	……		……
Les Savelys	……	……	……	

*** **382 Représente le plan de ta classe à l'échelle 1/50.**

*** **383 Dessine le plan.**
Un terrain de football mesure 110 m de long et 60 m de large. Dessine le plan de ce terrain à l'échelle 1/500.

Résous les problèmes.

*** **384** Cherche tous les nombres de 3 chiffres que l'on peut écrire avec les chiffres 1, 3, 5 et 7, sans répétition.
Combien peut-on en écrire si on autorise la répétition ?

*** **385** Dans une classe de lycée, 19 élèves étudient l'anglais, 13 l'allemand et 8 l'espagnol. 5 élèves étudient à la fois l'anglais et l'allemand, 6 l'anglais et l'espagnol et 2 l'allemand et l'espagnol. Un seul élève étudie les trois langues. Chaque élève étudie au moins une de ces trois langues. Quel est l'effectif de la classe ?

** **386** Un baril de pétrole a une capacité de 159 L. Chaque jour, on consomme 73 millions de barils.
Quelle est en millions de litres la consommation de pétrole d'une journée ?

*** **387** Les fromages blancs de la coopérative laitière sont expédiés dans 47 points de vente par palettes de 250. Les palettes pleines peuvent être stockées 4 jours ; les palettes incomplètes doivent être détruites.
Chaque soir les fromages en excès sur la dernière palette sont distribués gracieusement à une association caritative.

a) Entre quelles limites se situe le nombre maximum de fromages blancs que l'association peut recevoir ?

b) Un jeudi, le contremaître doit fabriquer 23 500 fromages. Combien de palettes doit-il produire ?

c) Il règle la production de façon à ce que l'association reçoive le maximum de fromages blancs. Quel nombre doit-il alors essayer d'atteindre ?

Problèmes et outils du numérique

*** **388** Sur un plan de Paris à l'échelle 1/14 000, la distance entre la place de la Porte de Versailles et la gare Montparnasse est 20 cm.
Après avoir déposé ses enfants place de la Porte de Versailles pour un spectacle de deux heures, Philippe se rend à pied jusqu'à la gare Montparnasse.

a) Quelle distance parcourt-il ?

b) En marchant d'un pas raisonnable (4 km/h), a-t-il le temps d'être de retour avant la fin du spectacle, ou doit-il prévoir de revenir en taxi ?

*** **389** Une famille de quatre personnes utilise en un an 3 000 L de fuel domestique pour se chauffer et fait chaque semaine un plein de 40 L pour la voiture.

a) Quelle est en litres la consommation annuelle de la famille pour ces deux dépenses ?

b) Quelle est la consommation pour un jour, à un litre près, d'un membre de cette famille ?

** **390 Observe le tableau et réponds aux questions.**
Au début du troisième millénaire, un article concernant les énergies fossiles donne ce tableau :

	Production journalière (en millions)	Production annuelle (en millions)	Réserves totales (en milliards)	Réserves totales (en années de consommation)
Pétrole (en barils)	73	26 645	1 050	41
Gaz (en m^3)	6 219	2 270 000	146 000	64

a) Combien de milliards de m^3 de gaz sont consommés chaque jour ?

b) Combien de milliards de barils de pétrole sont consommés chaque mois ?

c) Au rythme de consommation actuelle, vers quelle année manquera-t-on de pétrole ?

d) Au rythme de consommation actuelle, vers quelle année manquera-t-on de gaz ?

Mesures

50 Unités de mesures

Pour mesurer, il faut choisir une **unité** qui servira de référence.

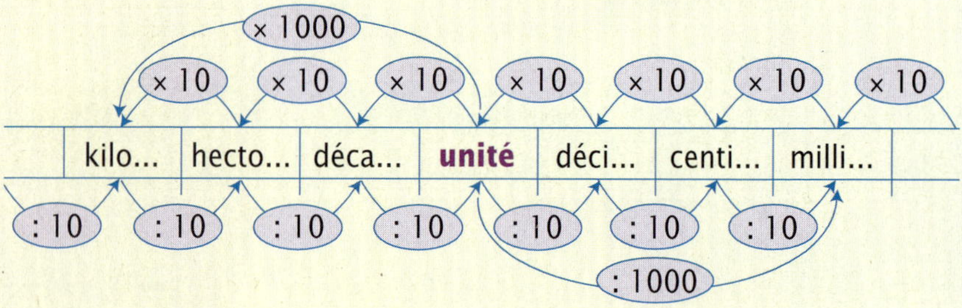

Les unités supérieures sont des **multiples** de l'unité.

Les unités inférieures sont des **sous-multiples** de l'unité.

Toutes les unités qui découlent de l'emploi du **mètre**, du **gramme** ou de la **seconde** forment le **système métrique**.

Réponds aux questions.

* **391 a)** Que peux-tu mesurer avec des unités de longueur ?

b) Parmi tes réponses, quelles sont les grandeurs qui se mesurent plutôt en km ? en m ? en mm ?

* **392 a)** Que peux-tu mesurer avec des unités de masse ?

b) Quelles sont les masses qui se mesurent plutôt en kg ? en g ? en mg ?

* **393 a)** Que peux-tu mesurer avec des unités de capacité ?

b) Quelles sont les grandeurs qui se mesurent plutôt en L ? en cL ? en mL ?

* **394 Utilise ton dictionnaire, puis réponds aux questions.**

a) Cherche le sens du préfixe kilo. Qu'est-ce qu'un kilomètre ? Qu'est-ce qu'un kilowatt ? Combien gagne quelqu'un qui annonce un salaire de 1 k€ par mois ?

b) Pour chaque préfixe, cherche un mot qui le contient :
centi ; déca ; déci ; hecto ; kilo ; milli.

c) Range du plus petit au plus grand :
centilitre ; décalitre ; décilitre ; hectolitre ; millilitre.

** **395 Cite des unités qui mesurent des quantités autres que des longueurs, des masses ou des volumes.**

** **396 Forme des adjectifs à partir des unités.**

a) Comment s'appellent les bornes placées chaque kilomètre le long des routes ?

b) Parfois, on voit des bornes placées tous les 100 mètres. Comment s'appellent-elles alors ?

Résous les problèmes.

** **397** Florian s'entraîne à marcher régulièrement pour mesurer une distance au pas. Entre les deux bornes hectométriques qui sont sur son chemin, il fait 125 pas.
Quelle est la longueur d'un de ses pas ?
Quelle distance y a-t-il entre sa maison et l'école s'il compte 475 pas ?

*** **398** Avant l'invention du système métrique, chaque village choisissait son unité de longueur à sa convenance. À Beaufais, l'unité de mesure faisait 80 cm ; à Caspelon 100 cm et à Dambierre 125 cm.
Pour déterminer la longueur d'une piste destinée à une course de grenouilles, le représentant de chaque village voulait trouver un nombre entier d'unités de sa mesure.
Quelle était la plus petite longueur possible de la piste ?

*** **399 Utilise ton dictionnaire, puis réponds aux questions.**

a) Cherche le sens des préfixes : micro, nano, pico, méga, giga, téra.

b) Combien de colonnes aurait un tableau de conversion où tu pourrais placer à la fois un téramètre et un picomètre ?

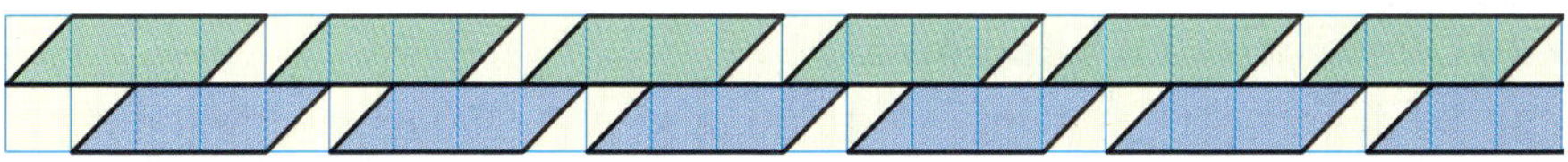

Tuiles droites

Calcul mental

- Une barquette vide pèse 35g. Lorsqu'on verse un verre d'eau dedans, elle pèse 127 g. Quelle est la masse de l'eau ?
- Une barquette vide pèse 35g On pose un chiffon dedans, elle pèse 175 g. Quelle est la masse du chiffon ?
- Une barquette vide pèse 35 g. On pose un chiffon de 85 g dedans et on verse 115 g d'eau sur le chiffon. Quelle est la masse totale ?

51 Mesures de longueurs

multiples			**unité**	sous-multiples		
kilomètre	hectomètre	décamètre	**mètre**	décimètre	centimètre	millimètre
km	hm	dam	**m**	dm	cm	mm
		3	7		5	

3 dam 7 m 5 cm c'est 3,705 dam ou 370,5 dm ou 3 705 cm

Dans le système décimal, on passe d'un multiple à son sous-multiple en multipliant par 10.

1 m = 100 cm   1 cm = 0,01 m   1 km = 1 000 m   1 m = 0,001 km

Ce tableau permet de **convertir** une mesure de longueur dans **différentes unités** de longueurs.

** **400 Convertis en mètres.**

a)	8 dam	2 hm 4 dam	1 km 5 dam	3 km 6 hm	3 hm 5 m
b)	130 dm	250 cm	5 dm 9 mm	330 mm	45 cm
c)	25 dm 8cm	1dam 5 dm	1dam 3 m 2cm	2 000 mm	5 m 50 cm

** **401 Convertis en kilomètres.**

a)	70 dam	2 300 dm	1 500 m	200 dam	800 hm
b)	25 hm	3 000 m	40,5 hm	15 000 m	23 800 m
c)	7,6 hm	22,40 dam	62,530 m	45,04 hm	0,05 hm

Résous les problèmes.

* **402** Le compteur journalier de la voiture, qui compte en hectomètres, affiche au départ 04567. À l'arrivée, il affiche 05120. Quelle distance ai-je parcourue ?

** **403** Pour clôturer un champ carré de 300 m de côté, on utilise des rouleaux de fil de fer de 250 m. La clôture comporte 4 rangs de fil de fer. Combien faut-il prévoir de rouleaux ?

** **404** Voici le schéma du circuit que la famille Paul a entrepris.

Au départ de la promenade, chacun a pu voir le panneau :

Puis on a vu

Et enfin

a) Quel est le point de départ du circuit ?

b) Combien de kilomètres ont été parcourus dans la journée ?

** **405 Trouve celui qui a parcouru le chemin le plus long.**

Alric parcourt RS (160 m), puis ST (160 m) en suivant le triangle rectangle. Pendant ce temps, Bob parcourt le slalom entre R et T et Chloé va directement de R à T (226 m).

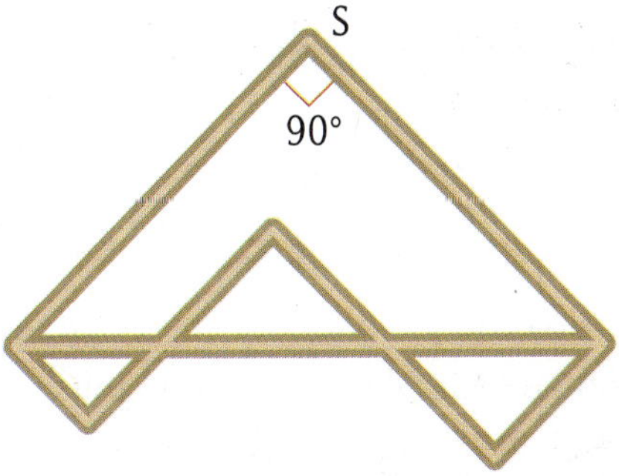

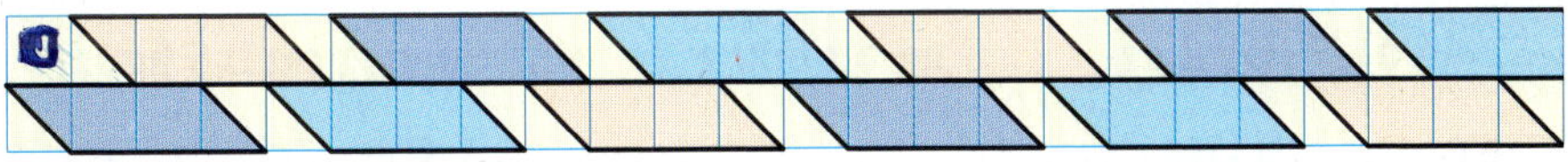

Tuiles gauches

Calcul mental

- Convertis : 27 dam = … m ; 120 dm = … m ; 9 m = … cm ; 4 hm 9 dam = … m ; 250 cm = … mm.
- En voiture, avec papa, sur une petite route, Romain compte qu'il faut 5 secondes pour aller d'une borne hectométrique à la borne suivante, située 100 m plus loin. Quelle distance est parcourue en 1 seconde ?
- Le pied valait 33 cm environ. À quelle longueur correspondent : 4 pieds ; 5 pieds ; 8 pieds ; 21 pieds ; 30 pieds ?

52 Mesures de masses

multiples						unité	sous-multiples	
tonne	quintal		kilo-gramme	hecto-gramme	déca-gramme	**gramme**	déci-gramme	centi-gramme
t	q		kg	hg	dag	**g**	dg	cg
			3		5		6	

3 kg 5 dag et 6 dg c'est 3,0506 kg ou 3050,6 g

Ce tableau permet de **convertir** une unité de masse dans **différentes unités** de masses.

* 406 Recopie et convertis.

a) Écris en grammes :

①	3 kg 6 hg	7 hg 5 g	12 hg 3 dag	7 kg 8 dag	72 dag 6 g
②	5 dag 7 dg	2 hg 80 dg	35 dag 8 cg	12 g 35 dg	125 cg
③	3 kg 5 dag 9 g	29 dag 30 g	5 dag 175 cg	5 dag 65 cg	225 dg 32 cg

b) Convertis ces données en décagrammes.

c) Range de la plus grande à la plus petite les 5 masses données en ①.

* 407 Trouve, parmi les deux masses proposées, celle qui est la plus lourde.

0,0708 kg **ou** 7g et 8 cg	3hg et 4 dag **ou** 304 g	8 kg et 4 hg **ou** 8400 g
52 dg **ou** 5 dag 2 cg	6 hg **ou** 600 g	60 dag **ou** 0,6 hg

** 408 On a réalisé les deux équilibres. Trouve la masse de A.

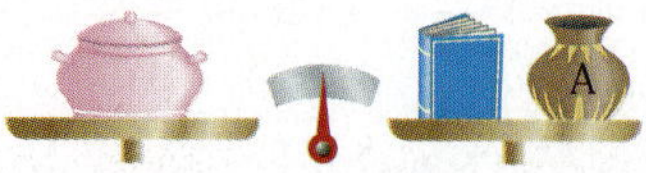

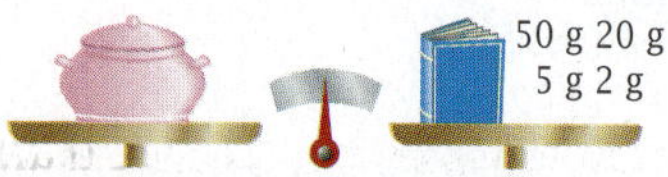

** 409 Observe les masses marquées d'une boîte et résous le problème.

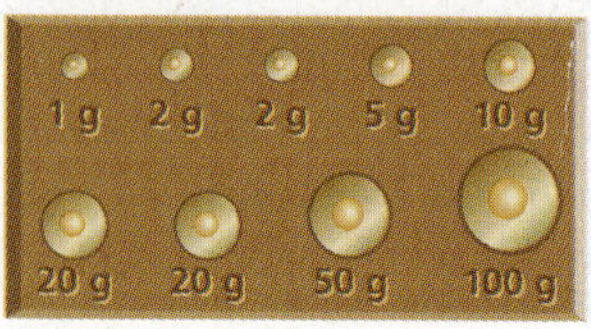

a) Trouve les 4 masses marquées que tu peux utiliser pour peser 47 g sur une balance Roberval.

b) Tu peux aussi n'en utiliser que 3. Lesquelles ? Comment ? Fais un dessin de la balance avec les masses.

410 Observe les trois balances, puis réponds aux questions.

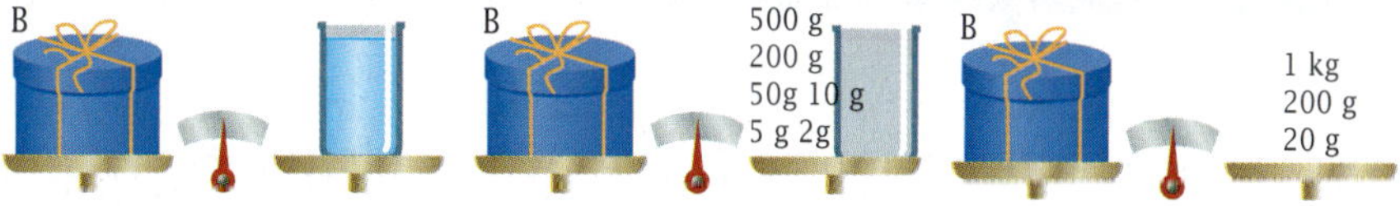

a) Quelle est la masse du liquide ?

b) Quelle est la masse du flacon ?

c) Quelle est la masse de la boîte B ?

411 Détermine les masses.

Un carré d'1 m de côté réalisé avec une feuille de papier de grammage 80 pèse 80 g.

a) Quelle est la masse d'un carré d'1 cm de côté ?

b) Quelle est la masse d'un carré d'1 mm de côté ?

c) Le plateau d'une balance s'abaisse quand on pose dessus 55 carrés d'1 cm de côté. Est-elle plus sensible qu'une balance qui réagit seulement quand on pose 1 g ?

412 Résous le problème.

Pour peser un objet, Michel commence toujours par mettre la masse marquée la plus légère sur la balance. Paul commence toujours par la plus lourde. Qui est le plus efficace ? (Teste les deux méthodes en comptant une action pour chaque masse marquée mise ou retirée).

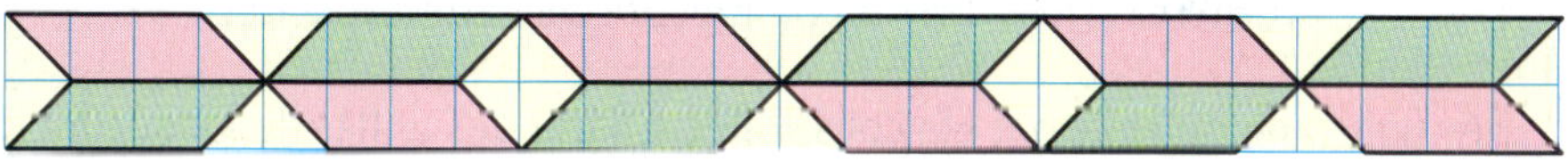

Opposition

Calcul mental

- Quelle est, en grammes, la masse d'un objet qu'on pèse avec : 1 hg et 2 dg ; 1 hg $\frac{1}{2}$ hg et 5 g ; 2 hg ; 1 hg $\frac{1}{2}$ hg 3 dg 5g ; 1 hg 2 dg 2 g ?
- Combien de mètres y a-t-il dans : 2,7 hm ; 6,8 dam ; 57 dm ? Combien de dm dans 360 cm ? Combien de dam dans 21,06 hm ?
- Une toise équivalait à 1,949 m. Donne une valeur approchée de la toise. Combien mesureraient, approximativement, en mètres : 30 toises ; 70 toises ; 95 toises ; 55 toises ; 200 toises ?
- On remplit des pots de confitures de 3 dL. Avec 1,5 L de confiture, combien remplit-on de pots ?

53 Capacités

Voici quelques instruments officiels de mesure de capacités :

décalitre en bois

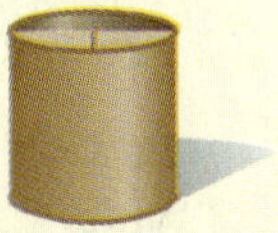

litre en fer blanc

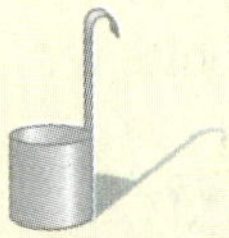

litre en étain

hectolitre	décalitre	**litre**	décilitre	centilitre	millilitre
hL	daL	**L**	dL	cL	mL
	2		5		

2 daL 5dL = 20,5 L = 2 050 cL

Le **litre** est l'unité de **volume** usuelle.
Cette unité permet de mesurer les **capacités** courantes.

Ce tableau permet de **convertir** une mesure de capacité en **différentes unités** de mesure de cette capacité.

Les unités de capacité ont été construites à partir des unités de longueur :
Un cube de 1 décimètre d'arête a une capacité de 1 litre.

* **413 Associe à chaque objet la capacité qui convient.**

a) l'arrosoir du jardinier
b) un camion citerne
c) un verre à boire
d) une brique de lait
e) une ampoule de médicament
f) une baignoire

A) 5 mL **B)** 250 L **C)** 10 L **D)** 3 dL **E)** 1 L **F)** 6 000 L

** **414 Recopie et convertis en centilitres, puis en litres.**

a)	3 daL 7 L	80 dL	300 dL	7 L 50 dL
b)	1 L 25 cL	2 daL 75 dL	4 dL 8 cL	2 L 5 dL 9 cL
c)	8 L 7 cL	4 daL 8 dL	2 daL 6 cL	15 dL 10 cL

Résous les problèmes.

* **415** Le kilogramme est la masse d'un litre d'eau (à 4° C).
Quelle masse d'eau y a-t-il dans le Caddie lorsqu'on achète 2 paquets de 6 bouteilles d'un litre et demi d'eau de source ?

** **416** Un cube de 1 dm de côté a un volume d'1 L.
Combien contient-il de cubes de 1 cm de côté ?
Quel est, en litre, le volume occupé par un cube de 1 cm de côté ?

** **417** En pressant 5 kg d'olives, on obtient 1 L d'huile.
Un producteur a récolté 325 kg d'olives ; il commercialise son huile en flacons de 50 cL. Combien doit-il commander de flacons ?

*** **418 a)** Un flacon vide pèse 325 g. Plein d'eau, il pèse 2 325 g.
Quelle est la capacité du flacon ? (1 kg correspond à 1 L d'eau.)

b)

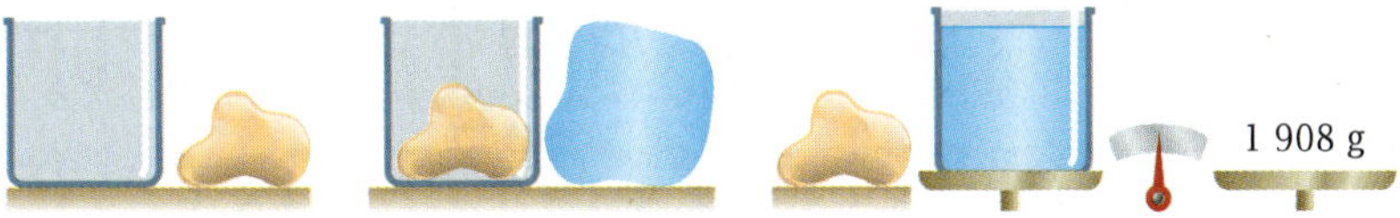

On utilise le flacon pour réaliser l'expérience décrite ci-dessus. Quel est le volume de la pierre ? Quelle masse d'eau reste-t-il dans le flacon ?

*** **419** Un verre de 2 dL placé sous un robinet qui laisse fuir une goutte toutes les 20 s est à moitié plein en 24 h. Quelle est la masse d'une goutte d'eau ?

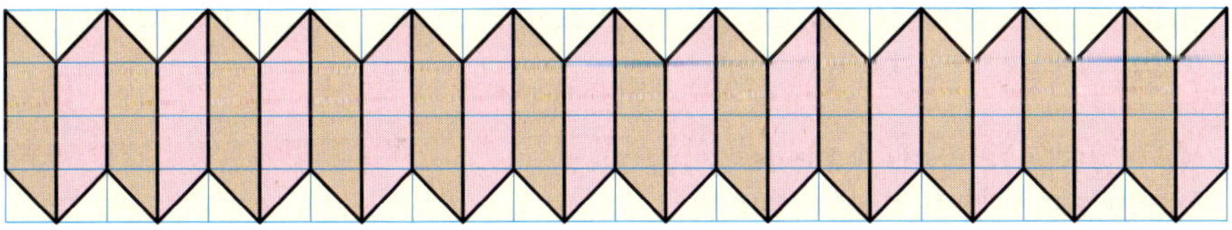

Barrière 1-1

Calcul mental

- Convertis : 4,2 hL = … L ; 2,7 daL = … L ; 58 dL = … L ; 360 cL = … dL ; 21,15 hL = … daL.
- Combien de gobelets d'1 dL peut-on remplir avec une bouteille d'1,5 L de jus de fruit ?
- On a pressé 140 dL de jus de raisin.
Combien peut-on remplir de bouteilles d'une contenance de 1 L ?
- Pour fêter son anniversaire, Margaux a apporté 4 bouteilles d'1,5 L de jus de fruit. Combien de litres y a-t-il ?

54 Mesure du temps
Le calendrier

2001 est la première année du troisième millénaire du calendrier grégorien.

2001

Janvier

Dim	Lun	Mar	Mer	Jeu	Ven	Sam
	1	2	3	4	5	6
7	8	9	10	11	12	13
14	15	16	17	18	19	20
21	22	23	24	25	26	27
28	29	30	31			

Février

Dim	Lun	Mar	Mer	Jeu	Ven	Sam
				1	2	3
4	5	6	7	8	9	10
11	12	13	14	15	16	17
18	19	20	21	22	23	24
25	26	27	28			

Mars

Dim	Lun	Mar	Mer	Jeu	Ven	Sam
				1	2	3
4	5	6	7	8	9	10
11	12	13	14	15	16	17
18	19	20	21	22	23	24
25	26	27	28	29	30	31

Avril

Dim	Lun	Mar	Mer	Jeu	Ven	Sam
1	2	3	4	5	6	7
8	9	10	11	12	13	14
15	16	17	18	19	20	21
22	23	24	25	26	27	28
29	30					

Mai

Dim	Lun	Mar	Mer	Jeu	Ven	Sam
		1	2	3	4	5
6	7	8	9	10	11	12
13	14	15	16	17	18	19
20	21	22	23	24	25	26
27	28	29	30	31		

Juin

Dim	Lun	Mar	Mer	Jeu	Ven	Sam
					1	2
3	4	5	6	7	8	9
10	11	12	13	14	15	16
17	18	19	20	21	22	23
24	25	26	27	28	29	30

Juillet

Dim	Lun	Mar	Mer	Jeu	Ven	Sam
1	2	3	4	5	6	7
8	9	10	11	12	13	14
15	16	17	18	19	20	21
22	23	24	25	26	27	28
29	30	31				

Août

Dim	Lun	Mar	Mer	Jeu	Ven	Sam
			1	2	3	4
5	6	7	8	9	10	11
12	13	14	15	16	17	18
19	20	21	22	23	24	25
26	27	28	29	30	31	

Septembre

Dim	Lun	Mar	Mer	Jeu	Ven	Sam
						1
2	3	4	5	6	7	8
9	10	11	12	13	14	15
16	17	18	19	20	21	22
23	24	25	26	27	28	29
30						

Octobre

Dim	Lun	Mar	Mer	Jeu	Ven	Sam
	1	2	3	4	5	6
7	8	9	10	11	12	13
14	15	16	17	18	19	20
21	22	23	24	25	26	27
28	29	30	31			

Novembre

Dim	Lun	Mar	Mer	Jeu	Ven	Sam
				1	2	3
4	5	6	7	8	9	10
11	12	13	14	15	16	17
18	19	20	21	22	23	24
25	26	27	28	29	30	

Décembre

Dim	Lun	Mar	Mer	Jeu	Ven	Sam
						1
2	3	4	5	6	7	8
9	10	11	12	13	14	15
16	17	18	19	20	21	22
23	24	25	26	27	28	29
30	31					

Le **calendrier** permet de **mesurer le temps**.

Résous les problèmes.

* **420** Julien est né le 2 mars 1994. Quel jour de la semaine fêtera-t-il son anniversaire cette année ?

* **421** Victor fête ses 4 ans le 3/10/2001.
Quelle est sa date de naissance ?

** **422** Au mois de juin, Gaspard veut semer des radis. La récolte commence 21 jours plus tard et dure 15 jours. Sachant que Gaspard ne jardine que le dimanche et qu'il doit partir en vacances le samedi 14 juillet, quand doit-il semer ses radis ?

** **423** Le jour de ses 8 ans, Léo prendra le train, seul. Ce sera le 340e jour de cette année. Quelle est sa date de naissance ?

*** **424** Le jus de fruit Bonbol se conserve pendant six mois à partir du jour de sa fabrication. Il doit être consommé avant le 15 mai. À une semaine près, quelle est sa date de fabrication ?

*** 425 Recopie, complète et réponds aux questions.

nom	né en	décédé en	âge au décès
Napoléon Bonaparte	1769	1821	......
Charles Quint	1500	1558	......
René Descartes	1596	......	54 ans
Léonard Euler	1707	1783	......
Alexander Fleming	......	1955	74 ans
Galileo Galilée	1564	......	78 ans
Édouard Jenner	1749	1823	......
Johannes Kepler	1571	......	59 ans
Léonard de Vinci	1452	......	67 ans
Isaac Newton	......	1727	85 ans
Louis Pasteur	1822	1895	......
François Rude	......	1855	71 ans

a) Mozart est mort en 1791, à 35 ans. En quelle année est-il né ?

b) Descartes a-t-il pu rencontrer Newton ? Pasteur ?

c) Qui était contemporain d'Euler ?

Résous le problème.

*** **426** Halley a découvert, en 1682, une comète (la comète de Halley) qui reparaît tous les 76 ans. Quand est-elle apparue pour la dernière fois ? Quand reparaîtra-t-elle ?

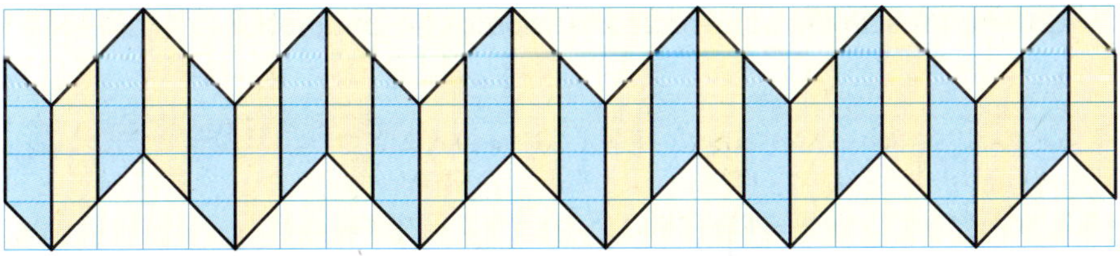

Barrière 2-2

Calcul mental

- Calcule : 77 × 10 ; 49 × 100 ; 31 × 1 000 ; 1 000 × 43 ; 307 × 10.
- Donne le double de : 12 ; 15 ; 20 ; 13 ; 17 ; 19 ; 11 ; 14 ; 18 ; 16.
- Les cotisations de retraite sont versées par trimestre. Combien d'années a travaillé une employée qui a cotisé : 60 trimestres ; 72 trimestres ; 124 trimestres ; 140 trimestres ; 156 trimestres ?
- Pour le réveillon, Thierry achète 14 douzaines d'huîtres. Combien achète-t-il d'huîtres ?

55 Durées

Marjorie est partie à 16 h 15 min de Paris. Elle est arrivée au Mans à 19 h 50 min. Quelle est la durée de son voyage ?

19 h 50 – 16 h 15 = 3 h 35

heure d'arrivée – heure de départ = durée

La **durée** est l'intervalle de temps qui sépare l'**instant de départ** de l'**instant d'arrivée**.

Résous les problèmes.

* **427** La récréation commence à 10 h 20 et se termine à 10 h 35. Quelle est sa durée ?

* **428** À 11 h 53, Karine met dans le four à micro-ondes un poisson qui cuit en 12 min. À quelle heure le poisson sera-t-il cuit ?

** **429** L'horloge de ma voiture donne les heures et les minutes ; au moment où je m'arrête pour poster un colis, elle indique 10:28 ; lorsque je repars, elle indique 10:33. Combien de temps a-t-il fallu pour poster le colis ?

** **430** Priscilla a pris le train à 23 h 25 et est arrivée le lendemain à 1 h 05. Quelle a été la durée de son voyage ?
(Aide-toi du schéma pour rédiger une solution complète.)

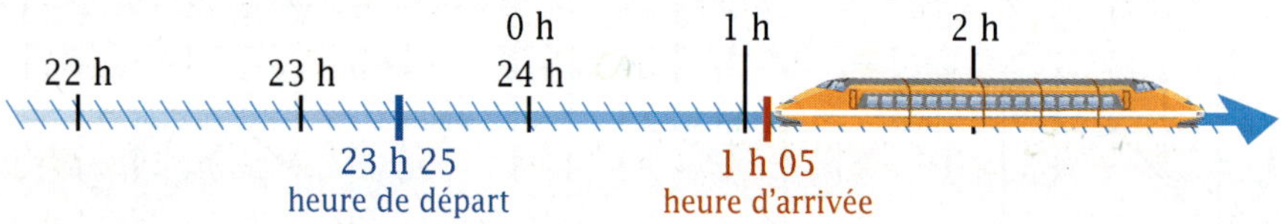

** **431 Complète.**

Heure de départ	19 h	16 h 35	10 h 15	......	9 h 15	15 h 17
Heure d'arrivée	21 h	21 h 50	......	12 h 40	......	17 h 50
Durée	......	......	35 min	22 min	3 h 25	......

** **432 Complète.**

Heure de départ	19 h 55	16 h 35	22 h 42	......	11 h 48	15 h 17
Heure d'arrivée	21 h 10	21 h	4 h 25	8 h 40	......	......
Durée	......	......	......	10 h 20	3 h 25	17 h 50

Résous les problèmes.

** **433** Khalid Khannouchi a couru un marathon en 2 h 05 min 42 s.
Le précédent record de Ronaldo Da Costa était de 2 h 06 min 05 s.

a) Combien de secondes Khalid a-t-il gagnées sur Ronaldo ?

b) Quelle est, en secondes, la durée de la course de Khalid ?

** **434** Les deux aiguilles d'une horloge sont l'une sur l'autre, sur le 12. Quelle heure est-il ?
Quand elles seront à nouveau sur le 12 et l'une sur l'autre, quelle heure sera-t-il ?
À quelle heure seront-elles à nouveau l'une sur l'autre ?

** **435** Entre midi et minuit, combien de fois les deux aiguilles de l'horloge passeront-elles l'une sur l'autre ?

*** **436** Paul remarque que les deux aiguilles de l'horloge forment un angle droit. André dit qu'il peut alors connaître l'heure. Qu'en penses-tu ?

*** **437** Un carillon sonne les heures (midi : 12 fois ; 13 h : 1 fois, 14 h : 2 fois, etc.). Combien sonne-t-il de fois en 24 h, de midi à midi ?

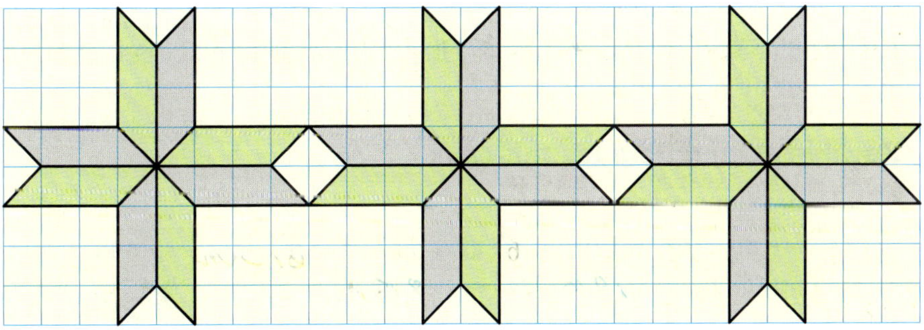

Croix

Calcul mental

Pour multiplier par 20, on multiplie par 2, puis par 10.

- Calcule : 7 × 20 ; 30 × 20 ; 8 × 20 ; 25 × 20 ; 27 × 20.
- Un marchand loue un équipement complet de ski 19 € par jour. Quel est le montant de la location pour 14 jours ?
- Elsa a 90 ans aujourd'hui. En quelle année est-elle née ?
- Un troupeau de chèvres produit chaque jour 12 bidons de 15 litres. Combien de litres de lait sont produits chaque jour ?

56 Périmètre

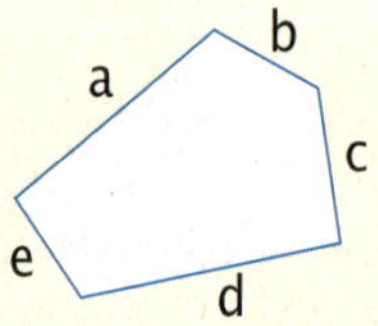

périmètre = a + b + c + d + e

Le **périmètre** d'une figure, c'est la **somme de la mesure des côtés**.
Le périmètre est une **longueur**.

Périmètre du carré

périmètre = côté × 4

$$\text{côté} = \frac{\text{périmètre}}{4}$$

Périmètre du rectangle

périmètre = (L + l) × 2

$$L = \frac{P}{2} - l \; ; \; l = \frac{P}{2} - L$$

Le **périmètre** des figures régulières peut se calculer à l'aide d'une **formule**.

* **438 Calcule le périmètre.**

Pour une épreuve d'athlétisme, on trace un polygone de 5 côtés mesurant, 1 hm, 2 hm, 3 hm, 4 hm et 5 hm. Quelle est la longueur du circuit qui suit le contour du polygone ?

Recopie et complète les tableaux.

* **439** Dimensions du carré :

côté du carré	3 m		2,5 dm		75 mm
périmètre		24 cm		46 cm	

* **440** Dimensions du rectangle :

longueur	3 m		2,5 dm	72 cm	75 mm	25 cm
largeur	1 m	24 cm		46 cm	25 mm	
périmètre		108 cm	70 cm			1 m

** **441** Dimensions du rectangle :

largeur	1 m	2 m	3 m	......	5 m
longueur	4 m	......	12 m	16 m	......
périmètre	......	20 m	......	40 m	50 m

Quand chaque dimension d'un rectangle est multipliée par 2, 3, 4 ou 5, que peut-on dire de son périmètre ?

** **442 Observe les figures et réponds aux questions.**
Reproduis la figure A, découpe-la et reconstruis-la comme la figure B.

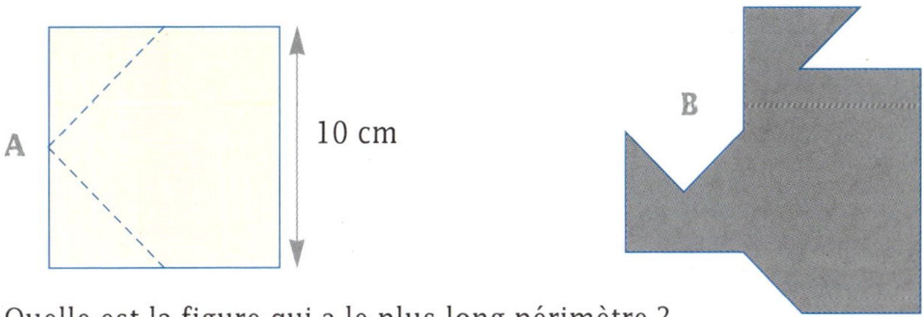

Quelle est la figure qui a le plus long périmètre ?
Quel est le périmètre de A ? Donne une évaluation du périmètre de B.

*** **443 Résous le problème.**
Un stade d'athlétisme est formé d'un rectangle de 100 m sur 63,67 m auquel on a accolé deux demi-cercles (demi-périmètre du cercle : 100 m).

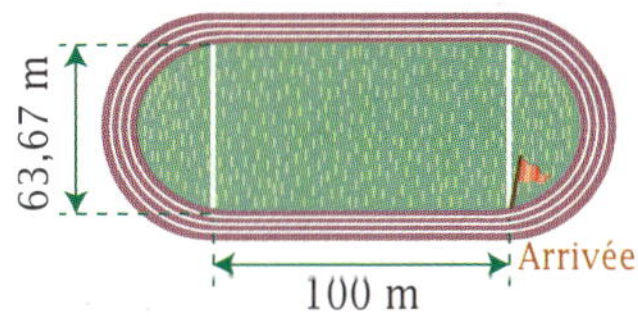

Quelle est la longueur de la piste qui borde le stade ?
L'arrivée d'une course est toujours à l'extrémité de la ligne droite.
Où est donné le départ du 1 500 m ?

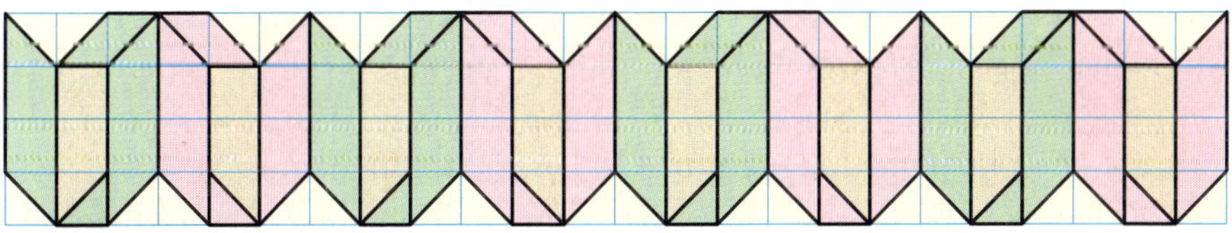
Boîtes ouvertes alternées

Calcul mental

Pour ajouter 90, on ajoute 100 et on soustrait 10.
- Calcule : 124 + 90 ; 274 +90 ; 412 + 90 ; 856 + 90 ; 945 + 90.
- Un jardin rectangulaire mesure 55 m de long et 25 m de large.
Quelle longueur de grillage faut-il pour le clore ?
- Quel est le périmètre d'un rectangle de 57 m de long et de 33 m de large ?
- Un terrain de sport mesure 80 m de large et 135 m de long.
Quelle distance Chloé a-t-elle parcourue lorsqu'elle en a fait le tour ?
- Romuald fait le tour d'un terrain de sport de 135 m de long et de 55 m de large. Quelle distance parcourt-il ?

57 Périmètre du disque

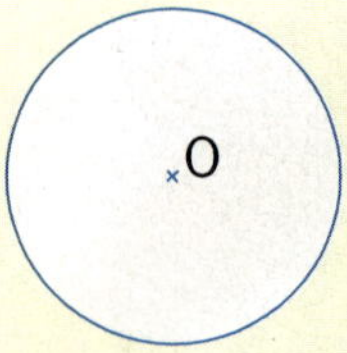

p = 2 × π × rayon
= π × diamètre
p ≈ 2 × 3,14 × rayon
(π ≈ 3,14)

Le **périmètre du disque** est **proportionnel** à son **rayon**.

× 2 π

rayon	périmètre
0,16	1
0,5	3,14
1	6,28
2	12,56

**** 444 En reportant le rayon r (5 cm), donne un encadrement du périmètre du cercle.**

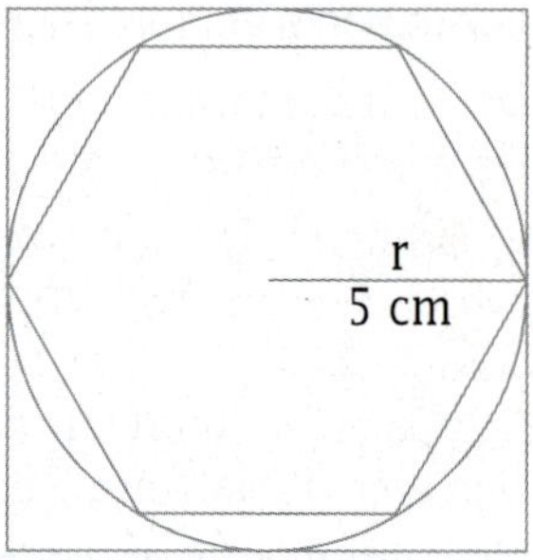

….. < p < ….

**** 445 Découpe un disque de 10 cm de diamètre dans du bristol.**

a) Trace une ligne droite sur une feuille. Marque un point rouge sur le disque, puis fais-lui faire un tour le long de la ligne. Mesure le segment de droite qui a la même longueur que le périmètre du disque.

b) Calcule π en divisant le périmètre p que tu as obtenu (en cm) par le diamètre d (10 cm).
Compare la valeur que tu as trouvée avec celle qui est donnée ci-dessus.

**** 446 Quelle longueur de bordure faut-il commander pour entourer un massif circulaire de 10 m de rayon ?**

**** 447 Observe et conclus.**

a) Quelle figure a le plus long périmètre ?

b) Trouve une figure C de même périmètre que la figure B.

A

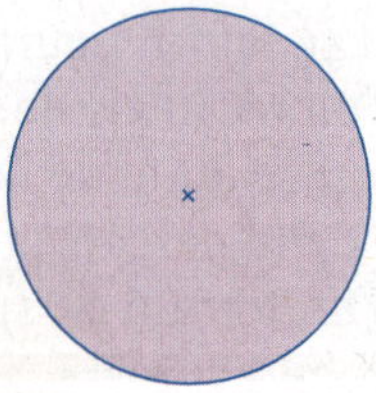

B

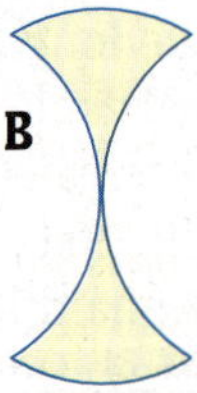

**** 448 Calcule et compare le périmètre du grand cercle et celui de la figure formée par les deux petits cercles.**

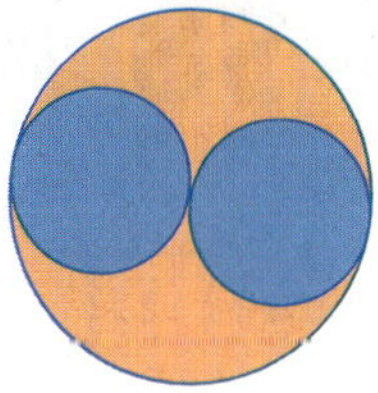

Résous les problèmes.

** **449** Autour d'un rond-point d'environ 10 m de rayon, les jardiniers municipaux plantent un rhododendron tous les 1,20 m.
Combien doivent-ils préparer de rhododendrons ?

*** **450** Une roue de voiture a un diamètre de 58 cm. Combien fait-elle de tours lorsque la voiture va de Milly-la-Forêt à Marseille ?
(distance Milly-la- Forêt – Marseille : 750 km)

*** **451 a)** On trace un cercle de 1 m de rayon, puis un cercle de 2 m de rayon. De combien augmente le périmètre ?

b) On trace un cercle de 10 m de rayon, puis un cercle de 11 m de rayon. De combien augmente le périmètre ?

c) On trace un cercle de 1000 m de rayon, puis un cercle de 1001 m de rayon. De combien augmente le périmètre ?

d) Une ficelle fait le tour de la Terre. Si on l'allongeait de 6,28 m, à quelle distance se trouverait-elle de la surface de la Terre ?

***** 452 Trouve le périmètre de la figure verte.**

r = 8 cm.

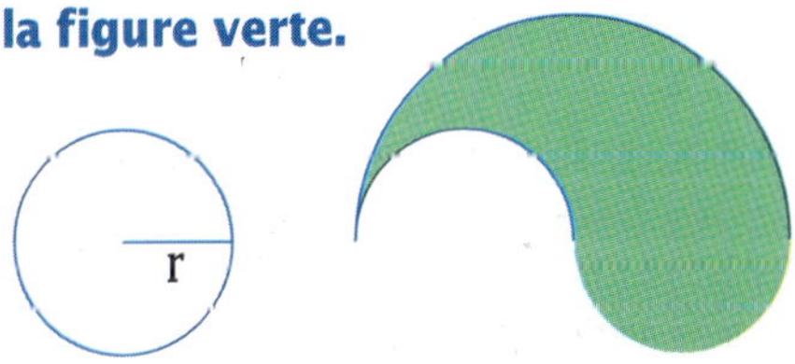

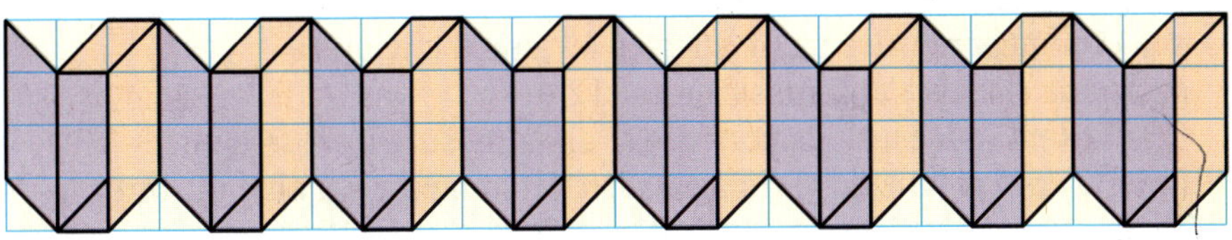

Boîtes ouvertes

Calcul mental

- Calcule : 9 × 22 ; 13 × 22 ; 22 × 16 ; 22 × 19 ; 22 × 38.
- À la bibliothèque, le rayon poésie compte 324 volumes et le rayon peinture 257 volumes. Combien de volumes y a-t-il dans ces deux rayons ?
- Élie a 29 ans aujourd'hui. En quelle année est-il né ?

58 Aire des surfaces

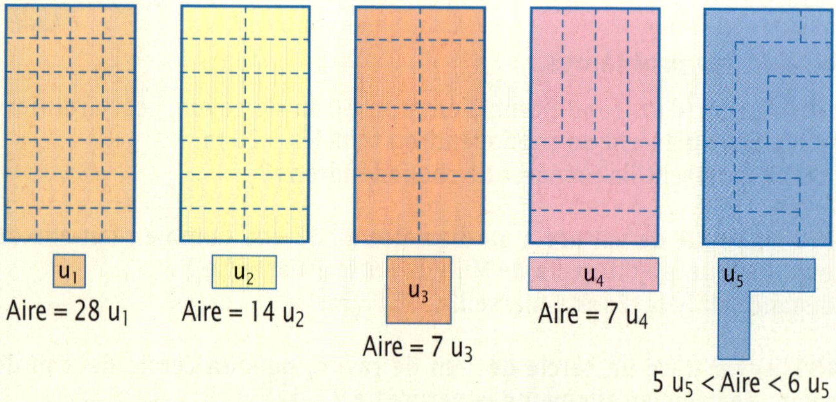

L'aire mesure une **surface.**

La mesure de l'aire d'une même surface dépend de l'unité choisie.

Compare les aires.

* **453 a)** Reproduis ces surfaces en multipliant leurs dimensions par 5, puis découpe-les. Compare-les en les superposant et range-les de l'aire la plus petite à l'aire la plus grande.

b) En utilisant une unité d'aire de ton choix, range les surfaces de l'aire la plus petite à l'aire la plus grande.

** **454** On mesure l'aire d'une surface à l'aide d'une unité de forme carrée. L'aire mesurée est 12 u_1.
Quelle sera la mesure de son aire si on la mesure à l'aide d'une unité u_2 qui est un carré dont le côté fait la moitié du côté du carré u_1 ?

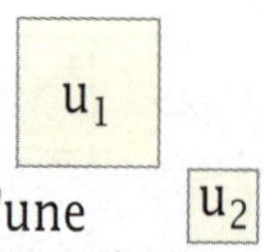

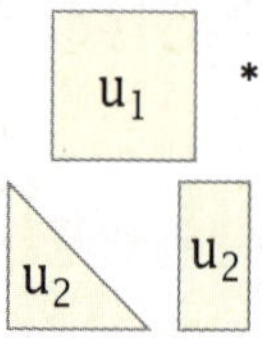

** **455** On mesure l'aire d'une surface à l'aide d'une unité u_1 de forme carrée. L'aire mesurée est 12 u_1.
Quelle sera la mesure de son aire si on la mesure à l'aide d'une unité u_2 qui est la moitié du carré u_1 ?

** **456** Dessine une surface contenant M unités d'aire.
Il faut que pour cette figure l'inégalité **8 < M < 10** soit vraie.

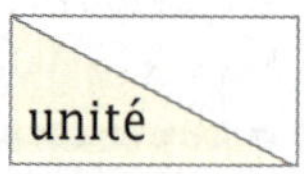

***** 457 Range les surfaces de la plus petite aire à la plus grande aire.**

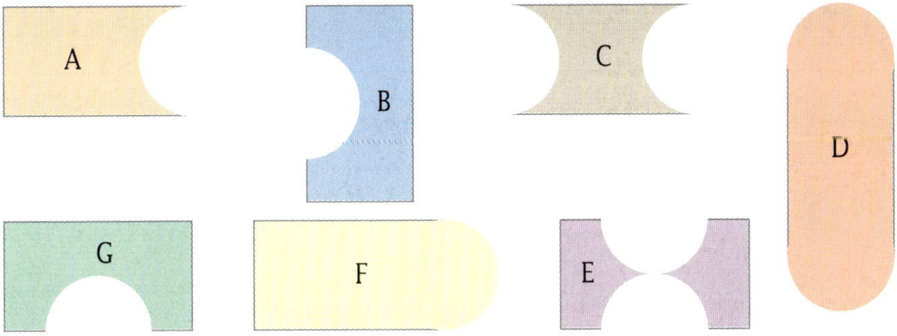

**** 458 En prenant l'unité u_1 comme unité d'aire, trouve deux valeurs qui encadrent l'aire de la figure F.**

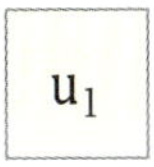

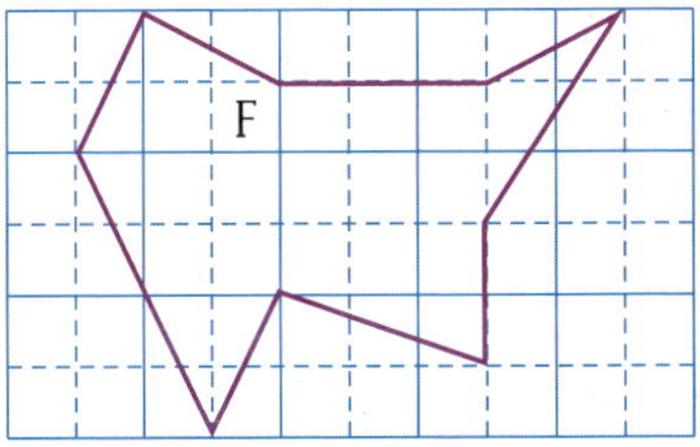

**** 459 En prenant u_2 comme unité, trouve un encadrement de l'aire de la figure F de l'exercice 458.**

**** 460 Réponds à la question.**

Des rectangles sont pavés de carrés alternativement blancs et noirs de 1 cm de côté.

	rectangle A	rectangle B	rectangle C	rectangle D
dimensions	16 × 14	13 × 11	14 × 15	13 × 12

Quels sont les rectangles où il y a autant de carrés blancs que de carrés noirs ?

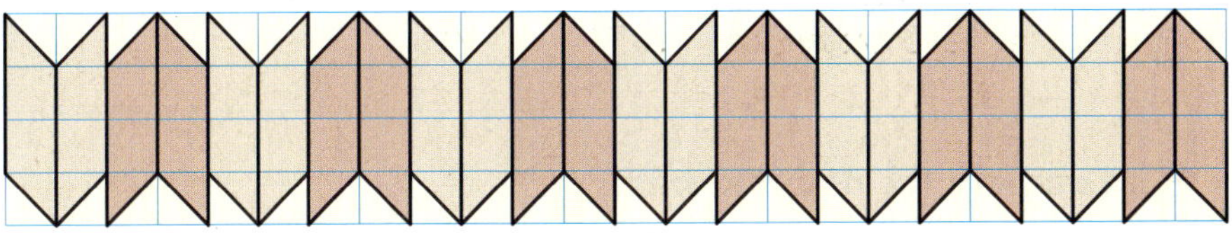

Recto-verso

Calcul mental

- Calcule : 957 – 99 ; 280 – 99 ; 3 674 – 99 ; 4 954 – 99 ; 1 504 – 999.
- Le pépiniériste doit planter 180 sapins ; il en a déjà planté 59. Combien lui en reste-t-il à planter ?

59 Périmètre et aire

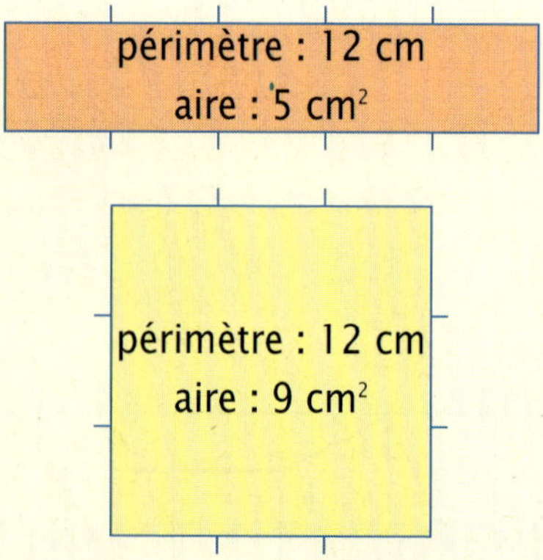

Ces figures ont un même périmètre, mais des aires différentes.

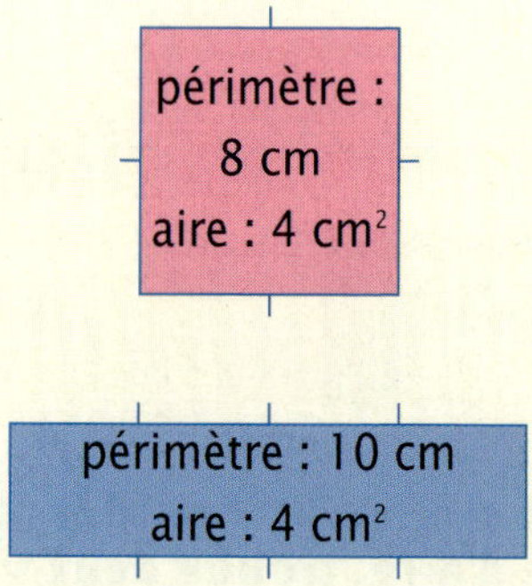

Ces figures ont une même aire, mais des périmètres différents.

Le **périmètre** et l'**aire** sont deux caractéristiques distinctes d'une **surface**.

* **461 Construis deux figures qui mesurent six unités d'aire et qui ont des périmètres différents.**
Calcule le périmètre de chacune des figures que tu as construites.

* **462 Détermine en centimètres le périmètre de cette figure.**
Construis un rectangle de même périmètre.
Quelle est, en cm², l'aire de la figure ?
Quelle est, en cm², l'aire du rectangle ?

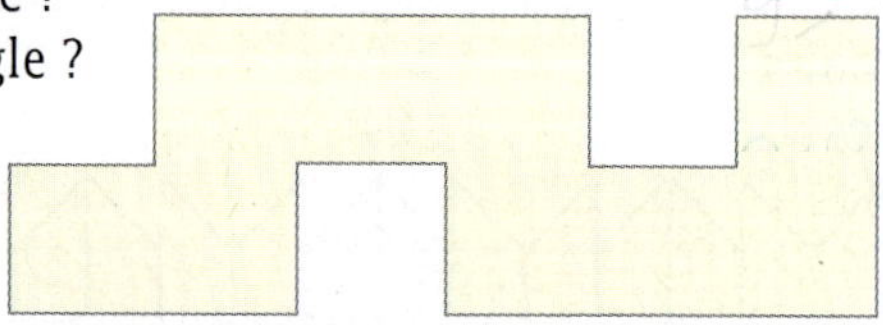

** **463 Compare les deux figures.**

a) Quelle est la figure qui a l'aire la plus grande ?

b) Quelle est la figure qui a le plus long périmètre ?

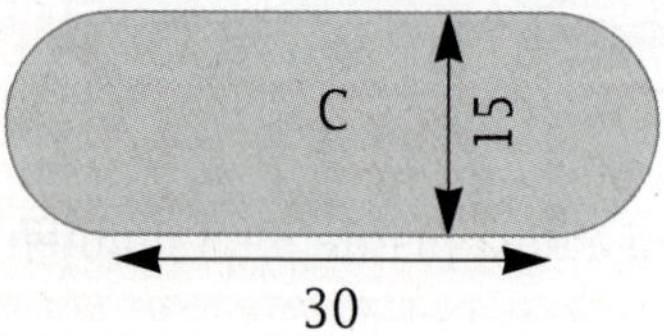

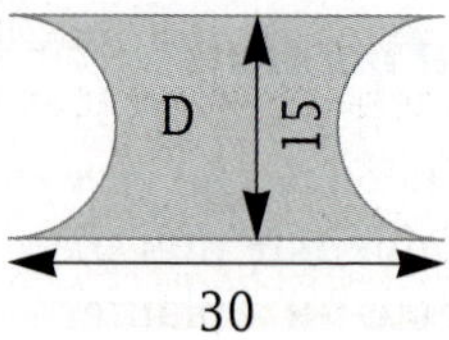

** 464 Calcule le périmètre et l'aire des rectangles.

largeur	1 m	2 m	3 m	4 m	5 m
longueur	4 m	8 m	12 m	16 m	20 m
périmètre	...	...	...	...	...
aire	...	...	...	...	...

Quand le côté du rectangle est multiplié par 2, 3, 4 ou 5, le périmètre est multiplié par le même nombre. Peut-on en dire autant pour l'aire ?

** 465 Compare les figures.

A

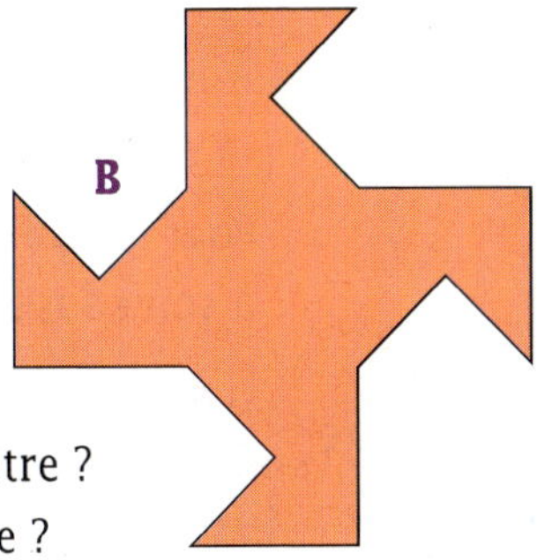
B

a) Quelle est la figure qui a le plus long périmètre ?

b) Quelle est la figure qui a l'aire la plus grande ?

*** 466 Résous le problème.

Michel possède un pré rectangulaire de 120 m sur 80 m. Il achète en plus une parcelle qui touche la sienne et forme un carré de 40 m sur 40 m.

a) Fais le schéma d'une disposition possible.

b) Calcule le périmètre et l'aire du pré.

c) Calcule le périmètre et l'aire de la parcelle achetée.

d) Calcule le périmètre et l'aire de la nouvelle parcelle.

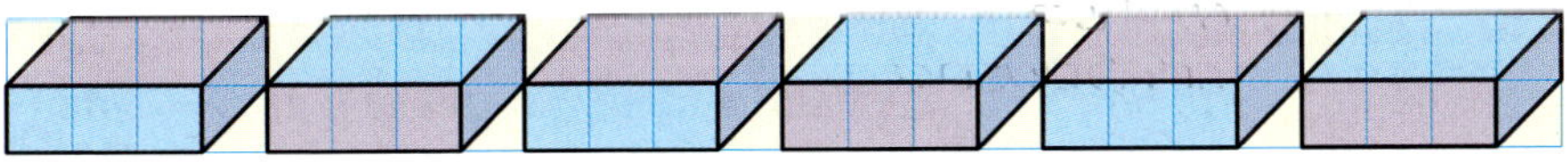

Briques

Calcul mental

Pour multiplier par 50, on multiplie par 100 et on divise par 2.

- Calcule : 12 × 50 ; 18 × 50 ; 17 × 50 ; 27 × 50 ; 105 × 50.
- Un magasin expose 15 sortes de céréales pour le petit déjeuner et dispose de 50 paquets de chaque sorte. Combien a-t-il de paquets ?
- Rémy achète 32 rouleaux de 50 m de fil de fer. Quelle longueur de fil a-t-il achetée ?
- Baptiste fait le tour du terrain de rugby qui mesure 100 m sur 67 m. Quelle distance parcourt-il ?

60 Mesures d'aires

1 dm² = 100 cm²

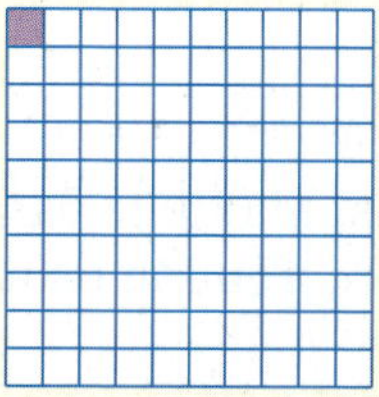

Pour les **unités de longueur**, on passe d'une unité à son sous-multiple en **multipliant par 10.**

Pour les **unités d'aires**, on passe d'une unité à son sous-multiple en **multipliant par 100.**

hectare ha hm^2		**are** **a** dam^2		centiare ca **m^2**		dm^2		cm^2		mm^2	
							1	0	0		
						1	2	2	5		

12,25 dm² c'est 1 225 cm²

**** 467 Convertis.**

a)	5 m^2 = ... dm^2	200 cm^2 = ... dm^2	1 500 mm^2 = ... cm^2
b)	125 dm^2 = ... m^2	750 hm^2 = ... m^2	980 cm^2 = ... dm^2
c)	45 m^2 = ... mm^2	2,5 dam^2 = ... m^2	2m^2 6 dm^2 = ... dm^2
d)	5 cm^2 = ... mm^2	200m^2 = ... dam^2	3 m^2 = ... dam^2
e)	25 dam^2 = ... hm^2	$\frac{1}{2}$ m^2 = ... dm^2	$\frac{1}{10}$ hm^2 = ... dam^2

***** 468 Convertis.**

a)	5 a = ... ca	150 ha = ... ares	30 ca = ... a
b)	12 ha 5 ca = ... ca	7 ha 25 a = ... a	4ha 3a 14 ca = ... ca
c)	45 ha 7 ca = ... a	27 a 16 ca = ... ca	2 a 6 ca = ... ca
d)	8,56 ha = ... a	3 ha = ... m^2	5,64 a = ... ca

*** 469 En utilisant des carrés de 1 cm de côté, dessine une surface de 15 cm² d'aire.**

Résous les problèmes.

* **470** Un carré de 1 mm de côté à une aire de 1 mm².

a) Dessine un carré de 1 cm de côté. Combien contient-il de mm² ?

b) Quelle fraction du carré de 1 cm de côté représente 1 mm² ?

c) Quelle est en mm² l'aire de la figure de l'exercice précédent ?

** **471 a)** Quelle est, au cm² près, l'aire d'une feuille de papier A4 (21 cm × 29,7 cm).

b) Une feuille de papier A5 est une demi-feuille A4 : quelles sont ses dimensions ? Quelle est son aire ?

c) Une feuille de papier A3 est une double feuille A4 : quelles sont ses dimensions ? Quelle est son aire ?

d) Les feuilles de papier sont ainsi doublées quand leur indice diminue de 1. Quelle est l'aire d'une feuille A0 ?

*** **472** Sur un terrain de 832 m², on construit un pavillon de 8 mètres sur 12 mètres.

a) Quelle est l'aire de la surface construite ?

b) Quelle est l'aire de la surface restante ?

c) Quel est le pourcentage de la surface construite par rapport à la surface totale ? Fais des approximations ou aide-toi d'une calculatrice.

** **473 Recopie et complète le tableau.**

côté du carré (cm)	1	2	3	4	5	6	7	8	9	10	11
aire (cm²)	…	…	…	…	…	36	…	…	…	…	…

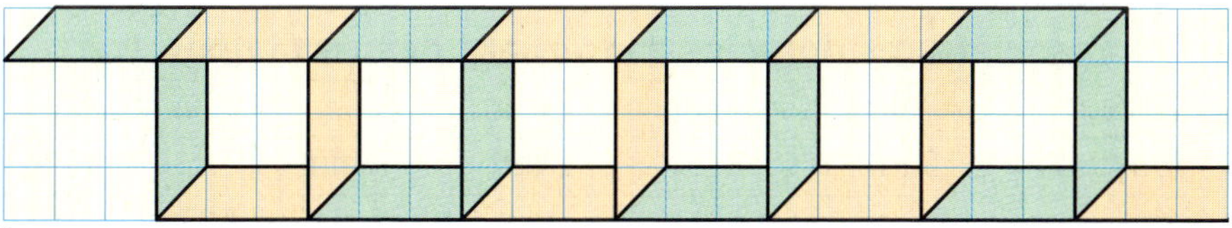

Étagères

Calcul mental

Pour multiplier par 25, on multiplie par 100 et on divise par 4.

- Calcule : 6 × 25 ; 12 × 25 ; 17 × 25 ; 25 × 18 ; 30 × 25.
- Il faut 3 poteaux téléphoniques par hm. Combien de poteaux faut-il pour une ligne de 23 hm ?
- Les cyclistes doivent parcourir 5 tours d'un circuit de 37 km. Quelle distance doivent-ils parcourir ?

61 Aire du rectangle

5 lignes
8 colonnes,
5 × 8 = 40 unités d'aire

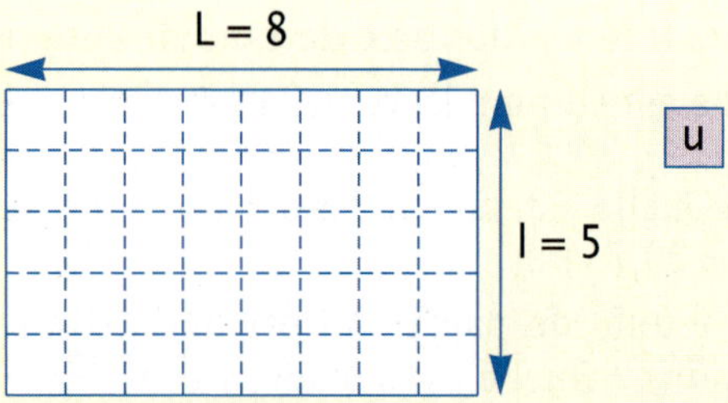

A = L × l

Aire du rectangle = Longueur × largeur

L'aire du rectangle est le produit de la longueur par la largeur.

L = A : l

Longueur = aire : largeur

l = A : L

largeur = aire : Longueur

On peut trouver la **longueur** ou la **largeur** du rectangle à partir de l'**aire**.

* **474 Calcule l'aire des rectangles.**

longueur	9 cm	25 m	36 m	15 dm	90 m
largeur	7 cm	12 m	18 m	15 dm	60 m
aire	......	......	......	......	......

** **475 Complète ces données concernant des rectangles.**

largeur	6 m	30 m	13 cm	......	135 mm	......
longueur	15 m	......	2 dm	330 mm	......	45 m
aire	......	1 800 m^2	......	297 cm^2	8 505 m^2	......

Résous les problèmes.

* **476** Calcule l'aire en m^2 et en ares d'un terrain de football qui mesure 92 m sur 46 m.

* **477** Sur un terrain de 60 m de long et de 40 m de large, la commune envisage de creuser une piscine de 25 m sur 12 m.
Quelle aire sera occupée par le bassin ?
Quelle aire restera-t-il pour les installations annexes ?

** **478** Dans ce potager rectangulaire de 90 m sur 45 m, on a tracé deux allées de 2 m de large. Quelle est l'aire de la surface cultivable ?

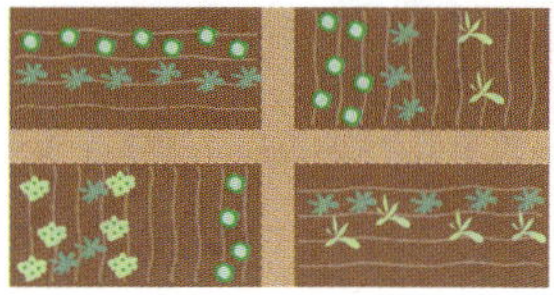

** **479** Une table de cuisine de 1 m de long et de 70 cm de large peut être agrandie de deux allonges de 30 cm à chacune de ses extrémités. Quelle est l'aire maximale de la table ?

*** **480** On crépit les façades d'un immeuble de 92 m de long, 24 m de large et 15 m de haut. Pour commander le produit nécessaire on calcule l'aire totale des surfaces à crépir en négligeant les ouvertures. Quelle est cette aire ?

*** **481** Sur une feuille de papier rectangulaire, on trace un patron de cube de 6 cm d'arête.

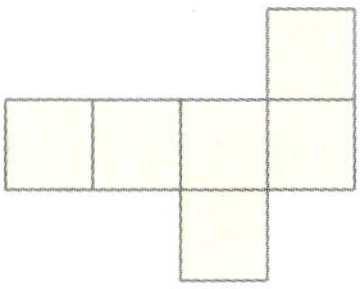

Quelle est l'aire minimale de la feuille utilisée ?
Quelle est l'aire du patron ?
Quelle est l'aire des chutes de papier ?

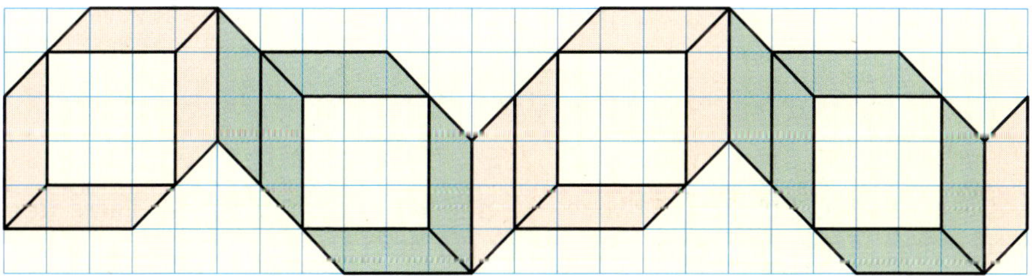

Boîtes 3-3

Calcul mental

Multiplier par 0,1 c'est diviser par 10.

- Calcule : 15 × 0,1 ; 80 × 0,1 ; 97 × 0,1 ; 228 × 0,1 ; 439 × 0,1.
- Il faut 4 œufs pour un gâteau. Combien fait-on de gâteaux avec : 16 œufs ; 24 œufs ; 3 douzaines d'œufs ; 19 œufs ; 28 œufs ?
- On reporte 59 fois le double décimètre quand on veut mesurer la largeur du préau. Quelle est, en cm, la largeur du préau ?
- Quelle est l'aire, en m^2, d'un carré dont le côté mesure : 5 m ; 9 m ; 12 m ; 20 m ; 2,5 m ?
- Un semi-remorque peut transporter 15 bobines de papier pour l'imprimerie d'un journal. Combien en livre-t-il en 17 voyages ?

62 Aire du triangle rectangle

Le triangle rectangle est un demi rectangle.

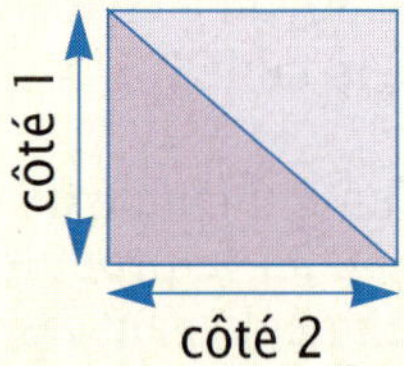

L'aire du triangle rectangle s'obtient en divisant par deux l'aire du rectangle.

Aire (triangle rectangle) = (côté 1 × côté 2) : 2

Reproduis les figures sur un quadrillage 1 cm sur 1 cm, puis calcule les aires des triangles.

* **482**

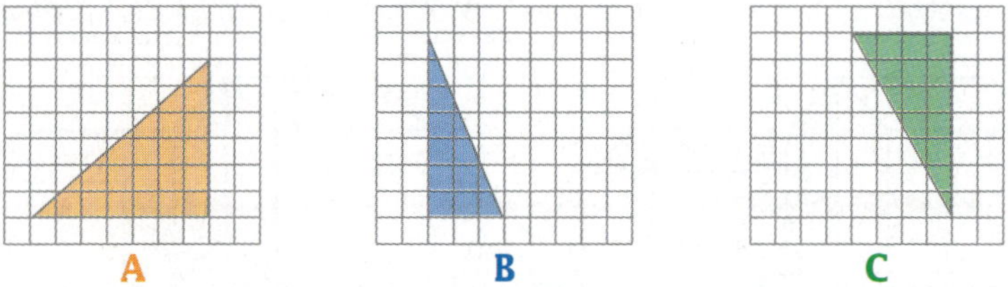

a) Le carreau est l'unité d'aire : donne un encadrement de l'aire des triangles rectangles en les recouvrant par des carreaux.

b) Calcule l'aire des triangles rectangles à l'aide de la formule, en prenant le carreau comme unité.

** **483**

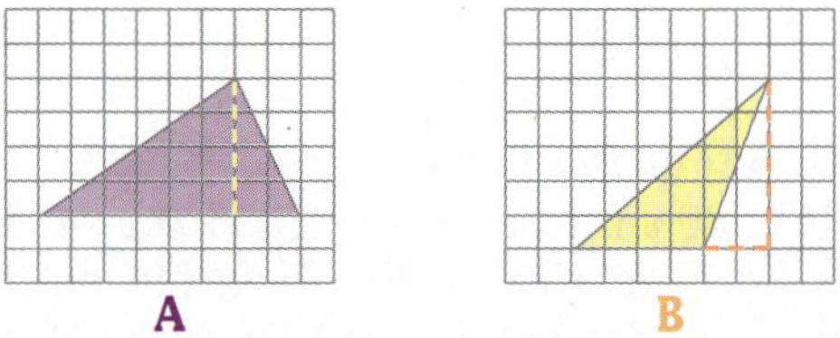

a) Le carreau est l'unité d'aire. Donne un encadrement de l'aire des triangles en les recouvrant par des carreaux entiers.

b) Le carreau est l'unité d'aire. Précise l'aire des triangles en utilisant des fractions de carreau.

c) En décomposant les triangles en triangles rectangles, calcule l'aire des triangles A et B.

484 Complète les données manquantes des triangles rectangles.

côté 1	25 m	32 m	17 m	24,5 m	12,9 m
côté 2	12 m	......	......	16,8 m	......
aire	......	288 m²	306 m²	......	129 m²

485 Détermine l'aire du trapèze.

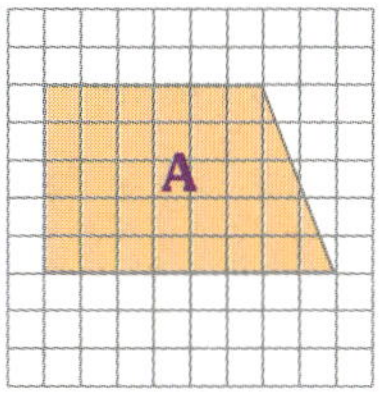

a) Le carreau est l'unité d'aire. Donne un encadrement de l'aire du trapèze rectangle A.

b) Reproduis la figure A en la décomposant en rectangle et triangle rectangle. Calcule l'aire du trapèze rectangle A.

c) En reportant la figure comme sur le schéma, calcule l'aire du trapèze A.

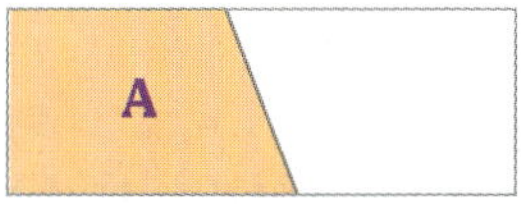

486 Calcule en ares l'aire du champ représenté ci-contre.

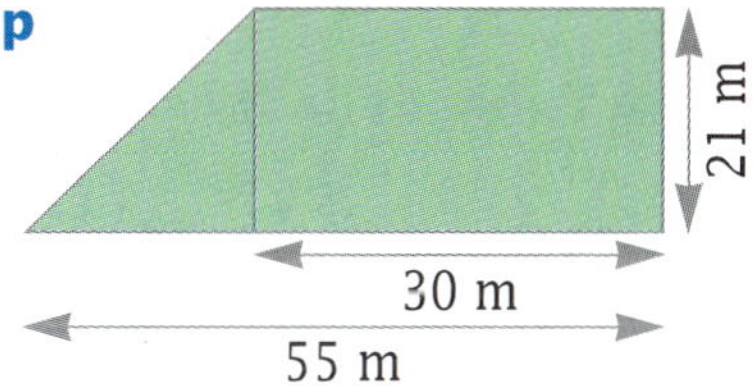

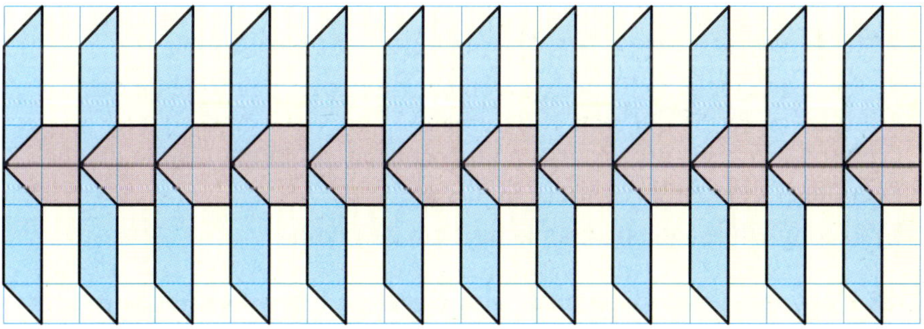

Chevauchement

Calcul mental

- Donne le chiffre des unités : 28 × 37 ; 19 × 68 ; 54 × 83 ; 66 × 53 ; 17 × 26.
- À VTT, on a roulé 2 heures et on a parcouru 27 km. Peut-on espérer faire les 42 km de la promenade en 3h, en 5h ou en trois quarts d'heure ? (Choisis la bonne réponse.)
- Une feuille de papier a une masse de 5 g. Quelle est la masse de 25 feuilles ?

63 Aire du disque

Formule de l'aire du disque :

Aire = $\pi \times$ rayon $\times$ rayon = $\pi \times r^2$

($\pi \approx 3,14$)

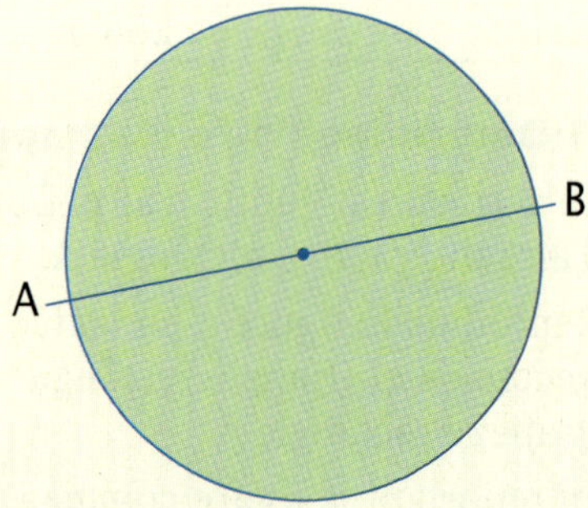

**Pour calculer l'aire d'un disque,
on multiplie le rayon par le rayon par π ($\pi \approx 3,14$).**

** **487 À l'aide de la formule, calcule l'aire des disques.**

a)

rayon	1 m	2 m	3 m	4 m	5 m	6 m

b)

diamètre	4 m	2 m	6 m	5 m	3 m	1 m

** **488 Donne les aires des disques par encadrement.**

a) Trace un cercle de 5 cm de rayon sur du papier quadrillé en cm.
Compte les carrés qui sont entièrement à l'intérieur du disque.
Compte les carrés nécessaires pour recouvrir complètement le disque.
Recopie et complète : ... < aire du disque < ....

b) Recommence avec un disque de 4 cm de rayon.

*** **489 Trouve un moyen pour améliorer la précision de la mesure de l'aire du disque en utilisant la méthode de l'exercice précédent.**

*** **490 Calcule, pour chaque figure, l'aire de la surface bleue.**
Les disques ont 4 cm et 8 cm de rayon.

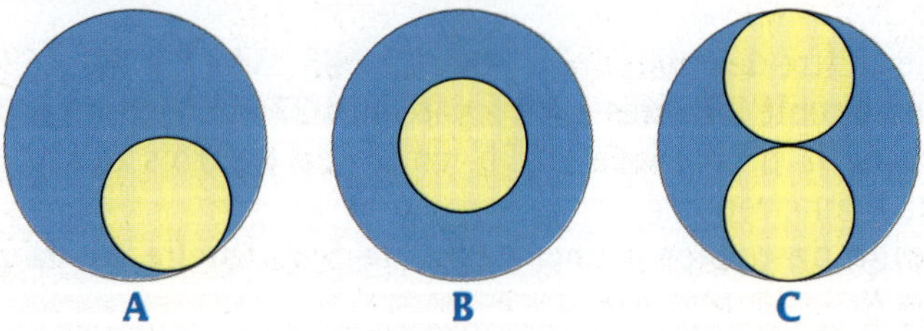

491 Reproduis la figure et réponds aux questions.

r est le rayon d'un petit disque.
r = 1 cm

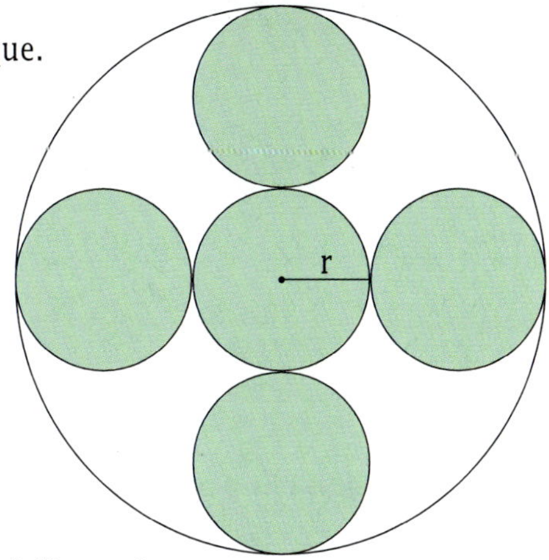

Quel est le diamètre du grand disque ?
Quelle est l'aire de la surface totale ?
Quelle est l'aire d'un petit disque ?
Quelle est l'aire des cinq petits disques ?
Colorie en rouge l'aire qui reste entre les petits disques. Calcule-la.

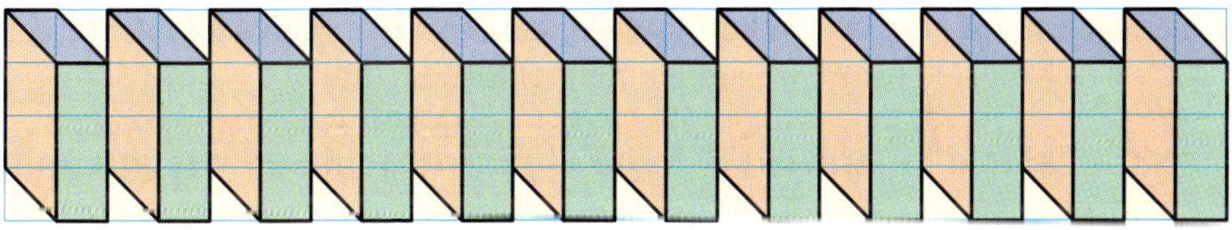

Briques verticales

Calcul mental

- Calcule : 7 × 3 ; 8 × 6 ; 5 × 9 ; 4 × 8 ; 7 × 8 ; 7 × 4 ; 6 × 9 ; 9 × 9 ; 8 × 8 ; 7 × 5.
- Quel est le double de : 512 ; 337 ; 682 ; 779 ; 987 ?
- 6 bouteilles d'eau minérale coûtent 2,70 €.
Le prix de 4 bouteilles est-il : 4 €, 1,80 € ou 15 € ?
- 12 boutons de nacre, anciens, sont vendus 36 €. Combien seront vendus 5 boutons ?
- 4 pneus sont proposés pour 220 €. Combien paiera-t-on si on change aussi celui de la roue de secours ?

64 Mesures d'angles

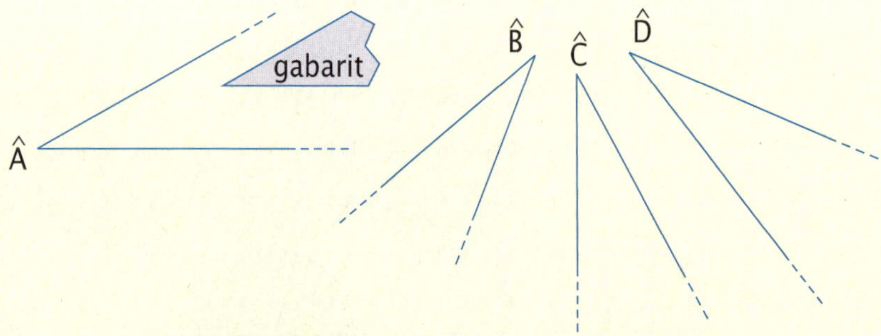

Un **gabarit** permet de reporter un **angle**.

Pour le fabriquer :

– il faut décalquer l'angle ;

– il faut le reporter sur du bristol et découper celui-ci.

Le **gabarit** permet de construire des **angles égaux** entre eux.

* **492 Trace deux angles égaux.**
À l'aide d'un gabarit de ton choix, trace deux angles égaux qui ont le même sommet et un côté commun. Colorie les deux angles en rouge.
La partie coloriée forme un angle, que peux-tu en dire ?

** **493 À l'aide d'un gabarit d'angle aigu, construis un triangle qui a deux angles égaux Â et B̂.**
On appelle C le troisième sommet du triangle.
Mesure [CA] et [CB]. Que remarques-tu ?

** **494 D'un même côté d'une droite, trace plusieurs angles égaux. Aide-toi de l'exemple.**

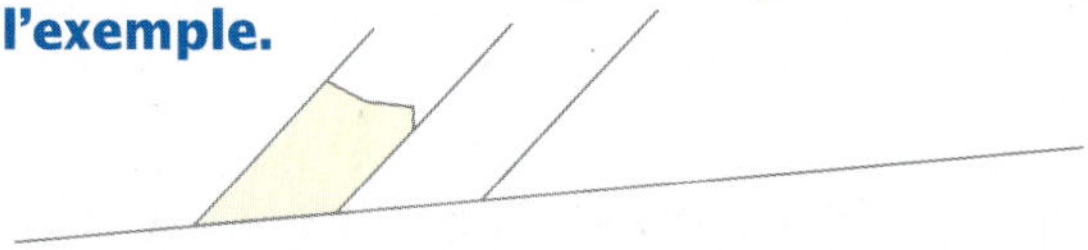

Que peux-tu dire des côtés des angles qui ne sont pas sur la droite ?

** **495 Construis deux angles égaux de part et d'autre d'une même droite. Aide-toi de l'exemple.**
Que peux-tu dire des cotés des angles qui ne sont pas sur la droite ?

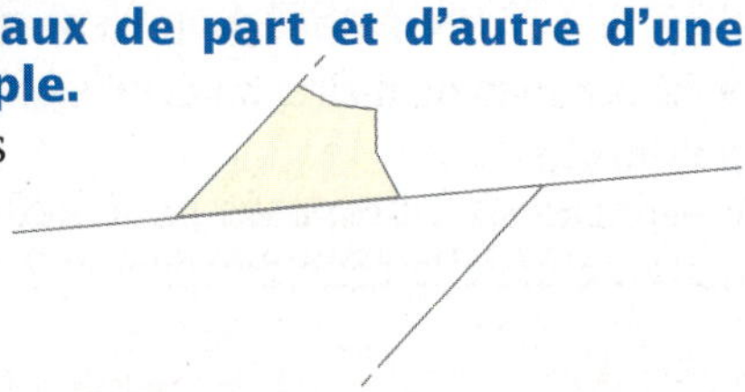

**** 496 Observe le dessin.**

a) À l'aide d'un calque, trace un angle $\widehat{M}$, tel que $\widehat{AOE} < \widehat{M} < \widehat{AOF}$.

b) Ordonne les angles ci-dessous en les comparant aux angles $\widehat{AOB}$, $\widehat{AOC}$, $\widehat{AOD}$, $\widehat{AOE}$, $\widehat{AOF}$, $\widehat{AOG}$ de la figure.

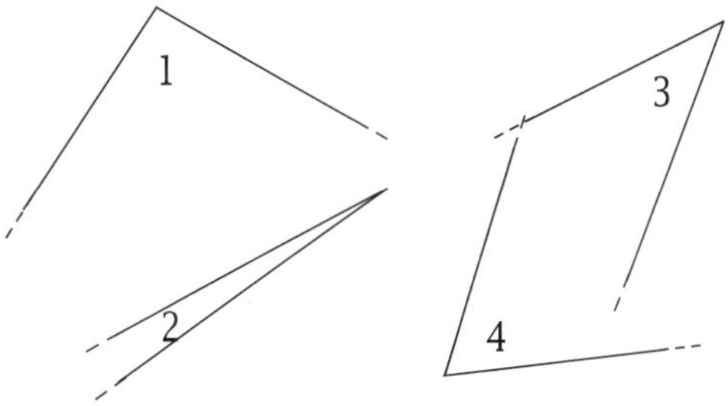

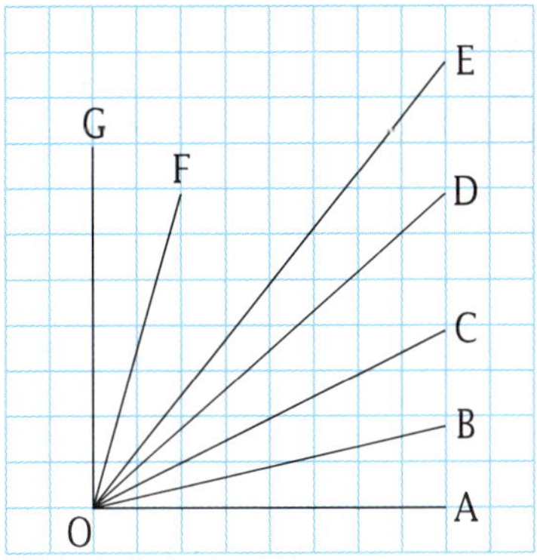

**** 497 À l'aide d'un calque, reporte l'angle ci-contre sur une feuille blanche.**

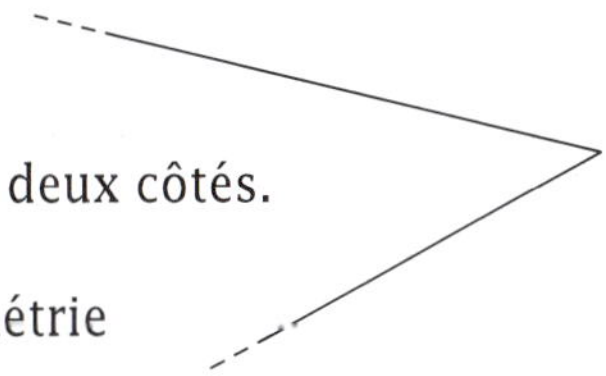

Découpe l'angle obtenu.
Plie-le en deux de manière à faire coïncider les deux côtés.
Déplie.
Tu obtiens deux angles égaux et un axe de symétrie que l'on appelle la **bissectrice** de l'angle.

**** 498 Construis le gabarit d'un demi angle droit, puis trace un triangle qui a deux angles égaux au demi angle droit.**

Que peux-tu dire des côtés du triangle ?
Que peux-tu dire du troisième angle du triangle ?

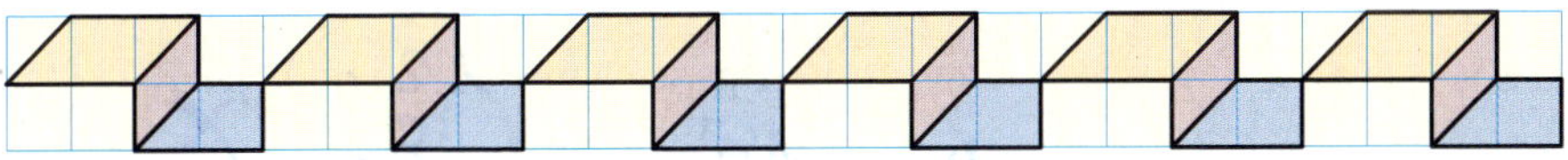

Créneaux

Calcul mental

- Quel est le nombre qui suit : 187 ; 789 ; 1 174 ; 2 491 ; 1 969 ?
- Fanny avait 166 € ; elle achète un sac à main de 39 €. De combien dispose-t-elle maintenant ?
- Les coureurs sont à 19 km de l'arrivée d'une étape de 235 km. Quelle distance ont-ils parcourue ?

65 Formules

Périmètre du carré = côté × 4

$P_{(carré)} = c \times 4$

Périmètre du disque = rayon × 2 × π

$P_{(disque)} = R \times 2 \times \pi$

Aire d'un rectangle = Longueur x largeur

$A_{(rectangle)} = L \times l$

Des **formules** permettent d'écrire des **calculs** qui se vérifient dans tous les cas particuliers.

On peut retrouver une donnée manquante d'une formule si l'on connaît les autres données.

**** 499 Essaie de trouver à quelles figures de géométrie s'appliquent ces formules.**

Que permettent-elles de calculer ?

① $P_R = (L + l) \times 2$

② $A_C = c \times c$

③ $P_C = c \times 4$

④ $P_H = c \times 6$

⑤ $P_D = 2 \times \pi \times R$

⑥ $P_R = L + l + L + l$

⑦ $P_{Tr} = c_1 + c_2 + c_3$

⑧ $A_L = (d \times D)/2$

⑨ $A_R = L \times l$

**** 500 Utilise la formule de l'aire du rectangle pour calculer les données manquantes des rectangles suivants.**

L	7 cm	12 cm	8 cm	12
l	…6…	…18	4 cm	…8
A	42 cm²	216 cm²	32	96 cm²

Dans quels cas plusieurs réponses sont-elles possibles ?

**** 501 Calcule les moyennes de chaque groupe de notes.**

La moyenne de plusieurs notes est la somme des notes, divisée par le nombre de notes :

$$\text{moyenne} = \frac{\text{somme des notes}}{\text{nombre de notes}}$$

a) 8 ; 12 ; 14 ; 14

b) 5 ; 18 ; 10 ; 17 ; 5

c) 7 ; 13 ; 11 ; 15 ; 16 ; 13

d) 14 ; 12 ; 0 ; 11 ; 3

**** 502 Observe l'encadré, recopie puis complète le tableau.**

Pour établir le pourcentage d'erreurs, on recherche d'abord la proportion d'erreurs pour une réponse, puis pour 100.

$$\% \text{ erreurs} = \frac{\text{total des erreurs}}{\text{nombre de réponses}} \times 100$$

total des réponses	16	20	8	50	30	......	80	12	0
total des erreurs	4	8	6	......	27	11	5	0	0
% erreurs	......	......	......	50 %	......	33 %	......	......	......

**** 503 Lis l'encadré, puis complète le tableau en utilisant la formule.**

L'Indice de Masse Corporelle (IMC) permet de repérer l'excès de poids à partir des mensurations d'un individu adulte.

On le calcule par la formule : $\text{IMC} = \frac{\text{poids (en kg)}}{\text{taille} \times \text{taille (en m)}}$

poids	80	85	70	95	40
taille	1,80	1,65	1,40	2,01	1,55
IMC	......	......	......	......	......

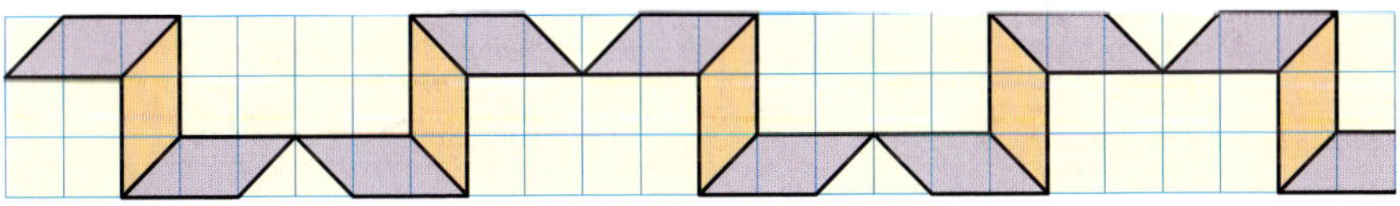

Créneaux inversés

Calcul mental

- Quel est le complément à 100 de : 98 ; 80 ; 94 ; 83 ; 75 ?
- À la caserne, 256 gendarmes ont préparé le défilé du 14 juillet mais un groupe de 15 gendarmes est appelé en mission. Combien d'hommes le commandant pourra-t-il faire défiler ?
- Le compteur d'une voiture marquait 43420 ; il marque maintenant 43534. Quelle a été la longueur de son dernier trajet ?

66 Synthèse

Résous les problèmes.

* **504** Il est 9 h 45. Un tramway passe toutes les 12 min. Le tramway précédent est passé à 9 h 42. Quand passera le prochain ?
Entretemps, Régis doit aller poster un paquet ; il pense être de retour à la station dans une demi-heure. À quelle heure pourra-t-il prendre le tramway ?

*** **505** Un jour de départ, on a compté 1 600 véhicules par heure sur l'autoroute A 6. Il y a 800 km par l'A 6 entre Paris et Marseille.
Chaque véhicule parcourt 100 km par heure.
Combien de temps un automobiliste qui fait Paris-Marseille passe-t-il sur l'autoroute ?

*** **506** Un automobiliste fait le plein à 8h 40 au départ de Toulouse et met son compteur à 0. Il arrive à Guéret à 14 h 25 après avoir fait une halte de 50 min. Il fait à nouveau le plein avec 26 L d'essence. Son compteur affiche alors 406 km.
Quelle est la distance parcourue ?
Quelle est la consommation d'essence sur cette distance ?
Combien de temps a-t-il roulé ?
Quelle est la consommation pour 100 km ?
Quelle a été la vitesse moyenne de cet automobiliste ?

** **507 Recopie le tableau et calcule la durée de chaque voyage.**

heure de départ	8 h 25	13 h 47	7 h 38	21 h 50
heure d'arrivée	10 h 54	17 h 12	8 h 07	23 h 21
durée	......	......	......	......

*** **508 Calcule le périmètre de la figure A B C D E A au dixième près.**
L'unité est le côté du carré et $\pi \approx 3{,}14$.
Autour du carré, on a construit une spirale formée de quatre quarts de cercle de rayons 1, 2, 3, 4 unités.

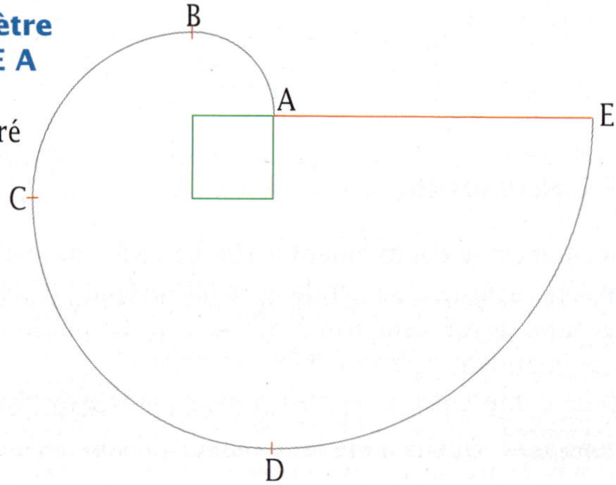

Résous les problèmes.

** **509** Lors de la finale régionale, la municipalité installe, à 10 m des lignes de touche et de but du terrain de football (46 m x 92 m), une barrière de sécurité.

a) Quelle longueur de barrière faut-il prévoir ?

b) Chaque élément de barrière mesure 4 m et on veut transporter 15 éléments à la fois.
Combien faudra-t-il prévoir de voyages ?

*** **510** Si, dans une ville de 60 000 habitants, chacun consomme deux verres d'1 dL de lait par jour, combien faudra-t-il de citernes de 6 m^3 pour apporter ce lait à la coopérative laitière (1 m^3 correspond à 1 000 L) ?
Une vache produit en moyenne 25 L de lait par jour. Combien de vaches faut-il pour produire le lait consommé en ville ?

** **511** La machine assemble les appareils photo jetables en réunissant un boîtier et une pellicule. 64 appareils ont déjà été assemblés et emballés lorsqu'on s'aperçoit qu'un appareil a été assemblé sans pellicule.
Pour retrouver l'appareil défectueux sans détruire les autres, un employé suggère de peser chacun des 64 appareils fabriqués. Comment organiserais-tu les pesées pour être le plus efficace possible :

a) Avec une balance Roberval ?

b) Avec une balance électronique qui affiche directement les masses ?

** **512** Panice veut recouvrir de carrelage une salle de bain de 2,40 m de large sur 3 m de long.
Il ne veut pas couper ses carreaux et hésite entre des dalles de 20 × 20 cm ; 25 × 25 cm ; 25 × 30 cm.

a) Quelles dalles peut-il choisir ?

b) Combien lui en faudra-t-il ?

** **513** Marcel peut étirer le soufflet de son accordéon jusqu'à 65 cm. Replié, celui-ci est épais de 5 cm. Il y a 12 plis au soufflet.
Quelle est la profondeur de chaque pli ?

** **514** Pour se rendre à son travail, Agnès prend le bus pendant 35 minutes, puis le RER pendant 22 minutes. Ses différents déplacements à pied lui prennent 7 minutes.
Il passe un bus toutes les 8 minutes et un RER toutes les 3 minutes.
À quelle heure Agnès doit-elle partir pour arriver à 9 h à son travail ?

*** **515** Une entreprise de construction de Magny doit livrer 17 t de matériaux de construction à Noisy.
De Magny, on peut prendre la route directe, le trajet est alors de 25 km, mais un pont métallique ne peut supporter plus de 8 t.
En utilisant les routes nationales où les charges ne sont pas limitées, il faut parcourir 145 km pour atteindre Noisy.
L'entreprise dispose de camionnettes de 1 500 kg qui peuvent transporter 6 t de charge utile et d'un semi-remorque qui peut transporter 25 t.
On estime que les camions roulent à 60 km/h en moyenne.
Quel est le choix le plus intéressant ? Pourquoi ?

** **516** Voici la superficie de cinq départements français.

Landes	Rhône	Vaucluse	Nord	Yonne
9 243 km^2	3 249 km^2	3 567 km^2	5 742 km^2	7 247 km^2

a) Range-les du plus étendu au moins étendu.

b) Calcule la différence de superficie entre le plus grand et le plus petit.

c) Recherche la superficie de ton département.

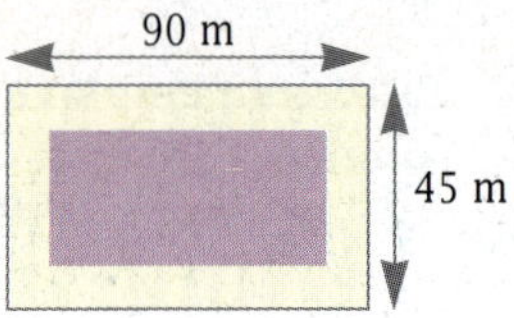

** **517** Autour d'un jardin de 90 m de longueur et de 45 m de largeur, on trace une allée de 2 m de large.

a) Quelle est l'aire de la surface qui reste à cultiver ?

b) Si l'on avait tracé les allées en suivant les médianes, aurait-on plus, ou moins, de surface à cultiver ? Justifie ta réponse.

*** **518 a)** Les cheveux poussent chaque jour de 0,4 mm. Le premier janvier de l'an 2000, Antoine a décidé de laisser pousser ses cheveux.
À quelle date auront-ils poussé de 300 mm ?

b) On n'a jamais coupé les cheveux de Lucie qui est née le premier janvier de l'an 2000. Quelle longueur ont-ils aujourd'hui ?

** **519** Trouve le chemin le plus court pour aller de A à B.

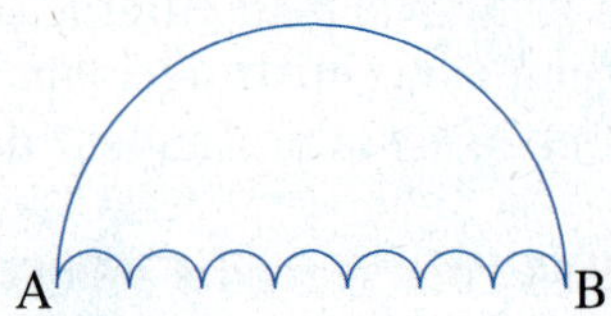

Géométrie

67 Cube

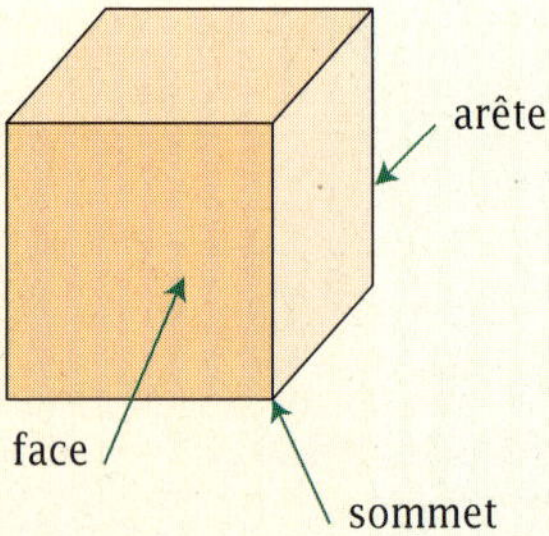

Un cube a six **faces** carrées, douze **arêtes**, huit **sommets**.

Un cube d'un décimètre d'arête (un décimètre cube) a un volume d'un litre.

Volume du cube = arête × arête × arête

** **520 Observe cet empilement.**
Combien de petits cubes sont-ils déjà en place ?
Combien en faut-il pour achever la construction d'un gros cube ?

** **521 Voici le patron d'un cube :**
si tu replies les carrés,
tu peux reconstituer un cube.

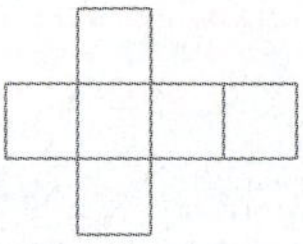

Trace des patrons de cube différents. Combien en trouves-tu ?

Réponds aux questions.

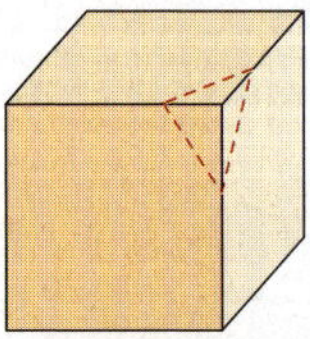

*** **522** Si l'on coupe le cube près d'un de ses sommets, quelle forme aura la face qui va apparaître ?
Combien de faces aura le cube ainsi coupé ?
Combien aura-t-il de sommets ?
Essaie de dessiner les lignes de coupe sur un patron de cube de ton choix.

** **523** Quelle est la forme de la face qui apparaît lorsque l'on coupe un cube en passant par quatre sommets ?

** **524** Comment couper un cube de façon à faire apparaître une nouvelle face carrée (tu peux t'aider en construisant un modèle) ?

Résous les problèmes.

** **525** On veut construire un cube avec d'autres cubes plus petits. On veut utiliser le moins de cubes possible. Combien en faudra-t-il ?

** **526** Combien faudra-t-il de cubes-unités pour former un cube de 3 unités de côté ? de 4 unités de côté ? de 5 unités de côté ?

*** **527** Avec deux couleurs et une seule couleur par face, combien de cubes distincts peux-tu obtenir ?

*** **528** Une fourmi suit les arêtes d'un cube. Peut-elle revenir à son point de départ sans repasser deux fois sur la même arête ? Si tu n'arrives pas à terminer un circuit, note le nombre d'arêtes que tu ne peux pas atteindre.

*** **529** **a)** Un artiste fabrique un cube en argile de 8 000 cm^3 de volume. Calcule la longueur de son arête au millimètre près.

b) En partageant la masse d'argile en deux, il fabrique des cubes d'un volume de 4 000 cm^3. Calcule la longueur de leurs arêtes au millimètre près (utilise la calculatrice et note la succession de calculs qui te permet, en tâtonnant, d'approcher la mesure du cube).

* **530** Observe un dé. Fais la somme de tous ses points. Fais la somme des points de deux faces opposées : combien trouves-tu ?

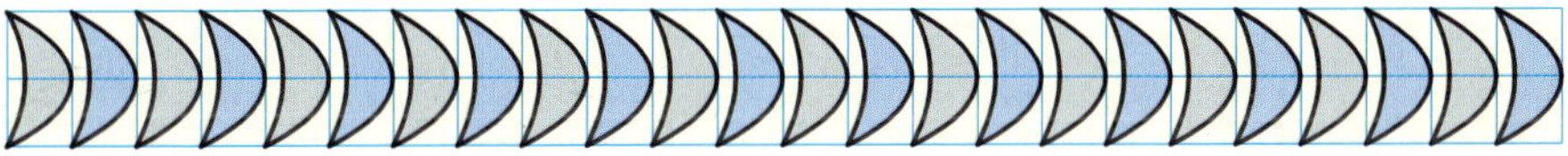

Ondulations

Calcul mental

Pour additionner des multiples de 10, on compte les dizaines comme des unités.

- Calcule : 60 + 20 ; 50 + 60 ; 40 + 80 ; 110 + 40 ; 120 + 80.
- Jérémy a nagé 150 m ; après une pause, il a parcouru 120 m. Quelle distance totale a-t-il parcourue ?
- 110 visiteurs sont venus ce matin à l'exposition et 240 l'ont vue l'après-midi. Combien de visiteurs sont passés durant la journée ?
- Avec 7 pellicules de 24 vues, combien peut-on prendre de photos ?
- Un restaurateur achète 9 douzaines d'œufs.
Combien cela fait-il d'œufs ?
- La journée de pension coûte 51 €. La famille est restée 11 jours.
Quel est le montant de la facture ?

68 Parallélépipède rectangle

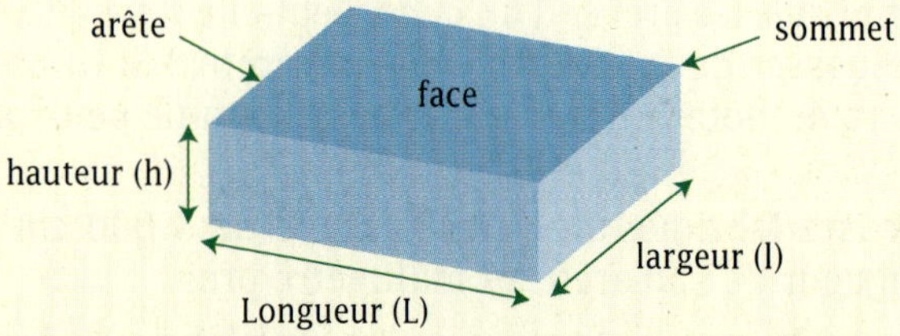

Un parallélépipède rectangle (ou pavé) est un **polyèdre limité par six faces rectangulaires égales deux à deux**.

Il faut connaître trois dimensions pour calculer le volume d'un parallélépipède rectangle.

Volume = Longueur × largeur × hauteur

(en cm^3) (en cm) (en cm) (en cm)

* **531 Calcule.**

Une boîte de 1 kg de sucre en morceaux est composée de 3 rangées de 14 sucres empilés sur trois épaisseurs. Combien de sucres cette boîte contient-elle ?

* **532 Observe le parallélépipède ABCDEFGH.**

a) Nomme trois arêtes parallèles à [AE].

b) Nomme trois arêtes parallèles à [AB].

c) Nomme trois arêtes parallèles à [AD].

d) [BC] est le côté d'un angle droit.
Cite un autre côté possible pour cet angle.

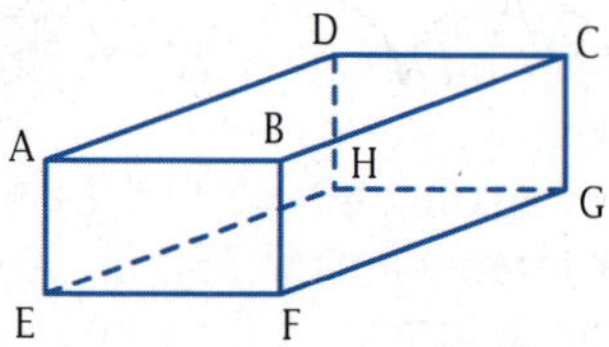

** **533 Repère les sommets et réponds aux questions.**

Dans un parallélépipède rectangle, deux sommets qui ne sont pas sur la même face sont opposés.
Cite les sommets opposés à A , à H et à C.

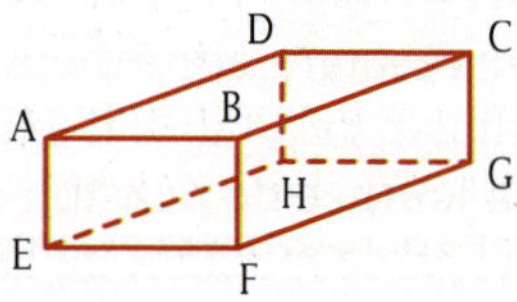

Résous les problèmes

** **534** Quelle est, en cm², l'aire de carton dont tu as besoin pour fabriquer le patron d'un parallélépipède rectangle de 12 cm × 15 cm × 20 cm ? Quel est en cm³ le volume de ce parallélépipède ?

*** **535** Stéphane possède deux plaques de bois rectangulaires de 8 cm sur 12 cm, deux plaques de 7 cm sur 9 cm et deux plaques de 5 cm sur 10 cm. Il va les assembler, puis couper les parties qui dépassent, de façon à obtenir un parallélépipède rectangle.
Quelles sont les dimensions du plus grand parallélépipède rectangle que Stéphane puisse construire ?

*** **536** Thomas habite un immeuble qui mesure 35 m de long, 8 m de large, 15 m de haut.
Il a construit en carton une maquette de l'immeuble dans lequel il vit : 35 cm de long, 8 cm de large, 15 cm de haut (maquette au centième).
Combien de maquettes faudrait-il empiler pour occuper le même volume que l'immeuble réel ?

Recherche.

** **537** Magali dispose de huit modèles de plaques de bois rectangulaires.

a) 12 × 14	**b)** 15 × 15	**c)** 12 × 17	**d)** 16 × 18	**e)** 13 × 22
f) 13 × 18	**g)** 22 × 18	**h)** 15 × 19	**i)** 14 × 14	**j)** 14 × 17

Quelles plaques choisit-elle et en quelle quantité pour construire une boîte parallélépipédique avec son couvercle ?

*** **538** Avec deux couleurs par boîte et une seule couleur par face, combien de parallélépipèdes distincts peut-on obtenir sachant que les trois dimensions du parallélépipède sont différentes (L ≠ l ≠ h) ?

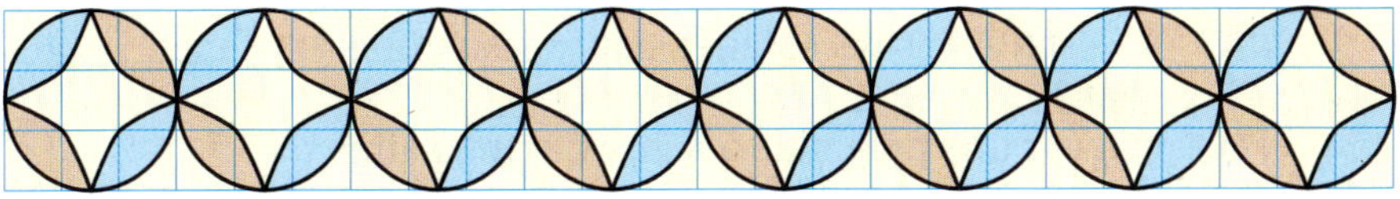

Torsades

Calcul mental

Pour additionner 900, on ajoute 1 000 et on retire 100.

- Calcule : 278 + 900 ; 1 256 + 900 ; 3 458 + 900 ; 6 838 + 900.
- Romuald s'est inscrit à une marche de 20 km. Paméla l'accompagne pour les 3 derniers km.
Pendant combien de kilomètres Romuald a-t-il marché seul ?

69 Solides

Une **pyramide** a pour **base un polygone**, et des **triangles pour faces** latérales. Le **sommet** est le point commun aux triangles.

Les **faces** latérales d'un **prisme** sont des **rectangles**.

Les **faces** des **polyèdres** sont des **polygones**.

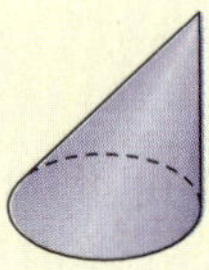

Le **cône** a une **face plane** (qui est un disque) et une face courbe (qui s'appuie sur un cercle).

Réponds aux questions.

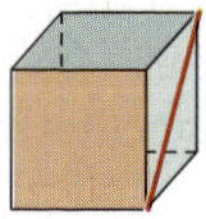

** **539** On coupe un cube en deux parties égales en suivant les diagonales de deux faces opposées. Comment appelle-t-on les solides obtenus ?

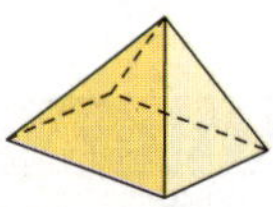

** **540** Combien de pyramides à base carrée sont-elles nécessaires pour reconstituer un cube ?

** **541** Peut-on avoir une pyramide à 4 faces triangulaires ? 5 faces triangulaires ? 6 faces triangulaires ?

Résous les problèmes.

*** **542** On coupe un cube en suivant les diagonales des faces latérales. Combien de solides obtient-on au plus ? Quelle est la forme du solide dont une face est la face supérieure du cube ?

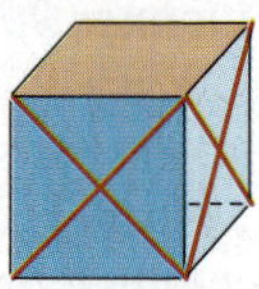

** **543** Un prisme a deux bases hexagonales parallèles identiques.
Combien y a-t-il de rectangles parmi les faces du prisme ?
Connais-tu un autre solide qui ait le même nombre de faces rectangulaires que le prisme à bases hexagonales ?

** **544 Construis un cône.**
Observe les dessins. Reproduis, agrandis puis découpe ces portions de cercles sur du bristol. Rapproche les rayons rouges de façon à former un cône et colle les bords avec un ruban adhésif.

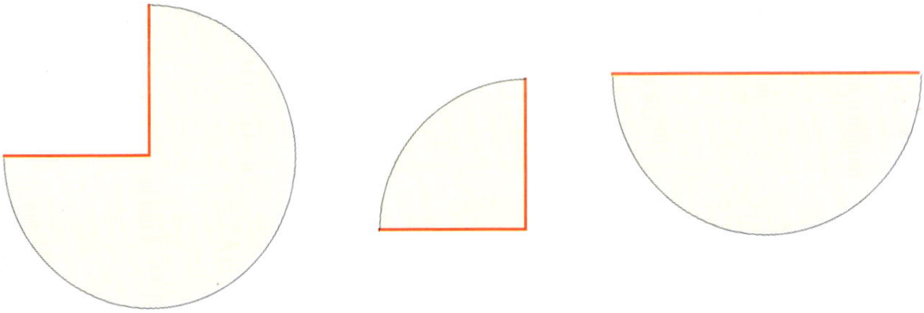

** **545** Le cône est limité par une face plane et une face courbe. Comment s'appelle la figure qui limite la face plane du cône ?
Peut-on tracer des lignes droites sur la face du cône qui n'est pas plane ?

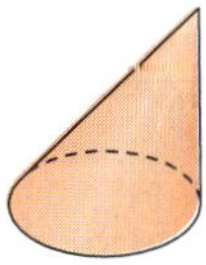

Ondulations doubles

Calcul mental

- Quel est le chiffre des centaines dans le complément à 1 000 de : 435 ; 820 ; 575 ; 780 ; 136 ?
- Tous les produits du rayon papeterie ont augmenté de 20 €c. Quel est le nouveau prix d'un produit qui coûtait : 17 € ; 12,10 € ; 9,25 € ; 7,80 € ; 16,87 € ?
- En quelle année est née Adélaïde qui a 8 ans ? Carole qui a 15 ans ? Dorine qui a 21 ans ? Elsa qui a 37 ans ? Isabelle qui a 59 ans ?
- Sur les 1 000 € de son salaire mensuel, Manuel dépense 840 € pour les dépenses ordinaires. Que lui reste-t-il pour les dépenses extraordinaires ?
- À Indianapolis, les bolides ont parcouru 640 miles. Combien leur reste-t-il de miles à parcourir pour terminer les 1 000 miles du parcours ?

70 Sphère

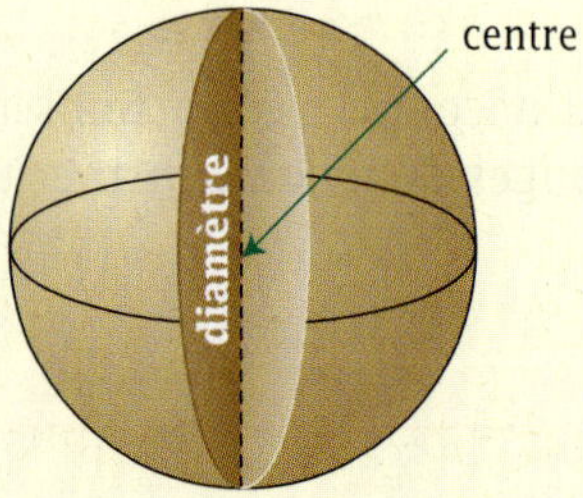

La **sphère** est un solide qui n'a **ni arête**, **ni sommet** et **une seule face**.

Entre deux points d'une sphère, la distance est inférieure ou égale à la longueur d'un diamètre.

Observe ou expérimente.

** **546** Place un point A et un point B sur une sphère (ou un ballon). Trouve le plus court chemin pour aller de A à B sur la sphère. Place un point C le plus loin possible de A. Que remarques-tu ?

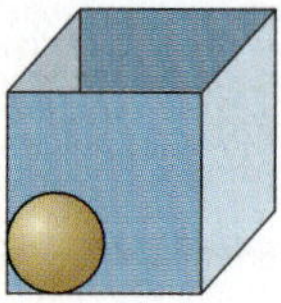

** **547** Le rayon d'une sphère est l'unité. L'arête d'un cube est égale à quatre unités. Combien peux-tu ranger de sphères dans ce cube ?

** **548** On fait rouler une sphère de rayon 10 cm en suivant une ligne droite. Quelle sera la longueur du segment de droite lorsque le point A de la sphère sera à nouveau au contact de la droite ?

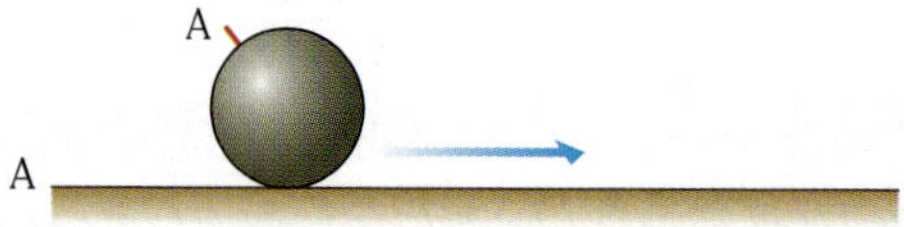

** **549** Une sphère, traversée par un axe est posée sur une table. L'extrémité A de l'axe reste fixe. On fait rouler la sphère. Quelle est la forme dessinée par le point de la sphère en contact avec la table ?

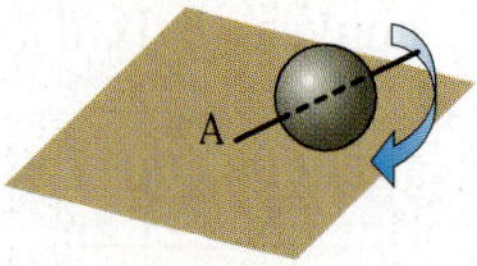

*** **550** Choisis deux points A et B sur une sphère de pâte à modeler. Coupe la sphère de plusieurs manières en passant par A et B. Les sections sont-elles toutes les mêmes ?

Résous les problèmes.

*** **551** Le rayon d'une sphère mesure une unité. On coupe la sphère en deux parties en un point quelconque ; un cercle apparaît.
Quel est le rayon du plus grand cercle possible ?
Quel est son diamètre ?

*** **552** Danièle enfile des perles sphériques de 0,8 cm de diamètre. Combien lui faudra-t-il de perles pour réaliser un collier de 60 cm de long ?

*** **553** Un ballon de football passe exactement dans un tube cylindrique de 22 cm de diamètre.
L'entraîneur cherche une boîte en forme de parallélépipède de dimensions intérieures : 88 cm × 66 cm × 22 cm.
Fais un schéma du fond de la boîte. Tu indiqueras comment les ballons pourraient être rangés en indiquant le point où chaque ballon toucherait le fond de la boîte.
Combien de ballons, au plus, pourra-t-on enfermer dans la boîte ?

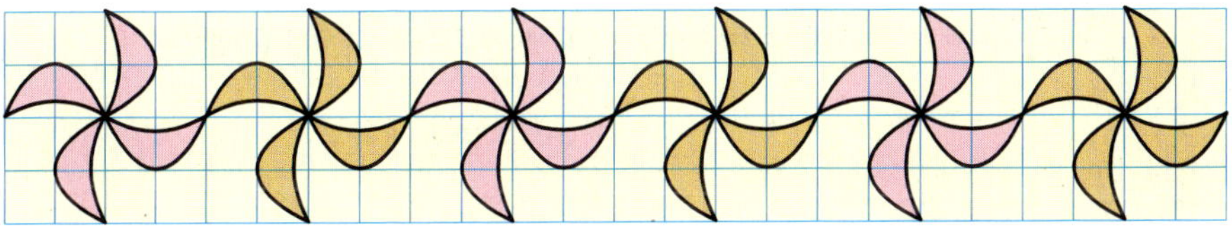

Moulins droits

Calcul mental

Pour multiplier par 4, on multiplie par 2, puis encore par 2.

- Quel est le périmètre d'un carré de 25 m de côté ? De 32 m de côté ? De 65 m de côté ? De 77 m de côté ? De 92 m de côté ?
- On achète 24 flacons de 25 cL de jus de fruit.
Quel est le volume de jus de fruit en litres ?
- Chacune des 18 infirmières assure les soins de 4 patients.
Combien de patients peuvent être soignés dans le service ?
- On remplit des gobelets de 2 dL. Combien emplit-on de gobelets avec 1 L d'eau ?
- La leçon d'orthographe a commencé à 9 h 27 et dure une demi-heure.
Quelle heure est-il quand elle se termine ?

71 Angles – Angle droit Droites perpendiculaires

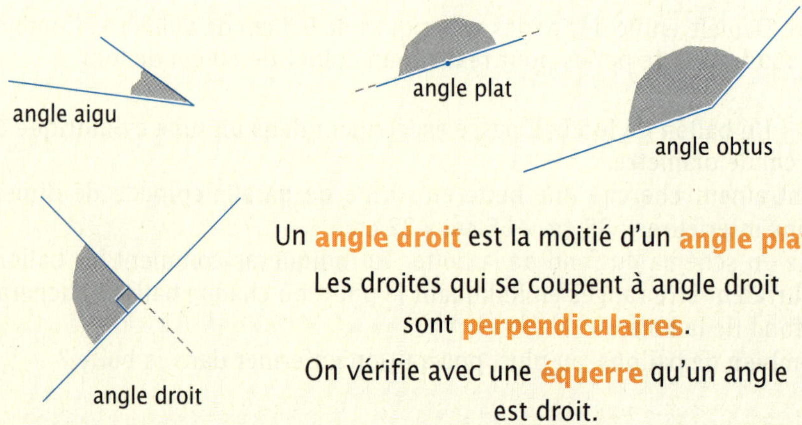

Un **angle droit** est la moitié d'un **angle plat**.
Les droites qui se coupent à angle droit sont **perpendiculaires**.
On vérifie avec une **équerre** qu'un angle est droit.

* **554 Fabrique un angle droit avec une feuille de papier.**

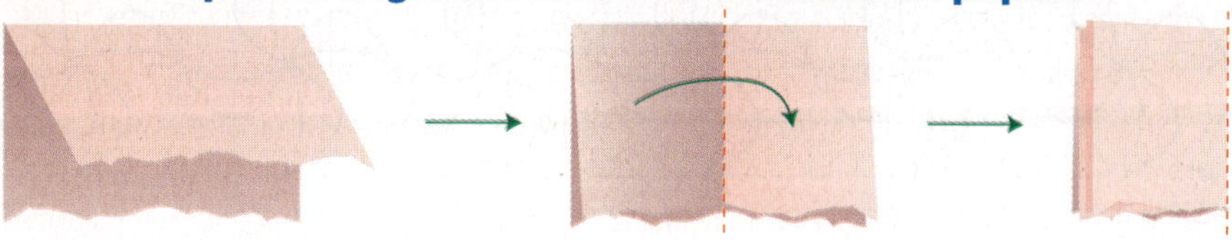

* **555 Construis les angles.**

a) À l'aide d'un calque, reproduis chacun des angles ci-dessous. Colorie les angles que tu as reproduits.

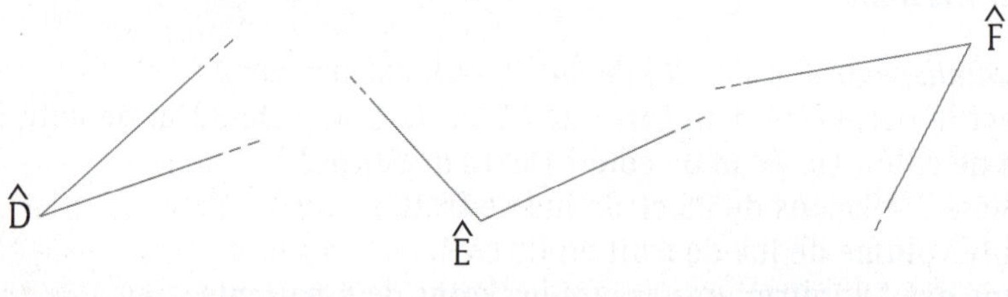

b) À l'aide d'un calque ou d'un gabarit, reporte deux fois chacun des angles ci-dessus de façon à obtenir un angle double. Colorie l'angle double.

c) Colorie la demi-droite commune aux deux angles formant l'angle double. Comment appelles-tu cette demi-droite ?

**** 556 Compare deux angles.**
Compare les angles de l'exercice précédent au demi angle droit. (Utilise le signe <.) Tu peux t'aider d'un gabarit.

**** 557 Sur un quadrillage, trace [AB].**
Sans équerre, en t'aidant du quadrillage, trace un angle droit de sommet A dont un côté est [AB].
Vérifie ton tracé avec l'équerre.
Trace de la même manière un angle droit de sommet B.

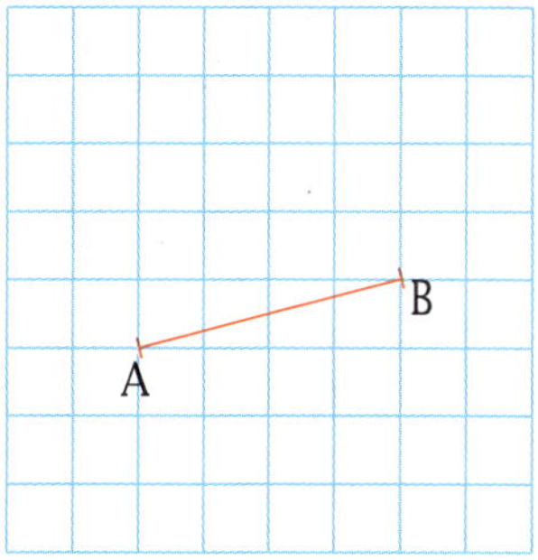

**** 558 Trace un triangle rectangle.**
Découpe les angles et regroupe-les les uns à côté des autres pour constituer l'angle qui est la somme des 3 angles.
Que peux-tu conclure ?
Teste, sur un triangle rectangle différent, si ta remarque reste vraie.

**** 559 Construis un carré, à la règle et au compas.**
Utilise la méthode proposée dans l'exercice 571 du chapitre 73 pour tracer les angles droits.

**** 560 Trace trois droites (d_1), (d_2), (d_3) telles que chacune soit perpendiculaire à au moins l'une des deux autres.**
Essaie plusieurs constructions. Que remarques-tu ?

Lunules simples

Calcul mental

Pour retirer 19, 29…, on retire 20, 30… et on ajoute 1.

- Calcule : 65 – 19 ; 87 – 39 ; 520 – 99 ; 665 – 39 ; 892 – 59.
- Une équipe de basket comporte 5 joueurs. Lors du tournoi, 11 matchs se déroulent simultanément. Combien de joueurs sont en même temps sur le terrain ?
- Dans la classe, on peut rassembler 39 règles de 1 dm ; si Marlène les met bout à bout, quelle longueur, en mètres, cela fera-t-il ?
- Dans l'école du village, il y a 22 garçons et 17 filles.
Combien d'élèves fréquentent l'école ?

72 Droites parallèles

Les droites (*d*) et (*d'*) sont parallèles : (*d*) // (*d'*).

On peut tracer des parallèles :

avec une équerre

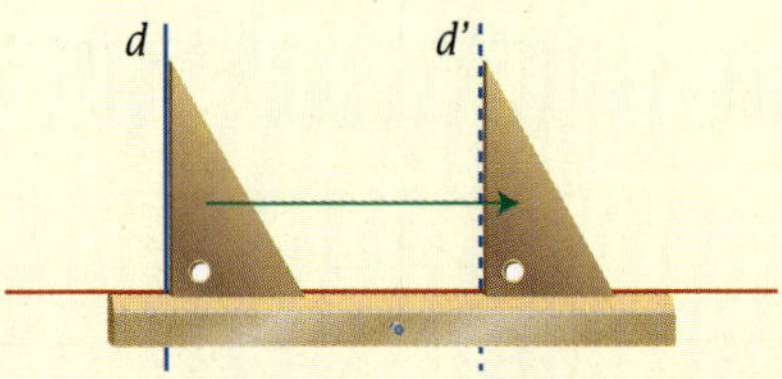

avec un compas

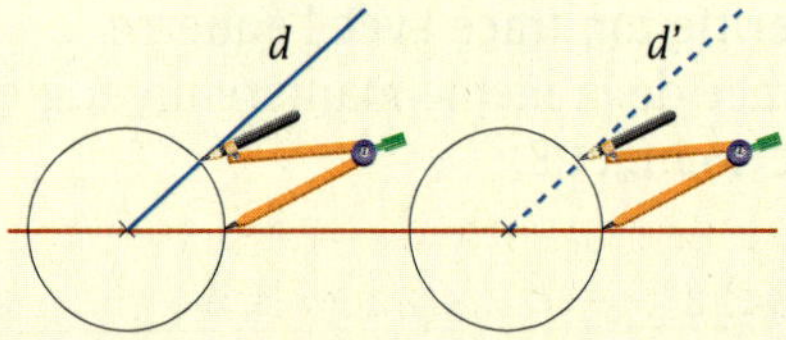

Aussi loin que l'on prolonge **deux droites parallèles**, elles **ne se rencontrent pas**.

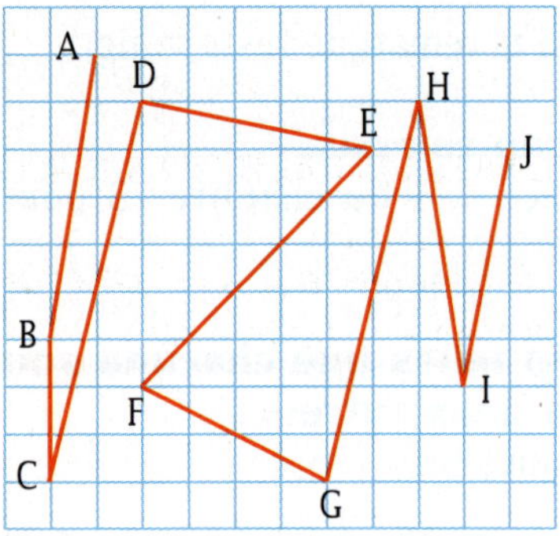

* **561 Recherche les segments qui sont portés par des droites parallèles.**

Trouve un segment parallèle à [JH].

* **562 Marque deux points A et B.**
Trace (d_A) une droite passant par A.
Trace la parallèle à (d_A) passant par B.
Explique ton tracé.

** **563 Trace deux droites parallèles (d_1) et (d_2).**
Trace (d_3) qui coupe (d_1) et (d_2).
Mesure le segment de (d_3) compris entre (d_1) et (d_2).

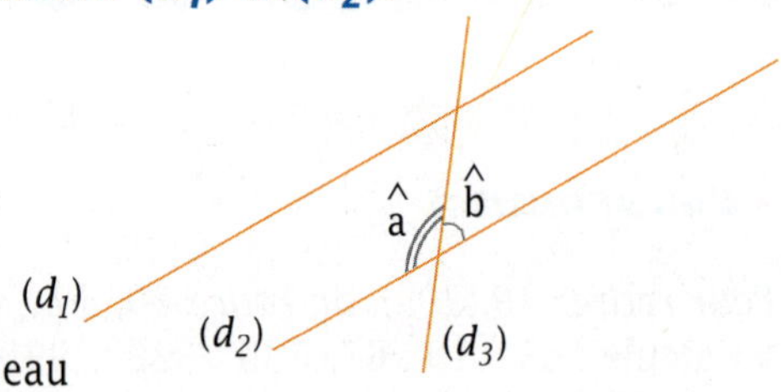

Compare $\hat{a}$ et $\hat{b}$.
Reporte les résultats dans le tableau et recommence pour d'autres droites sécantes.

droite	(d_3)	(d_4)	(d_5)	(d_6)	(d_7)	...
segment	...	...	...	...	...	...
angles	$\hat{a} > \hat{b}$	...	...	...	...	...

Que se passe-t-il lorsque $\hat{a} = \hat{b}$?

** **564 Trace (d) et (d') deux droites parallèles.**
Mesure la distance entre ces deux droites.

> Pour mesurer la distance entre deux droites parallèles :
> trace une perpendiculaire aux deux droites ;
> mesure le segment compris entre les deux droites.

Mesure la distance à d'autres endroits sur les droites. Que constates-tu ?

** **565 Trace une droite (d_1) ; trace une droite (d_2) parallèle à (d_1) et distante de 5 cm. Trace une droite (d_3) parallèle à (d_1) et distante de 8 cm.**

Que peux-tu dire de (d_2) et (d_3) ?

Quelle est la distance entre (d_2) et (d_3) ? Fais une figure pour chaque réponse possible.

*** **566 Trace deux droites parallèles avec une règle et un compas.**

Utilise le compas pour tracer les angles droits.

*** **567 Trace six droites parallèles équidistantes (d_1), ..., (d_6).**

Tu viens de fabriquer un diviseur.

a) Trace un segment [AB]. Utilise le diviseur pour le partager en cinq segments égaux.

b) Sur un papier-calque reporte [AB], puis place le point A sur (d_1) et le point B sur (d_6). Partage ton segment [AB] en cinq segments égaux.

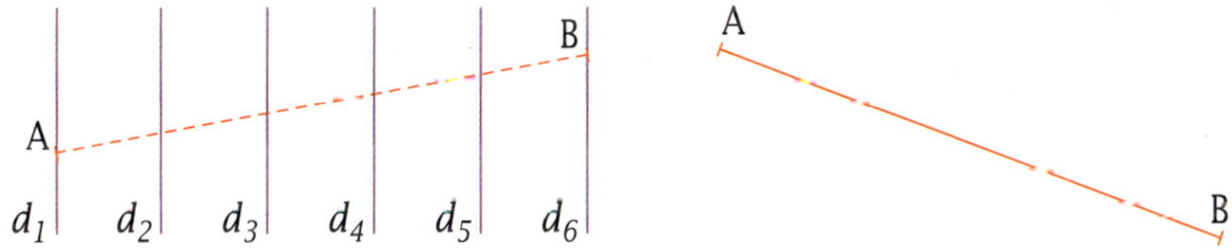

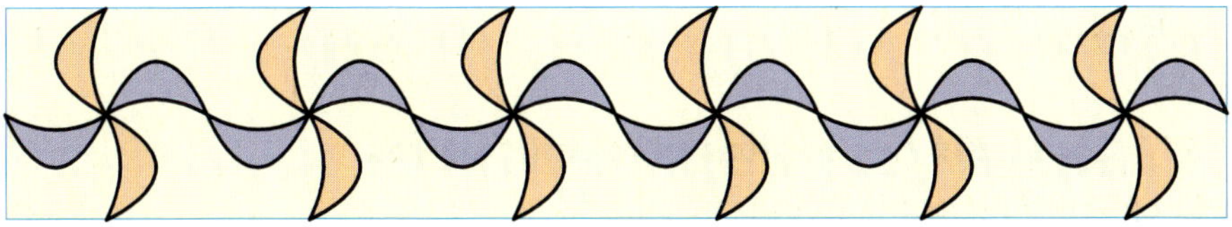

Moulins gauches

Calcul mental

- Calcule : 7 × 6 ; 38 × 2 ;7 × 9 ; 9 × 5 ; 47 × 2 ; 9 × 4 ; 9 × 3 ; 7 × 8 ; 7 × 4 ; 6 × 8.
- Retire 100 à : 957 ; 830 ; 2 165 ; 3 576 ; 1 563.

73 Droites perpendiculaires

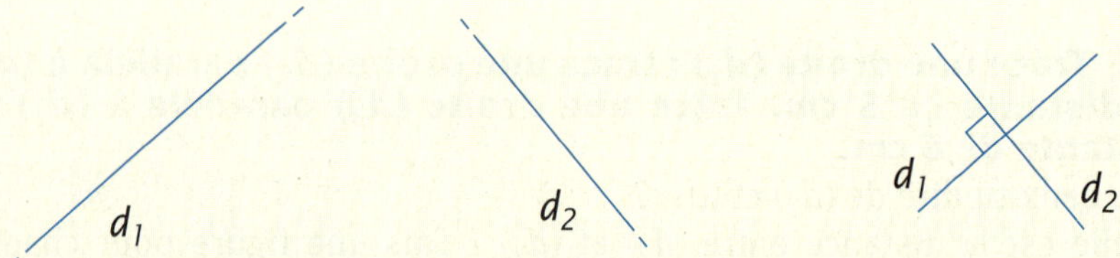

Deux droites d_1 et d_2 qui se coupent à **angle droit** sont deux droites **perpendiculaires**.

On note $(d_1) \perp (d_2)$

* **568 Trouve des segments perpendiculaires.**

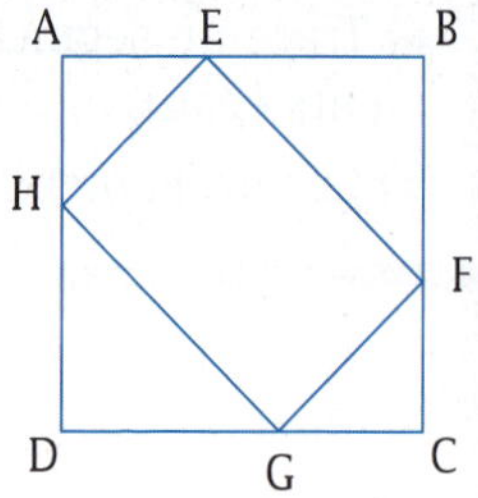

a) Trouve deux segments perpendiculaires à [AB].

b) Trouve deux segments perpendiculaires à [FG].

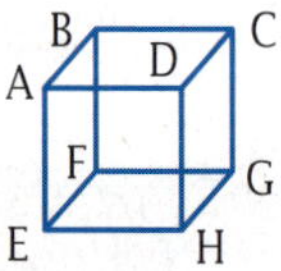

** **569 Sur le cube ABCDEFGH, nomme des segments perpendiculaires à [AD].**

* **570 Construis des droites perpendiculaires.**

a) En reproduisant la figure sur un calque, trace la perpendiculaire à (d) en A par pliage de (d) sur elle-même.
Procède de la même manière pour la perpendiculaire à (d) passant par B.

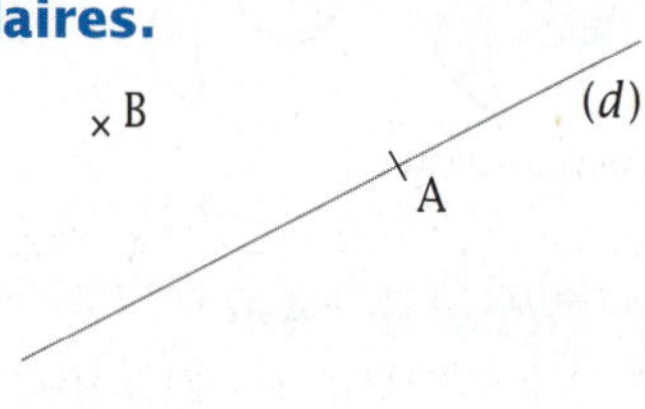

b) En reproduisant la figure sur une feuille non réglée, avec une équerre, trace la perpendiculaire à (d) en A et la perpendiculaire à (d) passant par B.

**** 571 Trace, à la règle et au compas, la perpendiculaire à (*d*) en A :**

a) Au compas, marque O et P à égale distance de A.

b) Trace les cercles de centre O et P, de même rayon (avec un rayon supérieur à OA).

c) Joins les points d'intersection I et J des cercles.
Que peux-tu dire de [IJ] ?

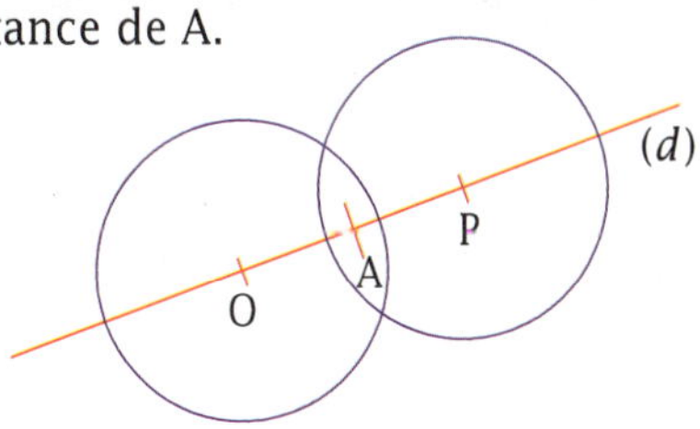

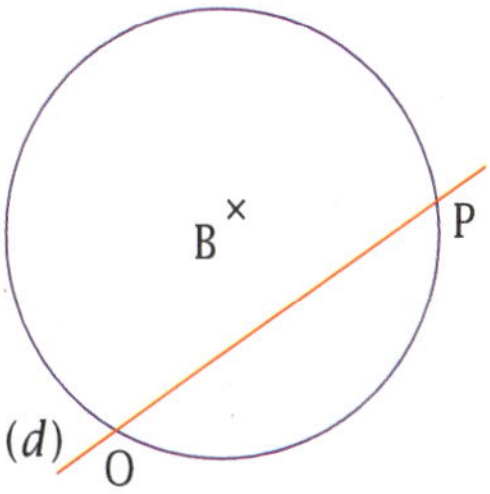

**** 572 Trace, à la règle et au compas, la perpendiculaire à (*d*) passant par B.**

a) Marque les intersections O et P d'un cercle de centre B avec (*d*).

b) Suis maintenant les étapes décrites dans l'exercice précédent.

***** 573 Construis les hauteurs du triangle ABC.**

a) Reproduis le triangle ABC et trace la perpendiculaire à AB passant par C. On appelle cette droite la hauteur issue de C.

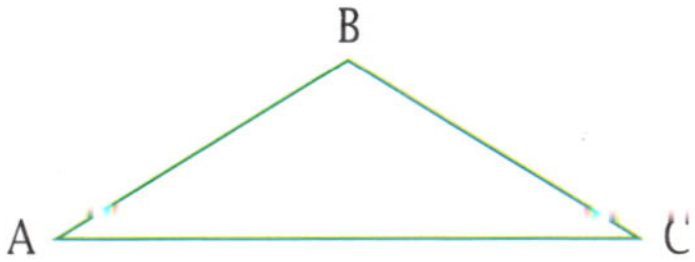

b) Trace la hauteur issue de A.

c) Trace la hauteur issue de B.

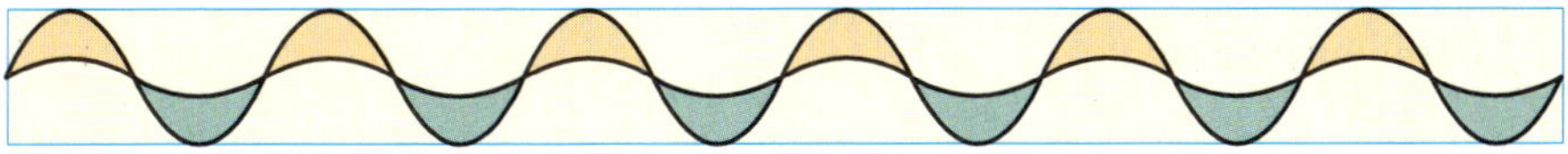

Lunules alternées

Calcul mental

Pour multiplier par 20, on multiplie par 2, puis par 10.

- Calcule : 6 × 20 ; 9 × 20 ; 25 × 20 ; 37 × 20 ; 71 × 20.
- Pendant ses 20 jours de stage, Tiffany a dépensé chaque jour 17 € en transport. Quelle est sa dépense ?
- On mélange 260 g de farine, 60 g d'eau et 1 œuf pesant 55 g. Quelle masse de pâte obtient-on ?

74 Polygones

Une ligne brisée fermée est une **ligne polygonale**.
Elle limite un **polygone**.

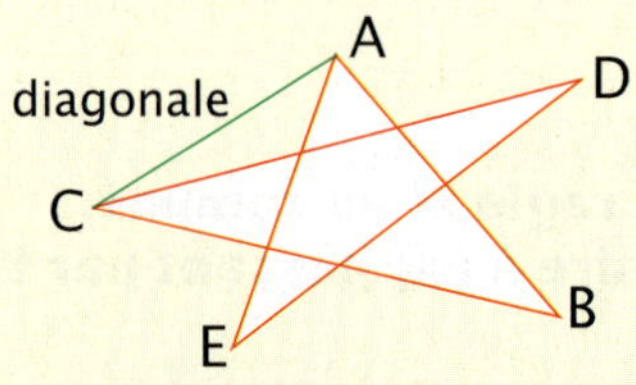

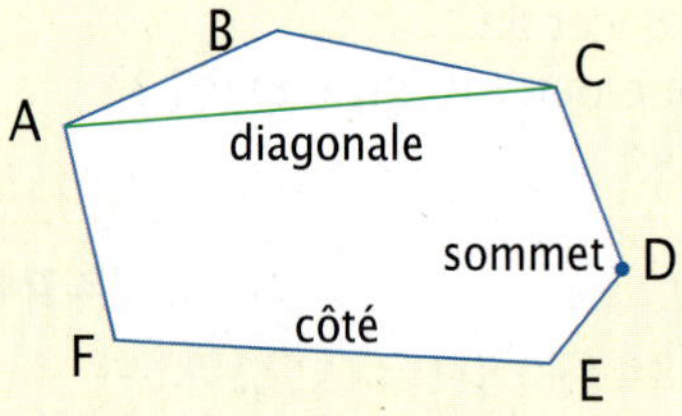

Le segment de droite [AB], qui joint deux **sommets consécutifs** est un **côté** du polygone.

Un segment de droite qui joint deux sommets qui ne sont pas reliés par un côté est une **diagonale**.

* **574 Dessine un polygone de chaque famille et complète.**

	triangle	quadrilatère	pentagone	hexagone	heptagone	octogone
sommets	3	......	......	6	......	......
côtés	......	4	......	......	7	......
angles	......	......	5	......	......	8

Que remarques-tu ?

** **575 Trace un cercle. Place cinq points sur le cercle et relie-les de façon à obtenir un pentagone.**

Si l'on peut tracer un cercle passant par chacun des sommets d'un polygone, on dit que ce polygone est inscriptible.

Sachant cela, que peux-tu dire de ce pentagone ?

*** **576 Retrouve les côtés du polygone à cinq côtés :** ici, seules ses diagonales sont apparentes.

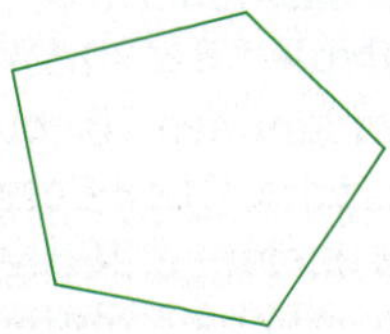

a) Désigne chaque sommet par une lettre.

b) Utilise ces lettres pour nommer le polygone.

577 Place six points sur un cercle. Relie les points entre eux de façon à obtenir un polygone à six côtés.

a) Combien de diagonales partent du sommet A ; du sommet B ; du sommet C ; du sommet D ; du sommet E ; du sommet F ?

b) Combien le polygone a-t-il de diagonales ?

c) Recommence l'exercice avec 9 points. Combien de diagonales partent du sommet A ; du sommet B ; du sommet C ; du sommet D ; du sommet E ; du sommet F ; du sommet G ; du sommet H ; du sommet I ?

d) Combien le polygone à 9 sommets a-t-il de diagonales ?

578 Reproduis le polygone et suis les consignes.

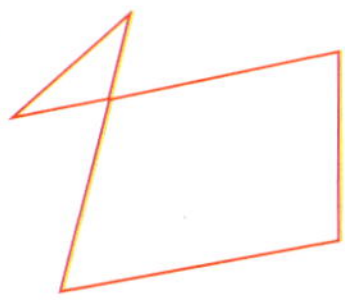

Nomme, par une lettre, les sommets de ce polygone à cinq côtés.
Nomme les côtés en utilisant les lettres des sommets.
Trace les diagonales de ce polygone. Nomme-les.

Trace les figures.

579 a) Trace un polygone tel qu'un élastique tendu autour de ses sommets ne suive aucun côté.

b) Trace un polygone tel qu'un élastique tendu autour de ses sommets ne suive qu'un seul côté. Quel est le nombre minimum de côtés d'un tel polygone ?

580 Sur un cercle place 7 points ; joins-les de 3 en 3.
Tu obtiens un polygone étoilé à 7 côtés.
Essaie avec 8, 9, 10, 11 points (toujours en joignant les points de 3 en 3).
Dans quels cas obtiens-tu un polygone étoilé ?

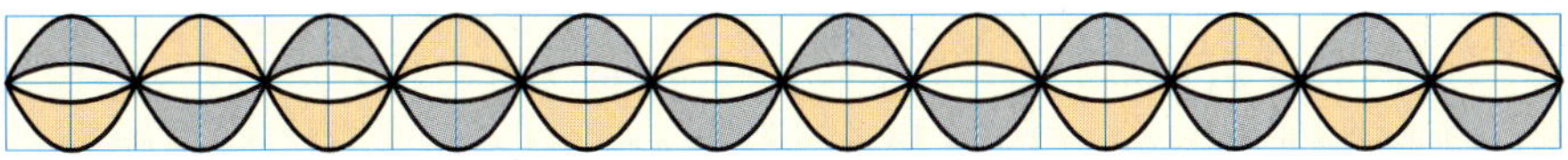

Lunules en opposition

Calcul mental

Pour ajouter 11, on ajoute 10, puis 1.

- Calcule : 16 + 11 ; 32 + 11 ; 38 – 11 ; 47 + 11 ; 68 + 11.
- Le bac a transporté 138 passagers lors d'un premier voyage ; puis 204 lors du second. Combien de personnes sont venues sur l'île ce matin ?
- Le libraire a commandé 150 volumes du dernier prix littéraire. 28 sont déjà vendus. Combien reste-t-il de volumes ?

75 Quadrilatères

Un quadrilatère est une figure plane, fermée, limitée par quatre segments de droite.

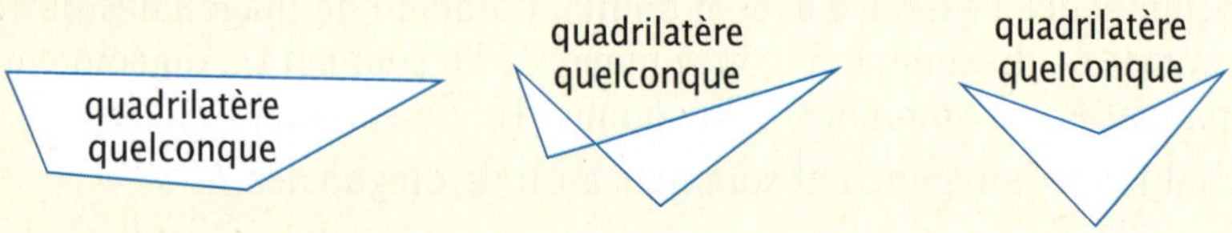

Quadrilatères particuliers :

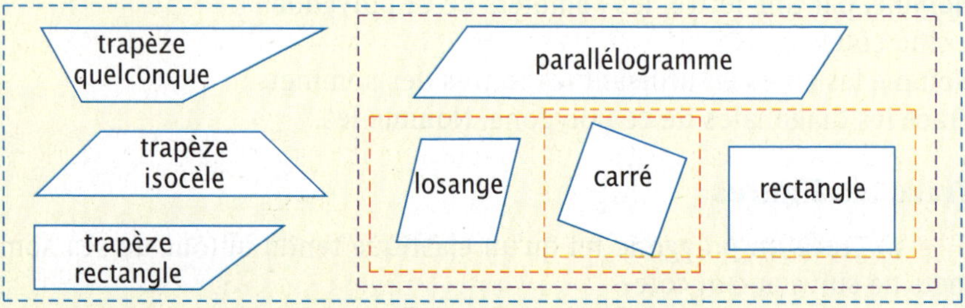

Les **côtés**, parallèles ou non, de même longueur ou non, et les **angles**, droits ou non, permettent de différencier les **quadrilatères**.

* **581 Donne le nom des quadrilatères que tu reconnais en les désignant par les lettres de leurs sommets.**

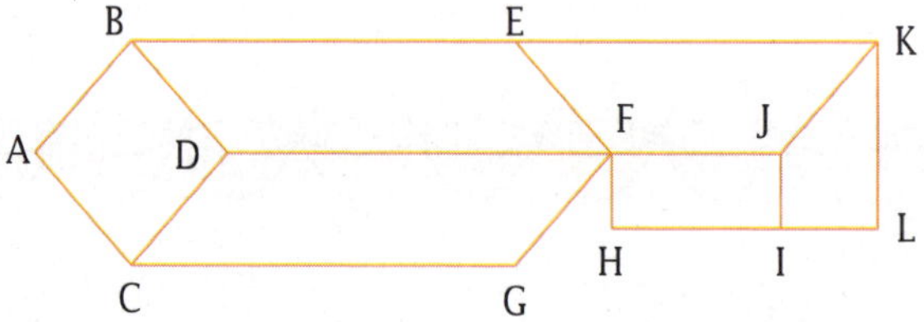

Réponds aux questions.

* **582** La partie commune à deux bandes est un quadrilatère.

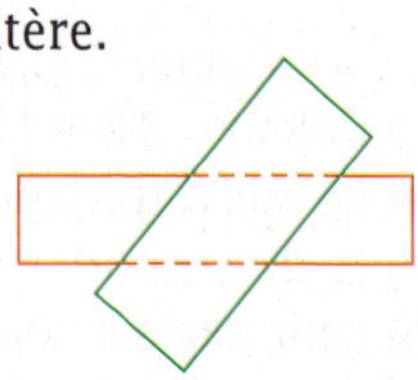

a) Selon leur disposition, quels quadrilatères peux-tu obtenir avec une bande de 4 cm de large et une bande de 6 cm de large ?

b) Quels quadrilatères peux-tu obtenir avec deux bandes de 6 cm de largeur ?

Trace les figures.

** **583** Henri assemble deux baguettes, l'une de 120 cm et l'autre de 80 cm pour fabriquer un cerf-volant. Selon la position des baguettes, dessine les formes que pourra prendre le contour du cerf-volant.

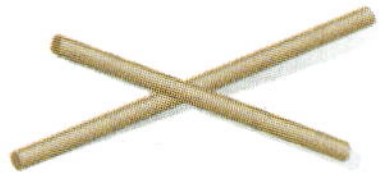

*** **584** Dessine et nomme les différents quadrilatères que tu peux construire avec deux diagonales de 8 cm.

*** **585** Gilbert a construit un quadrilatère qui a ses diagonales parallèles. Trouve-lui une autre particularité.

*** **586** Le quadrilatère de Charlotte a ses diagonales perpendiculaires mais elles ne se coupent pas. Dessine-le.

*** **587** **a)** Fabrique un gabarit d'angle. À l'aide du gabarit d'angle, trace un quadrilatère qui a deux angles égaux.

b) Essaie de tracer un quadrilatère qui a trois angles égaux.

c) Essaie de tracer un quadrilatère qui a quatre angles égaux.
À quelle condition est-ce possible ?
Comment s'appelle le quadrilatère que tu as tracé ?

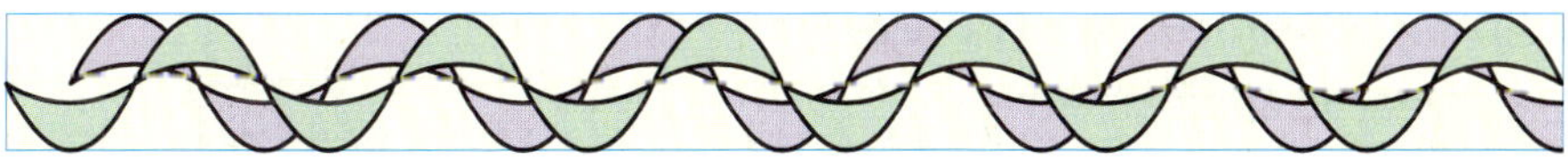

Lunules déphasées

Calcul mental

Pour ajouter 12, on ajoute 10, puis 2.

- Calcule : 56 + 12 ; 35 + 12 ; 61 + 12 ; 94 + 12 ; 159 + 12.
- La confiture est faite moitié de fruits et moitié de sucre. Combien de sucre faut-il pour faire de la confiture avec 2,7 kg de cerises ?
- 12 dictionnaires pèsent 15 kg. Est-ce que 3 dictionnaires pèsent 5 kg, 100 g ou entre 1 et 2 kg ?
- 3 CD coûtent 5,70 €. Est-ce que 5 CD coûtent 2,80 € ou 11,40 € ou 9,50 € ?
- L'avion décolle à 17 h 07. Il faut enregistrer les bagages à l'aéroport une demi-heure avant. À quelle heure faut-il arriver ?

76 Trapèzes

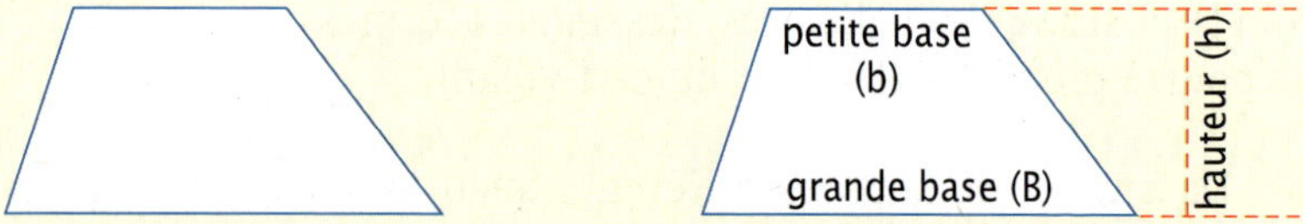

Un quadrilatère convexe qui a **deux côtés parallèles** est un **trapèze** quelconque.

Un trapèze qui a ses côtés non parallèles égaux est un **trapèze isocèle**.
Un trapèze qui a un angle droit est un **trapèze rectangle**.

Le **parallélogramme**, le **losange**, le **rectangle** et le **carré** sont aussi des **trapèzes**.

* **588 Trace une droite qui partage le triangle en un triangle et un trapèze.**

a) De façon approximative.

b) Avec une construction précise.

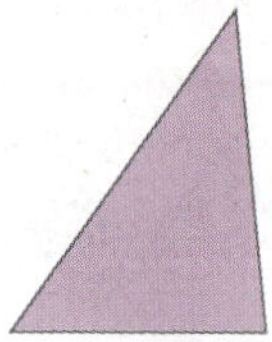

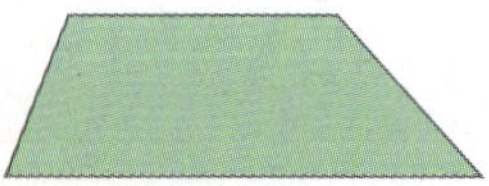

* **589 Reproduis deux fois ce trapèze.**
Découpe et juxtapose tes constructions de façon à faire apparaître un parallélogramme. Que peux-tu conclure ?

* **590 Reproduis deux fois ce trapèze.**
Découpe et juxtapose tes constructions de façon à faire apparaître un rectangle. Que peux-tu conclure ?

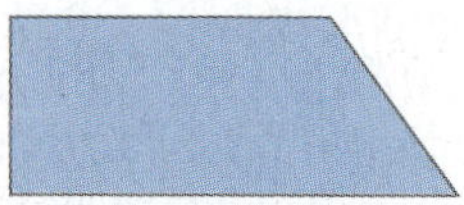

Construis une figure.

** **591** Un trapèze a une grande base B de 8 cm et une petite base b de 4 cm. Ce trapèze est-il quelconque, rectangle, isocèle ?
Justifie tes réponses en construisant la figure.

** **592 Observe et compte.**

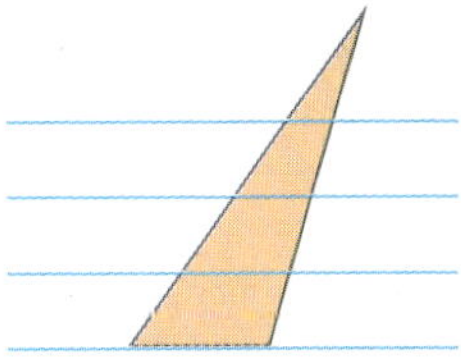

a) Combien ces quatre parallèles déterminent-elles de trapèzes sur le triangle ?

b) Combien six parallèles détermineraient-elles de trapèzes sur le triangle ?

** **593 Calcule les aires.**

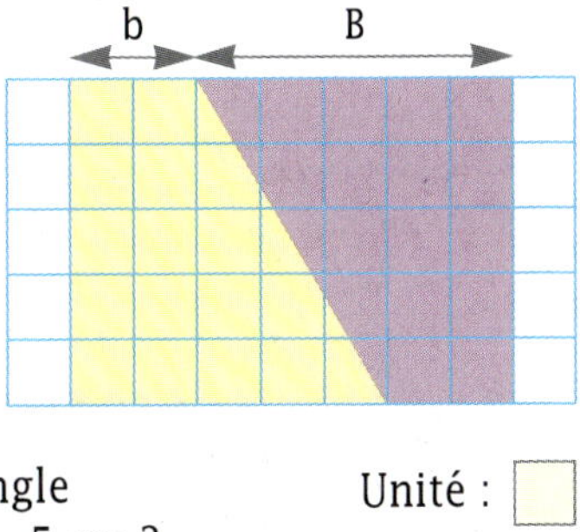

a) Calcule l'aire du trapèze violet, en utilisant un carré du quadrillage comme unité d'aire.

b) Calcule l'aire du trapèze jaune.

c) Calcule l'aire du rectangle formé des deux trapèzes.

d) Comment peux-tu calculer l'aire du rectangle en utilisant B = 5 cm, b = 2 cm et hauteur h = 5 cm ? Peux-tu en déduire, par le calcul, l'aire du trapèze violet ?

Réponds aux questions.

** **594** Un carré est-il un trapèze ? Pourquoi ?

** **595** Un losange est-il un trapèze ? Pourquoi ?

** **596** Un rectangle est-il un trapèze ? Pourquoi ?

Arcs simples

Calcul mental

Pour ajouter 15, on ajoute 10, puis 5.

- Calcule : 40 + 15 ; 66 + 15 ; 93 + 15 ; 461 + 15 ; 695 + 15.
- Donne un résultat approché de 701 + 202 ; 302 + 405 ; 490 + 308 ; 798 + 390 ; 899 + 499.
- Que dois-je payer si j'achète un ballon à 22,20 € et un maillot à 14,70 € ; un CD à 17,15 € et une cassette à 9,25 € ?
- Le contrôle de sciences commence à 14 h 54. Les élèves disposent de 30 minutes. Quand devront-ils avoir terminé ?

77 Parallélogramme

Un **parallélogramme** est un **quadrilatère** qui a ses **côtés parallèles deux à deux**.

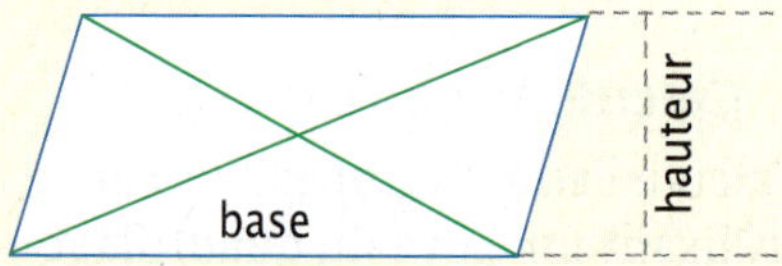

Les **côtés opposés** du parallélogramme sont **égaux deux à deux**.

Les **angles** opposés du parallélogramme sont **égaux**.

Les **diagonales** se coupent en leur **milieu**.

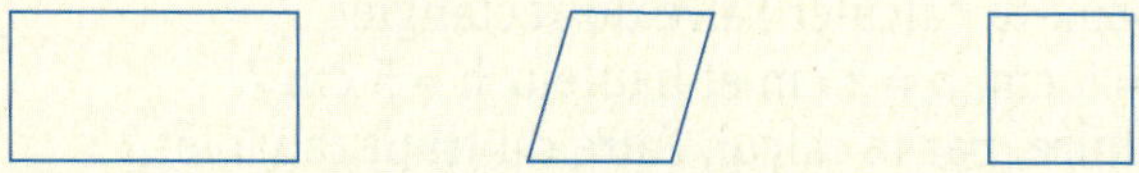

Le **rectangle**, le **losange** et le **carré** sont aussi des **parallélogrammes**.

Construis les figures.

* **597** Sur un papier sans carreau, construis un parallélogramme en utilisant seulement une règle et un gabarit d'angle.
Essaie de n'utiliser que trois fois ton gabarit.

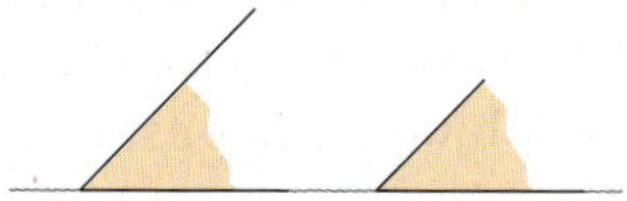

* **598** Trace deux droites qui se coupent en O.
Sur une des droites, trace deux segments [OA]= [OC].
Sur l'autre, trace deux segments OB et OD de même mesure. (Avec OB ≠ OA.)
Que peux-tu dire du quadrilatère ABCD ?

* **599** Sur un papier sans carreaux, trace [AB] et [BC] de 7 cm et 4 cm. Termine le parallélogramme en n'utilisant que le compas. À l'aide d'un papier calque et d'un compas, vérifie l'égalité des angles et des côtés. Note sur ton cahier les égalités que tu as vérifiées.

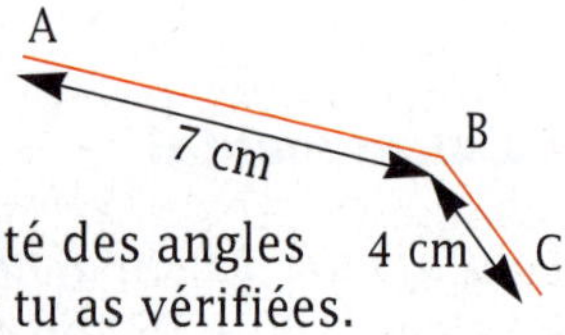

Observe les figures et réponds aux questions.

* **600** La diagonale [BD] partage le parallélogramme en deux triangles.
Que peux-tu dire des deux triangles ABD et BCD ?

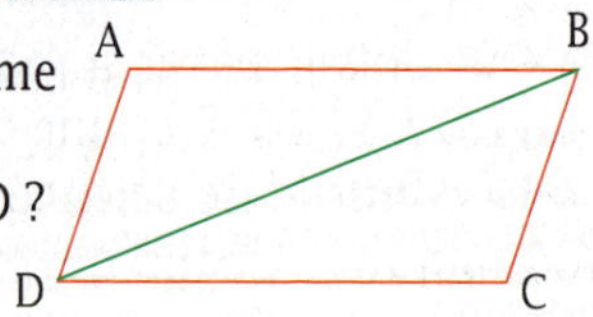

* **601** **a)** Reproduis et coupe le parallélogramme perpendiculairement à la base.
Assemble les deux morceaux de façon à faire apparaître un rectangle.

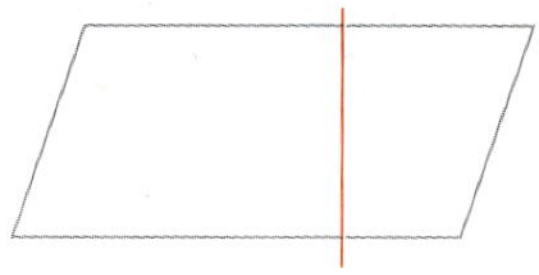

b) Quelle figure obtiens tu si la droite n'est pas perpendiculaire à la base ?

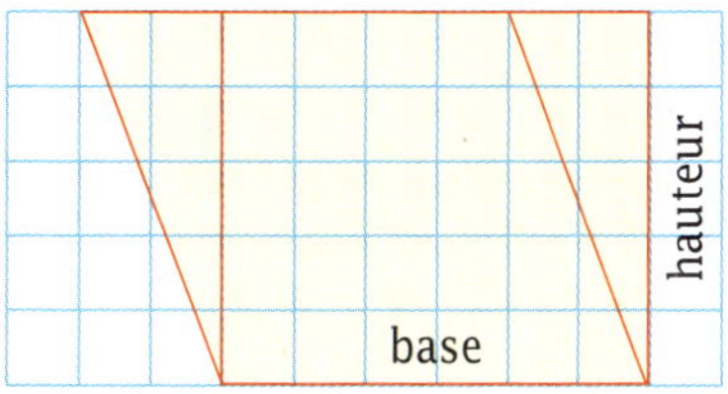

** **622** Compare l'aire du parallélogramme et l'aire du rectangle formé en déplaçant une partie du parallélogramme.
Que peux-tu conclure ?

Unité : ☐

Écris la formule qui permet de trouver l'aire du parallélogramme de base b et de hauteur h.

Réponds aux questions.

** **602** Un carré est-il un parallélogramme ? Pourquoi ?

** **603** Un losange est il un parallélogramme ? Pourquoi ?

** **604** Un rectangle est-il un parallélogramme ? Pourquoi ?

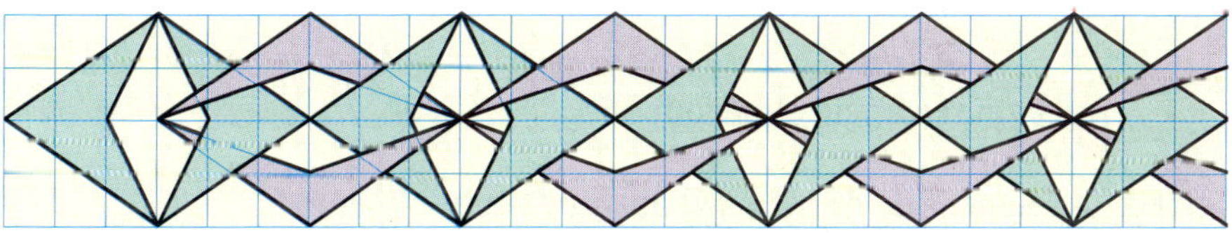

Étroits sur larges entremêlés

Calcul mental

Pour soustraire 19 on retire 20 et on ajoute 1.

- Calcule : 70 – 19 ; 95 – 19 ; 83 – 19 ; 141 – 19 ; 167 – 19.
- Magali a 19 ans cette année. En quelle année est-elle née ?
- Une barquette contenant de l'eau pesait 330 g ; elle ne pèse plus maintenant que 245 g. Quelle masse d'eau s'est évaporée ?
- Une barquette contenant de l'eau pesait 320 g ; elle ne pèse plus maintenant que 278 g. Quelle est la masse d'eau évaporée ?
- Une pièce de théâtre en 4 actes dure 2 h 04 min. Quelle est la durée moyenne d'un acte ?

78 Rectangle

Le rectangle a quatre côtés ;
les **côtés opposés** sont **égaux** :
AB = CD ; AD = BC

Les côtés opposés sont **parallèles** :
(AB) // (CD) ; (AD) // (BC)

Les **diagonales** sont **égales** :
AC = BD

Les diagonales ont le **même milieu**.

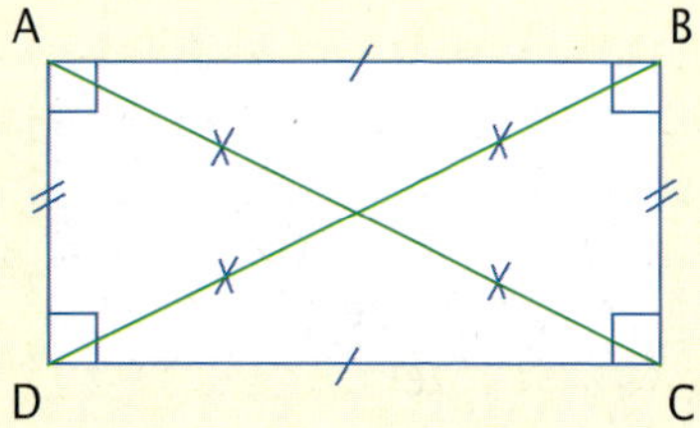

Trace les figures.

* **605** Sur une feuille sans carreau, trace un rectangle de 5 cm de large et de 9 cm de long.

** **606** Avec seulement le compas et la règle, sans l'aide d'une équerre, sur une feuille sans carreau, trace un rectangle de 7 cm de large et de 10 cm de long.

* **607** Trace un rectangle et découpe-le.
Plie-le, largeur sur largeur.
Trace le segment de droite [MN] qui suit le pli.
Que peux-tu dire de [MN] ?

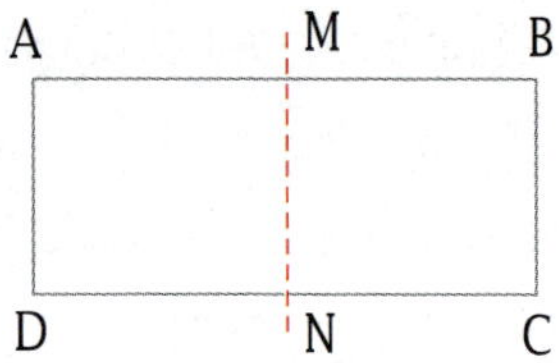

* **608** Trace un rectangle et découpe-le. Plie-le, largeur sur largeur.
Trace le segment de droite [MN] qui suit le pli.
Plie-le, longueur sur longueur. Trace le segment de droite [OP] qui suit le pli. Que peux-tu dire de [MN] et [OP] ?

** **609** Trace un rectangle ABCD de 9 cm de large et de 12 cm de long. Trace un cercle de centre B qui ne coupe pas le rectangle. Quel est le plus petit rayon possible ?

** **610** Trace un rectangle ABCD de 9 cm de large et de 12 cm de long. Essaie de tracer le plus petit cercle qui entoure le rectangle sans le couper. Que peux-tu dire de son centre ? Que peux-tu dire de son rayon ?

** **611** **a)** [AC] est la diagonale d'un rectangle.
Reproduis et termine le tracé du rectangle.
Explique comment tu l'as construit.

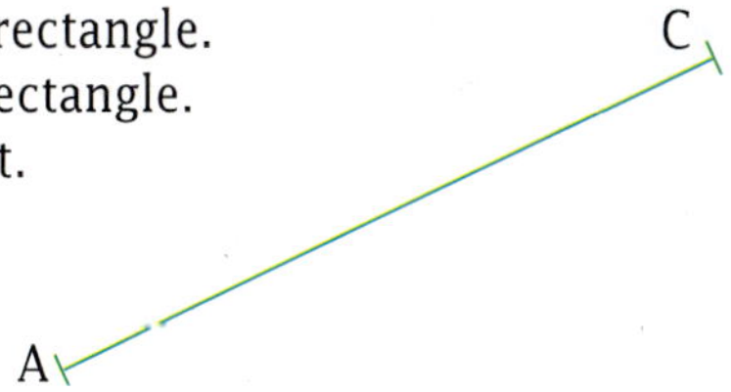

b) Trace un rectangle différent du précédent dont la diagonale est toujours [AC].

** **612** On connaît la diagonale d'un rectangle et un fragment de côté.
Reproduis et termine le tracé de ce rectangle.

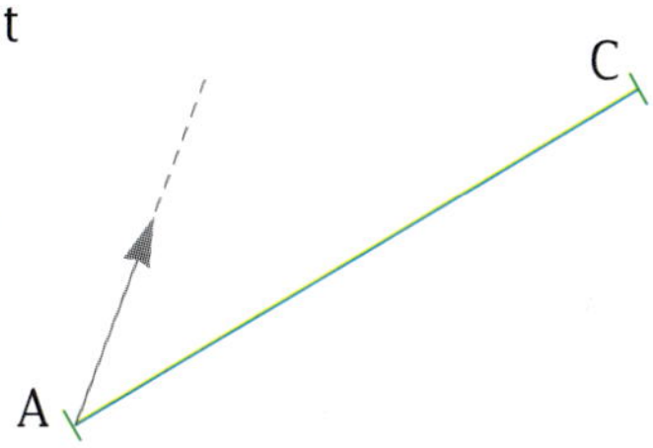

** **613** Dessine un rectangle de 13 cm sur 8 cm.
Partage-le en un carré et un rectangle.
Recommence avec le nouveau rectangle.
Recommence à nouveau.

** **614** **Le carré est-il un rectangle ? Pourquoi ?**

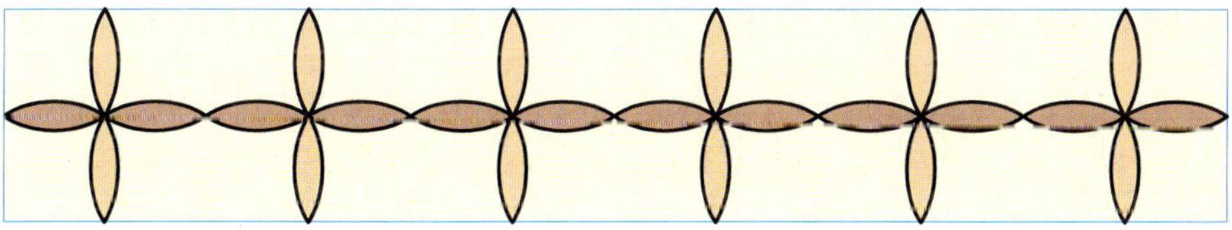

Alternance d'arcs simples horizontaux verticaux

Calcul mental

Donne des valeurs approchées :

a)	399	701	1 298	7 903	5 495
b)	97	201	5 015	15,99	16,22
c)	1 500 095	89 872	587 000	408 052	130 861

Maman a préparé une omelette pour toute la famille avec 250 g de pommes de terre et 9 œufs de 60 g. Quelle est la masse de l'omelette ?

Papa a repassé 4 chemises en 20 min. Repassera-t-il ses 12 chemises en une demi-heure, trente minutes ou une heure ?

79 Losange

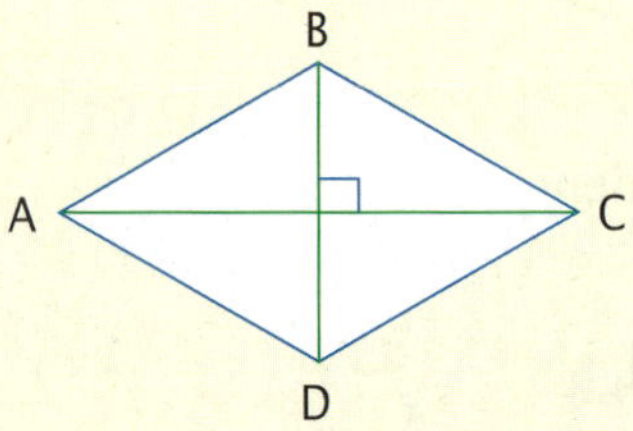

(AD) // (BC)

(AB) // (CD)

(AC) $\perp$ (BD)

Un **losange** a **quatre côtés égaux**.

Les **côtés opposés** sont **parallèles**.

Les **diagonales** se coupent en leur **milieu** et sont perpendiculaires.

Construis les figures.

* **615** Trace un losange dont la grande diagonale mesure 14 cm et la petite diagonale 8 cm.

** **616** Trace un losange dont la grande diagonale est le double de la petite diagonale. Découpe-le en suivant les diagonales. Tu obtiens quatre triangles. Utilise-les comme les morceaux d'un puzzle et reconstitue deux rectangles.

** **617** Trace un triangle ABC isocèle, avec AB = AC. Construis le triangle BCD égal à ABC, de façon à ce que la figure ABDC soit un losange.

*** **618** **a)** Sur une feuille sans carreaux, trace un losange de 7 cm de côté.

b) Trace un second losange, différent, dont les côtés mesurent aussi 7 cm.

** **619** Trace deux droites parallèles distantes de 4 cm.
Sur une de ces droites, trace un segment [AB] de 6 cm.
Sur l'autre, trace un segment [CD] de 6 cm, de telle sorte que ABCD soit un losange.

** **620** Recopie le gabarit d'angle pour construire un losange. Indique les étapes de la construction.

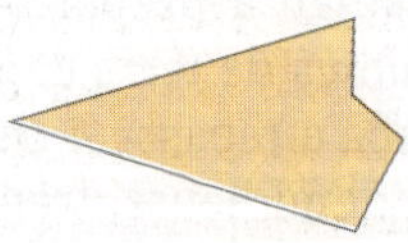

** **621** Les dix points de la figure sont les sommets de losanges. Combien comptes-tu de losanges ? Donne leur nom.

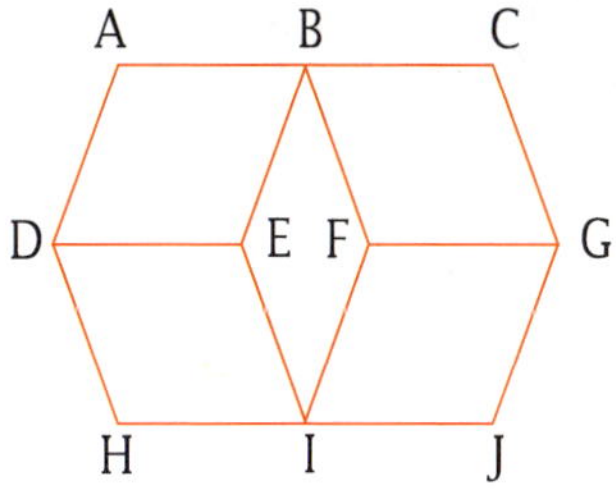

** **622** Trace un losange avec une petite diagonale de 6 cm et une grande diagonale de 8 cm. Mesure son périmètre. En utilisant la méthode de l'exercice **616**, calcule son aire.

** **623 Un carré est-il un losange ? Pourquoi ?**

*** **624 Résous le problème.**
Jacquou le Croquant a gagné le premier prix du tournoi de lutte à mains nues. Son seigneur lui offre un terrain en forme de losange de 400 pas de périmètre, à tracer au milieu de ses meilleures terres. Fais un schéma du losange que Jacquou va tracer : il souhaite posséder le maximum de terre pour nourrir sa famille (justifie ta réponse en utilisant la méthode de l'exercice **616**).

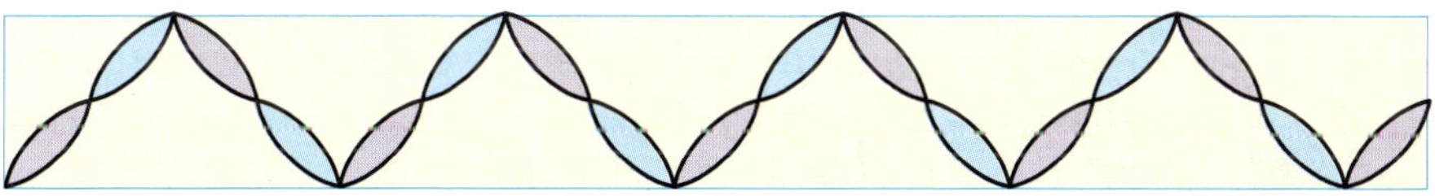

Arcs simples obliques

Calcul mental

Pour ajouter 99, on ajoute 100 et on soustrait 1.

- Calcule : 58 + 99 ; 256 + 99 ; 905 + 99 ; 3 531 + 99 ; 4 758 + 99.
- Quel est, en litres, la capacité d'un récipient de : 70 cL ; 35 cL ; 25 cL ; 8 dL ; 7,5 dL ?
- Je dois payer 245 €c pour 5 pains. Quel est le prix d'un pain ?
- 45 coureurs participent à une course. Les deux tiers des participants sont déjà arrivés. Combien sont arrivés ?
- Le train arrive à 20 h 26. Il faut 15 minutes pour aller jusqu'à la maison. À quelle heure y serai-je ?

80 Carré

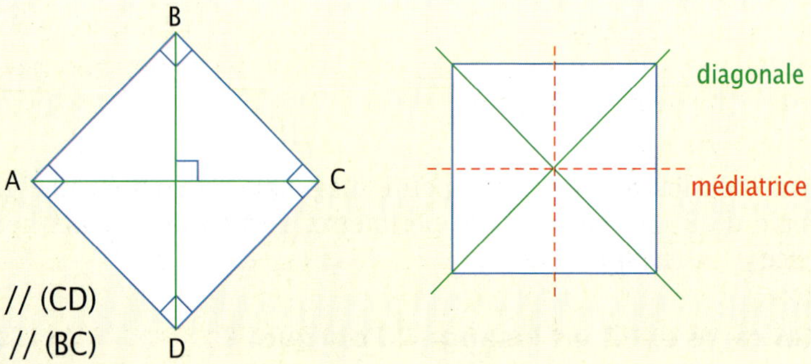

(AB) // (CD)
(AD) // (BC)
(AC) ⊥ (BD)
(AB) ⊥ (BC) ; (BC) ⊥ (CD) ; (CD) ⊥ (AD) ; (AD) ⊥ (AB)

Un carré a quatre côtés égaux et parallèles deux à deux, quatre angles droits, deux diagonales égales qui se coupent en leur milieu et à angle droit.

Les **diagonales** et les **médiatrices** sont les **axes de symétrie** du carré.

Construis les figures et réponds aux questions.

* **625** Trace un quadrilatère ayant des diagonales égales qui se coupent à angle droit, mais qui ne soit pas un carré.
Quelle condition faut-il ajouter pour obtenir un carré ?

* **626** Trace un carré dont les diagonales mesurent 8 cm.
Donne une valeur approchée de la mesure de chacun de ses côtés.

** **627** Dans chaque cas, trace un quadrilatère dont les diagonales ont les propriétés indiquées. Reproduis, puis complète le tableau si tu le peux.

nom du quadrilatère	diagonales égales	diagonales perpendiculaires	diagonales qui se coupent en leur milieu
....	✗	✗	✗
....	✗	✗	
....	✗		✗
....		✗	✗
....	✗		
....		✗	
....			✗

** **628** Trace un carré ABCD. Marque les milieux M, N, O, P de [AB], [BC], [CD], [DA]. Trace le quadrilatère MNOP. Quelle est sa nature ? Justifie ta réponse.

** **629** Trace un rectangle de 5 cm de largeur et de 11 cm de longueur. À l'intérieur de ce rectangle, trace un carré aussi grand que possible. Quelle est la mesure de ses côtés ?

* **630** Trace un carré et marque en rouge ses axes de symétrie.

** **631** Trace côte à côte deux carrés de 1 cm de côté : tu obtiens un rectangle.
Trace un nouveau carré dont un côté est la longueur de ce rectangle : tu obtiens un rectangle.
Continue ta construction, en accolant à chaque fois un carré sur la longueur du rectangle.

** **632** Observe, reproduis, puis continue la construction.

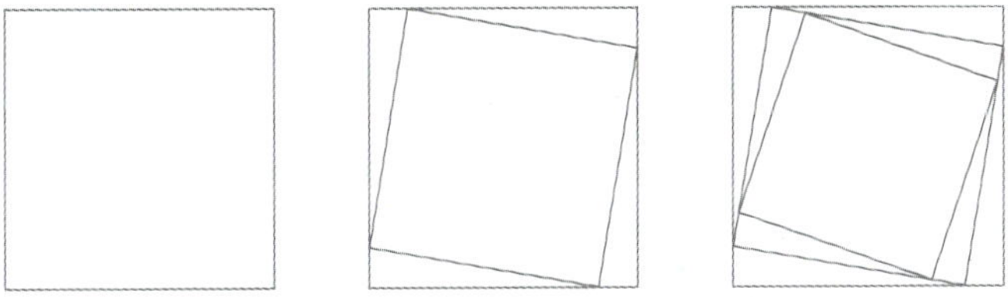

*** **633** Trace un triangle. Enferme ce triangle dans un carré aussi petit que possible (le triangle doit être entièrement à l'intérieur du carré).

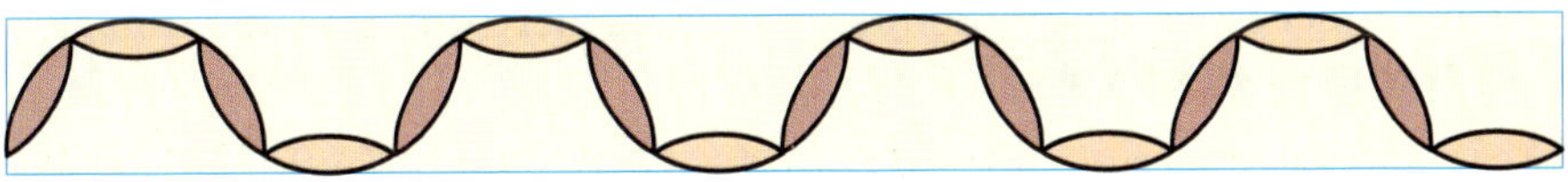

Serpentin

Calcul mental

Pour multiplier par 19, on multiplie par 20 et on soustrait le nombre.

- Calcule : 8 × 19 ; 12 × 19 ; 17 × 19 ; 23 × 19 ; 30 × 19.
- Pendant ses 19 jours de vacances, Axel a acheté chaque jour un forfait de téléski à 12 €. Quelle est sa dépense ?
- Un circuit fait 24 km et les marcheurs ont 19 tours à faire. Quelle distance doivent-ils parcourir ?

81 Triangles

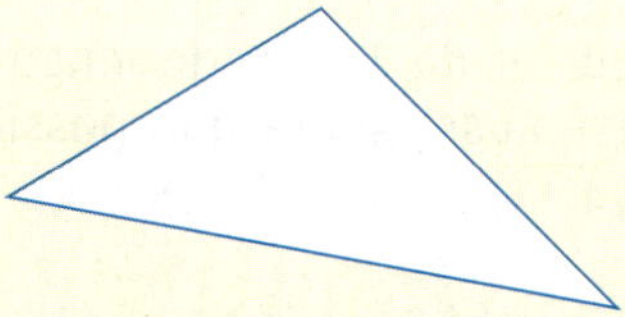

Un triangle qui n'a aucune particularité est un **triangle quelconque**.

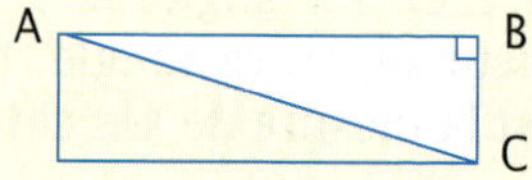

Un triangle qui a un angle droit est un **triangle rectangle**.

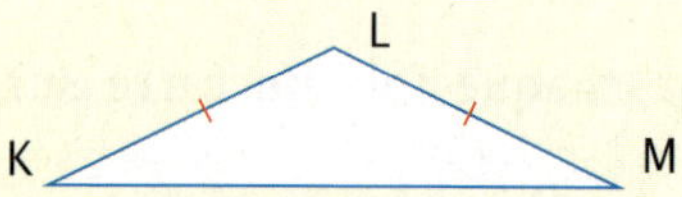

Un triangle qui a deux côtés égaux est un **triangle isocèle**.

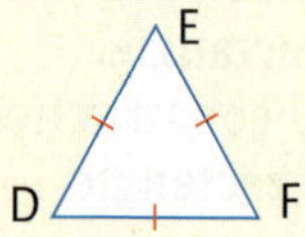

Un triangle qui a trois côtés égaux est un **triangle équilatéral**.

Construis les figures et réponds aux questions.

* **634** Place trois points A, B, C de telle manière que le triangle ait deux angles aigus et un angle droit.

** **635** Place quatre points A, B, C, D. Combien peux-tu tracer de triangles différents ?
Peux-tu placer les quatre points de telle manière que tous les triangles aient trois angles aigus ?

** **636** Trace les triangles dont on donne des propriétés de côtés ou d'angles.

T 1	8 cm	6 cm	un angle obtus	T5	6 cm		trois côtés égaux
T 2	8 cm	6 cm	pas d'angle obtus	T6	4 cm	7 cm	deux côtés égaux
T 3	6 cm	8 cm	un angle droit	T7	9 cm	3 cm	un angle droit
T 4	9 cm	6 cm	9 cm	T8	5 cm	6 cm	7 cm

** **637** Trace un triangle dont les côtés mesurent 1 cm, 2 cm, 3 cm. Ajoute deux segments à cette figure de façon à ce qu'on puisse voir un triangle dont les côtés mesurent 3 cm, 4 cm, 5 cm.
Ce triangle a-t-il un nom particulier ?

⁂ **638** Trace les triangles en utilisant à chaque fois un côté du triangle précédent.

a) ABC (AB = 1cm ; BC = 2 cm ; AC = 3 cm)
b) ACD (CD = 4 cm ; AD = 5 cm)
c) ADE (DE = 6 cm ; AE = 7 cm)
d) AEF (EF = 8cm ; AF = 9 cm)

** **639** **a)** Trace un triangle ABC ayant trois côtés égaux.
A-t-il un nom particulier ?

b) En utilisant un côté du triangle ABC, trace un triangle BCD ayant trois côtés égaux.

c) En utilisant un côté du triangle BCD, trace un triangle CDE ayant trois côtés égaux.

d) En utilisant un côté du triangle CDE, trace un triangle CEF ayant trois côtés égaux.

⁂ **640** Trace un triangle ABC avec AB = 1 cm et AC = 2 cm.
Complète la figure en traçant les triangles :
ACD (AD = 3 cm) ; ADE (AE = 4 cm) ; AEF (AF = 5 cm) ;
AFG (AG = 6 cm) ; AGH (AH = 7 cm) ; AHI (AI = 8 cm).

⁂ **641** Place quatre points A, B, C, D sur un cercle. Place un point E.

a) Écris le nom des six triangles qui ont E comme sommet.

b) Place le point E de façon qu'il n'y ait que quatre triangles avec E pour sommet.

* **642 Observe la figure et nomme les triangles que tu vois.**

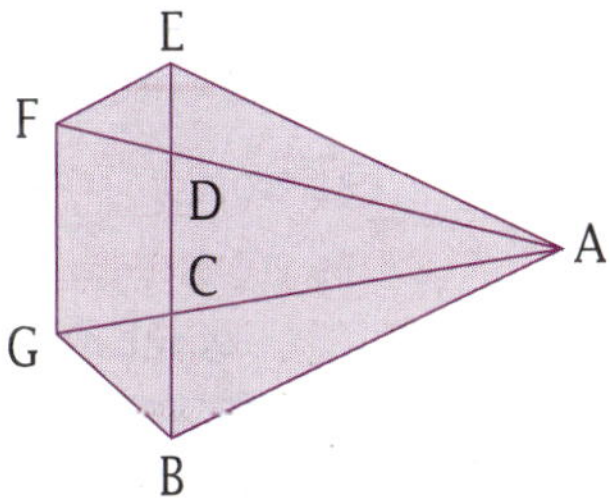

Alternance tétra-folioles

Calcul mental

- Calcule : 12 + 24 ; 91 + 12 ; 257 + 12 ; 12 + 894 ; 754 + 12.
- Peut-on remplir 12 jerricans de 20 L avec l'eau d'une citerne de 200 L ? Pourquoi ?
- Quelle est la masse de 12 œufs de 55 g chacun ?
- Le calcul mental commence à 8 h 55 et dure 15 min. Quelle heure est-il quand il se termine ?

82 Lignes particulières du triangle

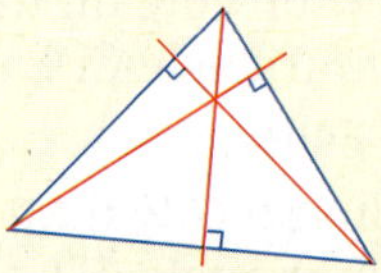

Les trois **hauteurs**

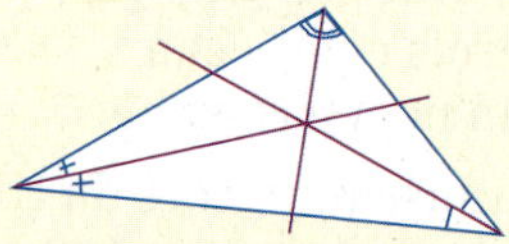

La **bissectrice**
est une demi-droite qui partage
un angle en deux angles égaux.

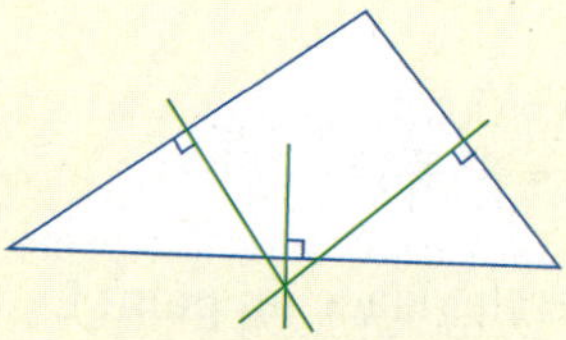

Les **médiatrices**
sont les perpendiculaires qui
coupent chaque côté en son milieu.

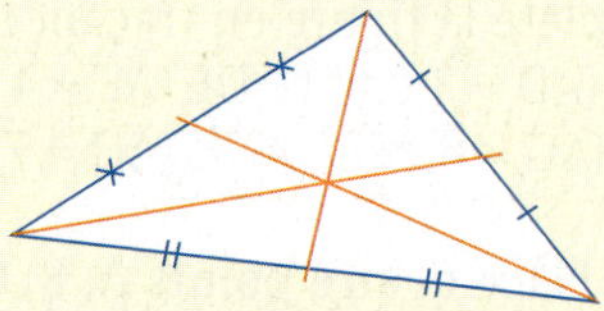

Les **médianes**
joignent chaque sommet
au milieu du côté opposé.

Les trois **hauteurs**, les trois **bissectrices** des angles,
les trois **médianes**, les trois **médiatrices** des côtés,
sont des lignes particulières du triangle.

* **643 Trace un segment [AB].**
Marque un point C qui n'est pas sur [AB]. Trace la perpendiculaire à [AB] passant par C. C'est une hauteur du triangle ABC. Trace maintenant les hauteurs qui passent par A, puis par B.

** **644 Trace un triangle ayant trois angles aigus.**
Trace ses trois hauteurs comme dans l'exercice précédent.
Que remarques-tu ?

** **645 Trace un triangle ayant un angle obtus.**
Trace ses trois hauteurs. Que remarques-tu ?

** **646 Trace les médiatrices des trois côtés d'un triangle ABC.**
Elles se coupent en M. Trace le cercle de centre M passant par A.
Que remarques-tu ?
Recommence avec différents triangles.

⁂ **647 Trace les bissectrices des angles d'un triangle ABC par pliage.**
Elles se coupent en P. Trace le cercle de centre P et tangent au côté [AB] (le cercle tangent à (AB) touche la droite sans la couper). Que remarques-tu ? Recommence avec différents triangles.

⁂ **648 Trace un triangle dont les côtés mesurent 6, 8 et 10 cm.**
Trace ses hauteurs. Que remarques-tu ?

⁂ **649 Construis un triangle ABC dont le côté [BC] mesure 8 cm et dont la hauteur de A à [BC] mesure 5 cm.**
Les triangles de tes camarades sont-ils les mêmes que le tien ?
Que faudrait-il dire de plus pour que tous les triangles se ressemblent ?

⁂ **650 Trace un cercle de centre O.**
Sur le cercle place trois points A, B, C. Trace le triangle ABC.
Trace les médiatrices des côtés. Que remarques-tu ?

⁂ **651 Trace un triangle équilatéral de 10 cm de côté.**
Autour de ce triangle, trace un carré aussi petit que possible.

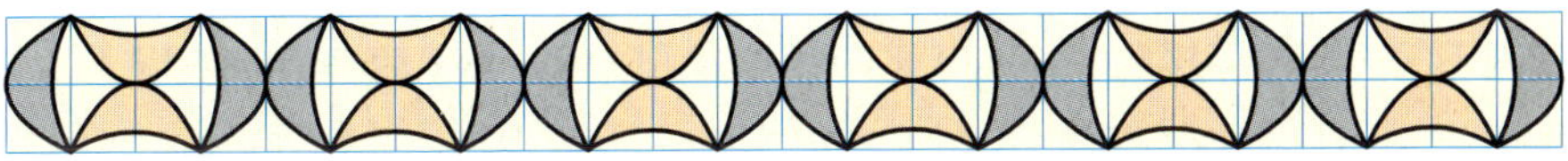

Lunules opposées alternées

Calcul mental

- Donne le résultat exact de : 35 + 19 ; 67 + 19 ; 127 + 19 ; 285 + 19 ; 874 + 19.
- Un jerrican de 30 L est aux trois quarts vide. Combien de liquide contient-il encore ?
- Une règle en bois pèse 23 g. Combien pèsent les 25 règles que le maître a achetées pour la classe ?
- Chacun des 23 élèves de la classe s'est engagé à vendre 15 tickets de tombola pour la coopérative. Combien de tickets seront vendus ?
- On a préparé 425 tickets de tombola qui seront vendus 2 € chacun. Combien, au plus, peut rapporter la tombola ?
- La tombola de l'école a rapporté 785 €. Combien manque-t-il pour financer la sortie de fin d'année qui revient à 1 200 € ?

83 Cercle et disque

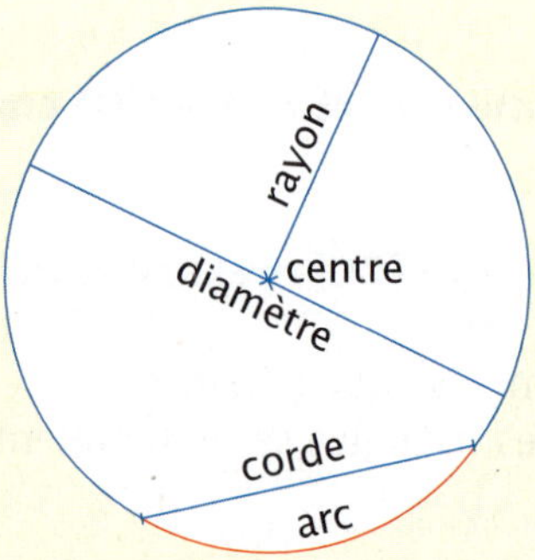

Le **cercle** est la frontière du **disque**.

Les segments intérieurs au cercle sont des **cordes**.

Les cordes les plus longues passent par le centre du disque, ce sont des **diamètres**.

Tous les diamètres sont des **axes de symétrie** du cercle.

* **652 Sur (*d*), de centimètre en centimètre, marque des points A,B,C,D, etc.**

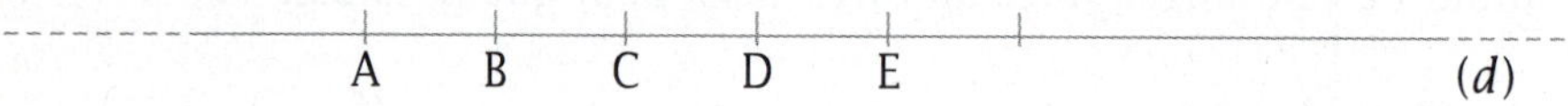

Trace des cercles de centre A, ayant 2 cm de rayon ; de centre B, ayant 3 cm de rayon ; de centre C, ayant 4 cm de rayon, etc. Que remarques-tu ?

* **653 Sur (*d*), graduée en centimètres, marque A, B, C, D, etc.**

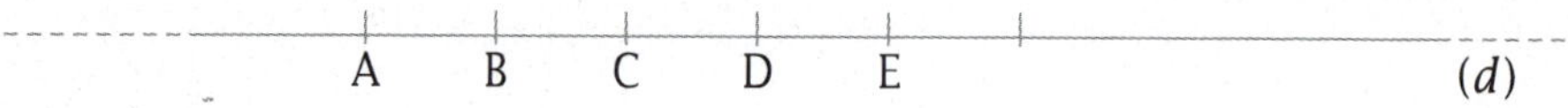

Trace un disque de centre A ayant 2 cm de rayon, puis un disque de centre E ayant 3 cm de rayon.
Colorie en rouge la partie commune aux deux disques.
Choisis un point P à l'intérieur de la surface rouge.
Que peux-tu dire de la distance de P à A et de P à E ?

* **654 Dessine les figures et colorie-les en rouge.**

a) Un demi-disque.

b) Un demi-cercle.

c) Un quart de disque.

d) Un quart de cercle.

** **655 Trace [AB] de longueur 6 cm.**

a) Quel est le centre C et le rayon r du plus petit des cercles qui passent par A et B ?

b) Trace des cercles de plus en plus grands, de rayon $r_1 = r + 1$ cm, $r_2 = r + 2$ cm, $r_3 = r + 3$ cm, etc., passant tous par A et B.
Où se trouvent les centres ?

**** 656 Reproduis la figure et réponds aux questions.**

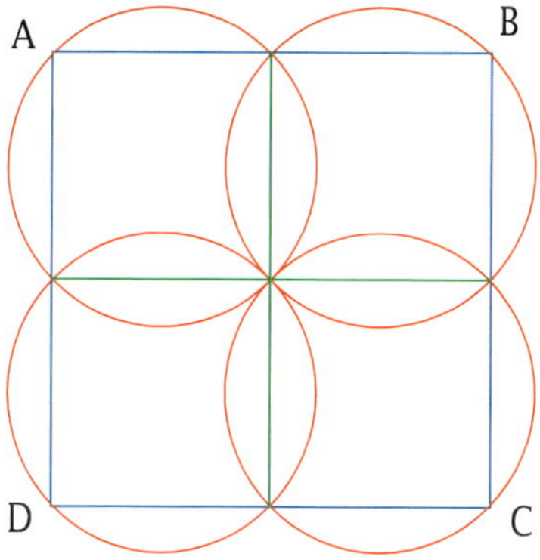

a) Que peux-tu dire de la longueur des arcs de cercles intérieurs au carré ABCD ?

b) Que peux-tu dire de la longueur des arcs de cercles extérieurs au carré ABCD ?

***** 657 Fabrique des disques de rayon 2 cm, 3 cm, 4 cm, 5 cm, etc.**

Par un moyen de ton choix, essaie de mesurer aussi précisément que possible le périmètre P de chacun.
À l'aide d'une calculatrice, effectue les divisions : P ÷ r.
Rassemble tes résultats dans un tableau. Que remarques-tu ?

rayon	2	3	4	5	...
périmètre	...	...	...	...	...
périmètre ÷ rayon	...	...	...	...	...

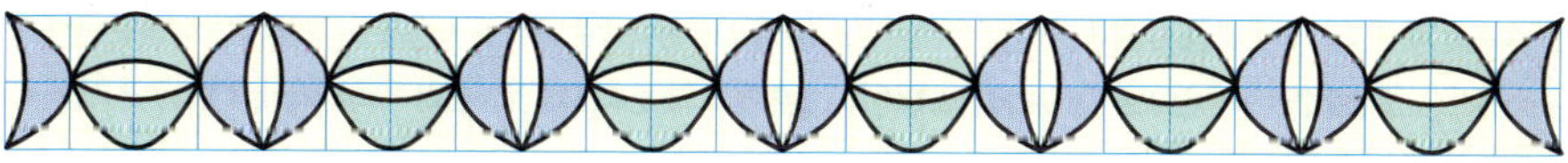

Lunules face à face alternées

Calcul mental

Pour ajouter des nombres, on ajoute les dizaines, puis les unités.

- Calcule : 17 + 23 ; 256 + 32 ; 104 + 35 ; 223 + 41 ; 130 + 54.
- Il y avait 132 arbres dans un parc ; pour fêter le printemps, on en a planté 17 autres. Combien y en a-t-il maintenant ?
- Juliana a 19 €. Combien lui manque-t-il pour acheter un foulard de 32 € ?
- Pauline avait 32 €. Elle achète un collier 9,50 €.
Quelle somme possède-t-elle désormais ?

84 Points – Segments Côtés

Un **polygone** est limité par des **côtés**.

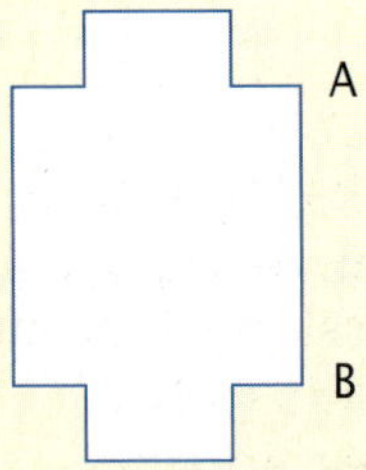

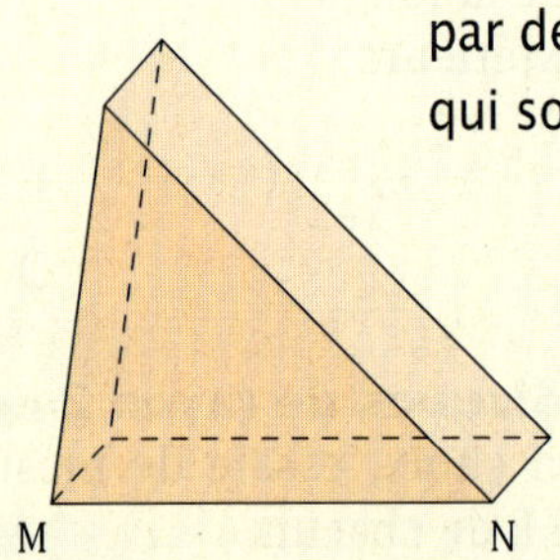

Un **polyèdre** est limité par des **faces planes** qui sont des **polygones**.

Les **arêtes** sont communes à 2 faces.

Le **côté** [AB] du polygone, **l'arête** [MN] du polyèdre sont des **segments**.

Les **sommets** A, B, M ou N sont des **points**.

* **658 Trace un polygone ABCDE à cinq sommets.**
Combien y a-t-il de segments qui relient ses différents points ?
Nomme les segments.

** **659 Trace deux segments [AB] et [BC] en respectant les contraintes.**

a) Si AB = 12 cm et BC = 7 cm, que peux-tu dire de la longueur de AC ?

b) Trace [AB] et [BC] pour que AC = 19 cm.

c) Trace [AB] et [BC] pour que AC = 5 cm.

d) Trace [AB] et [BC] pour que AC = 10 cm.

* **660 Trace une droite (*d*). Marque un point O qui n'est pas sur (*d*). Réponds aux questions.**

a) Place sept points A, B, C, D, E, F, G sur (*d*).
Mesure [OA], [OB], [OC], [OD], [OE], [OF], [OG].
Range ces segments du plus court au plus long.

b) En observant la figure et tes résultats, trouve le segment le plus court possible entre le point O et (*d*).

c) Quel instrument te permettrait de le trouver à coup sûr ?

661 Observe et reproduis.

Place M, point d'intersection entre [PP'] et [AB].
Mesure [AM] et [BM].
Que peux-tu dire de M ?

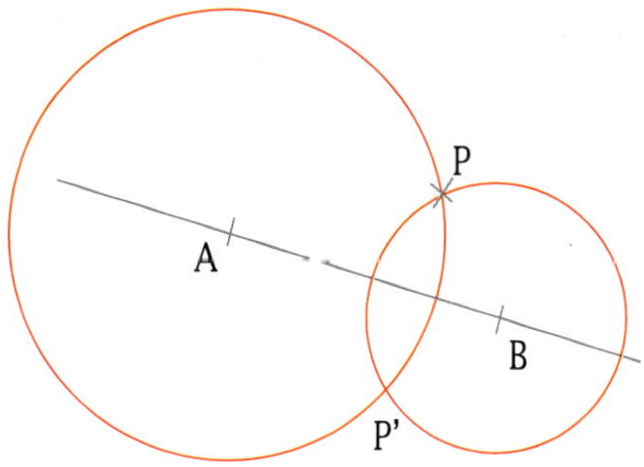

662 Trace [AB] de longueur quelconque. Explique comment tu peux trouver M, milieu de [AB].

a) Avec une règle graduée.
b) Avec un papier calque.
c) Avec un compas et une règle non graduée.
d) Avec une règle non graduée et une équerre.

663 Trace six points distincts et désigne-les par une lettre.
Trace les segments qui relient ces points. Combien en comptes-tu ? Nomme-les.
Est-il possible d'obtenir davantage de segments en plaçant les points autrement ?

664 Recopie et complète le tableau.

nombre de points	3	4	5	6	7	8	...
nombre de segments	...	...	...	...	...	...	...

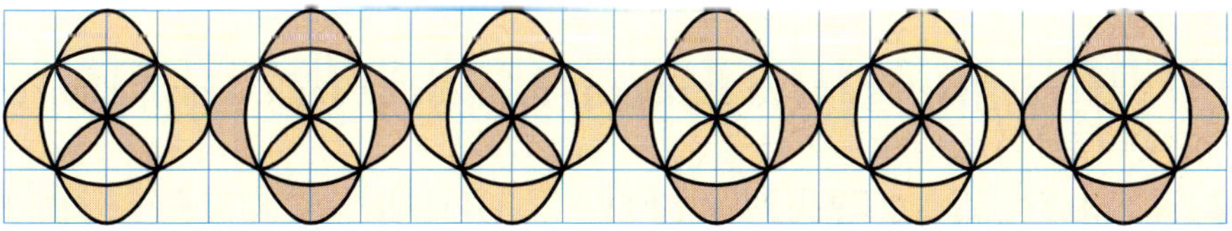

Lunules sur cercle

Calcul mental

Pour ajouter 90, on ajoute 100 et on retire 10.
- Calcule : 24 + 90 ; 525 + 90 ; 439 + 90 ; 924 + 90 ; 1 571 + 90 .
- Delphine a 23 €. Il lui manque 41 € pour acheter une paire de rollers. Combien coûtent les rollers ?

85 Synthèse

Construis les figures.

** **665 a)** Paul a été interrompu dans son travail.
Termine la figure qu'il avait commencée.

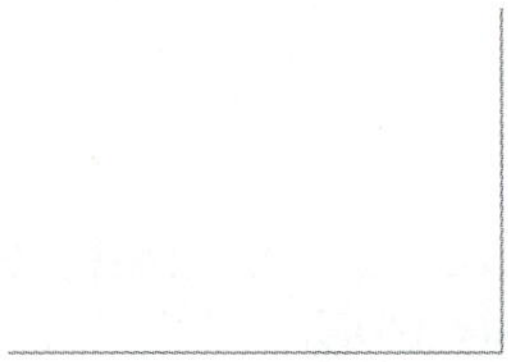

b) On peut terminer la figure précédente de nombreuses façons. Trouve cinq façons. Explique en quoi elles sont différentes.

** **666 a)** Dans chaque cas, trace un quadrilatère dont les côtés ont les propriétés indiquées. Écris sa nature si cela est possible.

nom du quadrilatère	côtés égaux	côtés parallèles	angle droit
....	non	2	non
....	non	2 et 2	non
....	2	non	non
....	2 et 2	non	non
....	2 et 2	2	non
....	3	non	non
....	4	non	non

b) Reprends l'exercice **a)** en attribuant au moins un angle droit à chaque quadrilatère.

*** **667 Réponds aux questions.**
Adeline a compté huit diagonales différentes dans le polygone qu'elle a tracé. Quel est le nombre minimum de sommets du polygone ?
A-t-elle compté toutes les diagonales ?
Si ce n'est pas le cas, combien en a-t-elle oublié ?

** **668 Trace un polygone qui a deux paires de diagonales perpendiculaires entre elles.**
Colorie en rouge la première paire, en bleu la seconde.
Quel est le nombre minimum de sommets possibles pour un tel polygone ? Combien a-t-il de diagonales ?

**** 669 Construis un polygone qui possède cinq angles droits.**

Trace les figures et réponds à la question.

** **670** Trace une droite qui coupe un cercle en A et B.
Construis la médiatrice de [AB].
Recommence avec une autre droite.
Recommence à nouveau.
Que remarques-tu ?

** **671** Partage un angle plat en deux angles droits.
Partage le second angle droit en deux angles quelconques.
Découpe les angles $\hat{a}$, $\hat{b}$, $\hat{c}$ et recolle-les de façon à recomposer un triangle. Trace-le.
Que peux-tu dire de $\hat{b}$ et $\hat{c}$? Que peux-tu dire du triangle ?

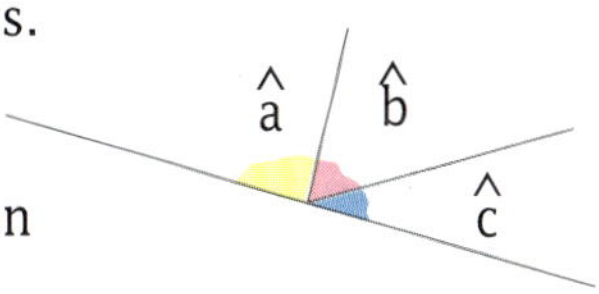

*** **672** Construis un pentagone étoilé.
Sur un cercle, place 5 points numérotés 1, 2, 3, 4, 5.
Relie-les par des cordes en joignant un point sur deux.

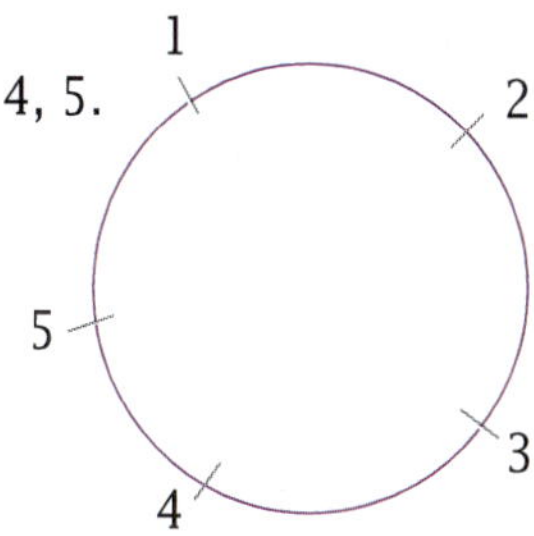

Essaie avec 6, 7, 8, 9 points (en joignant toujours un point sur deux).
Quelle est la condition pour obtenir un polygone étoilé ?

** **673 Sur une feuille blanche, trace le segment [AB].**
Construis un angle droit de sommet A et de côté [AB].
Construis un angle droit de sommet B et de côté [AB].
Que peux-tu dire des côtés des angles droits qui ne sont pas sur [AB] ?

** **674 Trace (d_1) parallèle à (d_2). Trace (d) perpendiculaire à (d_1).**
Que peux-tu dire de (d) et (d_2) ?

** **675 Trace un hexagone dont les côtés soient sur trois couples de droites perpendiculaires.**

** **676 Trace deux parallèles, puis trace un cercle qui coupe les deux parallèles.**
Combien y a-t-il de points d'intersection ? Nomme chacun des points.
Quel est la nature du polygone convexe limité par ces points ?
Y a-t-il plusieurs réponses possibles ?

** **677 Trace un rectangle ABCD et deux parallèles qui coupent les côtés de ce rectangle.**
Colorie la partie du rectangle située entre les parallèles. C'est un polygone. Combien ce polygone possède-t-il de sommets ?
Fais une figure pour chacun des polygones possibles ; donne leur nom.

** **678 Trace en rouge le périmètre d'un carré.**
Sur la même page, trace en bleu un cercle. Combien peut-il y avoir de points à la fois rouges et bleus ?
Trace une figure pour chacune des différentes réponses possibles.
Annonce comment s'appelle la figure qui est limitée par ces points.

** **679 Trace un parallélépipède rectangle de dimensions 3 cm × 4 cm × 5 cm.**

a) Combien faut-il de cubes d'1 cm de côté pour remplir le parallélépipède ?

b) On remplit maintenant ce parallélépipède avec des cubes de différentes tailles. Quel est le nombre minimum de cubes nécessaires ? Donne le nombre et les dimensions de chacun de cubes utilisés.
Vérifie que leur volume total est égal au nombre de cubes d'un cm de côté que tu as trouvé en **a)**.

** **680 Trace un carré en rouge. Trace en bleu un triangle qui coupe le carré.**

a) Fais une figure où deux points sont à la fois bleus et rouges. Fais une autre figure où trois points sont à la fois bleus et rouges ; puis 4 points.

b) Quel est le plus grand nombre de points à la fois bleus et rouges que l'on peut trouver sur la même figure ?

c) Indique pour chaque figure du **a)** le nom des polygones limités par la partie commune au carré et au triangle.

Problèmes et outils de géométrie

86 Tracés élémentaires

Tracés

Avec la règle

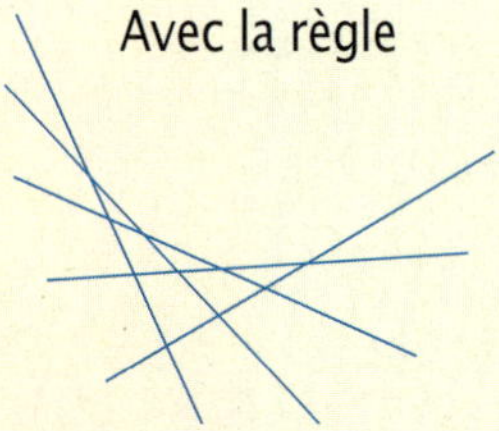

Avec le compas

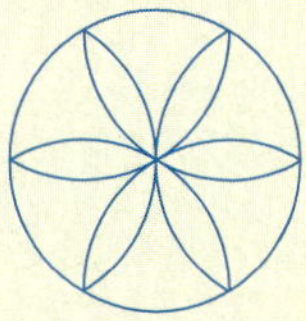

Avec la règle et le compas

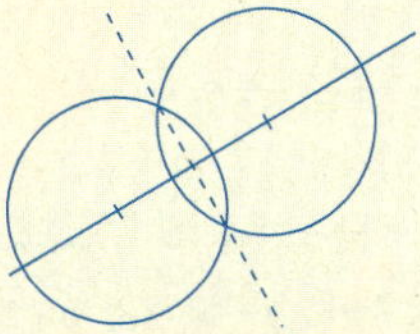

Avec l'équerre

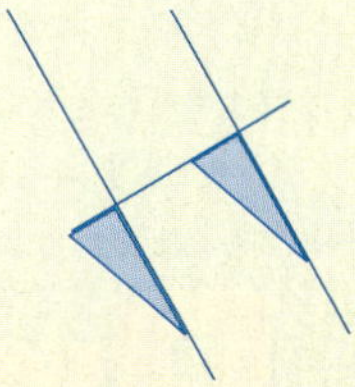

La **règle** permet de tracer des **droites** ;
le **compas** permet de reporter des **longueurs égales**.
L'**équerre** permet de tracer rapidement des **angles droits**.

* **681 Trace un angle.**
Quel outil as-tu utilisé ?

* **682 Trace une rosace.**
Quel outil as-tu utilisé ?

* **683 Construis un triangle ABC. Trace la hauteur issue de A (elle est relative au côté BC).**

** **684 Trace un triangle isocèle.**
Quels outils as-tu utilisés ?

** **685 Trace un angle et reporte-le.**
Quels outils as-tu utilisés ?

** **686 Trace un triangle équilatéral.**
Quels outils as-tu utilisés ?

** **687 Trace un segment [AB]. Trouve le milieu de ce segment.**
Explique les étapes de ta construction.

** 688 Construis une perpendiculaire à une droite avec une règle et un compas.
Vérifie que l'angle est droit.

** 689 Trace deux droites perpendiculaires à une même droite.
N'utilise pas ton équerre. Laisse les traits de construction.

** 690 Trace deux parallèles en reportant un même angle.

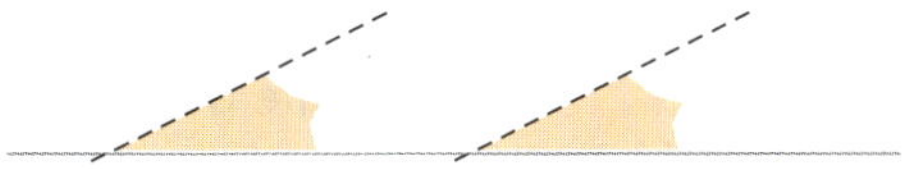

** 691 Trace un losange.

** 692 Trace un rectangle.

** 693 Trace un carré.

*** 694 Trace une perpendiculaire à (*d*) passant par A.
Un cercle centré sur A permet de déterminer un segment de (*d*) à partir duquel tu peux terminer la construction.

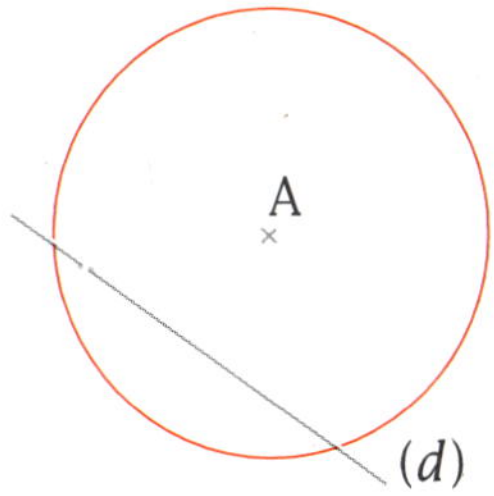

*** 695 Construis une perpendiculaire en A à la droite avec une règle et un compas.

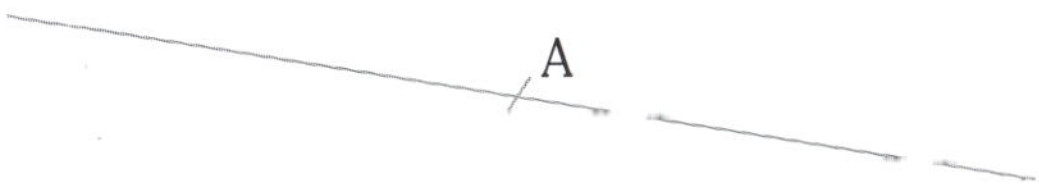

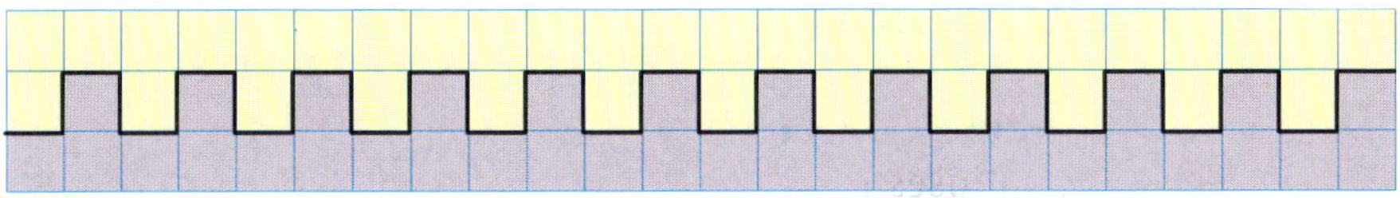

Frise 1, 1-1, 1

Calcul mental

- Quel est le nombre entier le plus proche de 5,95 ; 7,17 ; 25,83 ; 15,998 ; 22,086.
- Donne une valeur approchée du triple de : 51 ; 107 ; 98 ; 212 ; 503.

87 Angles Secteurs angulaires

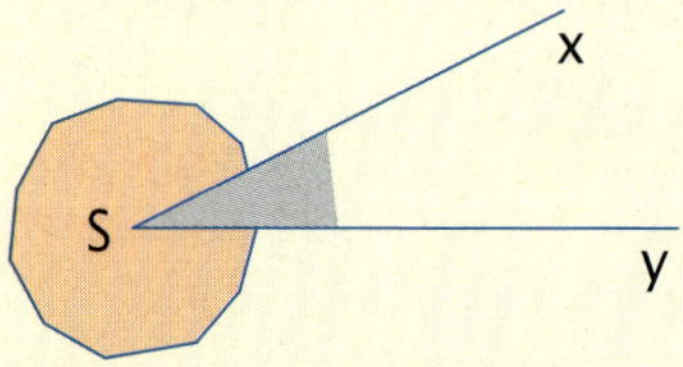

Un **secteur angulaire** est limité par deux demi-droites issues d'un même point.

Les demi droites sont les **côtés** de **l'angle**, leur point commun est le **sommet**.

Au secteur angulaire saillant $\widehat{xSy}$ (en gris), correspond le secteur angulaire rentrant $\widehat{xSy}$ (en beige).

Secteur angulaire aigu

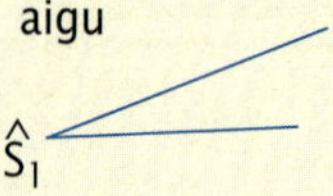

Secteur angulaire droit

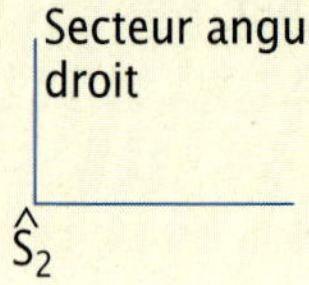

Secteur angulaire obtus

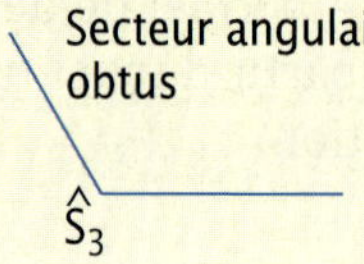

Secteur angulaire plat

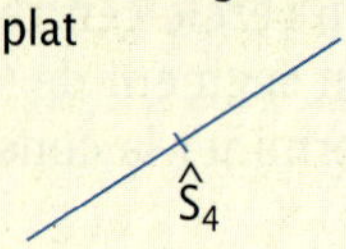

* **696 Reproduis, colorie et nomme les secteurs angulaires saillants de chaque figure.**

a)

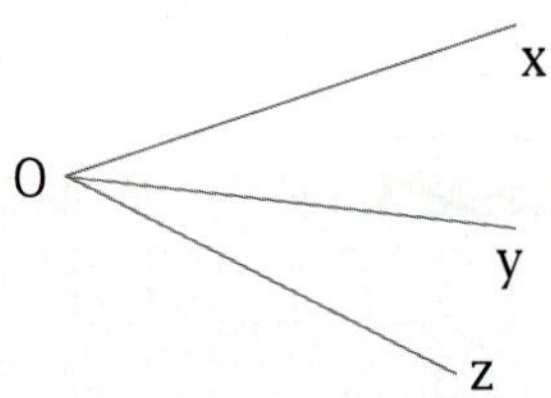

b)

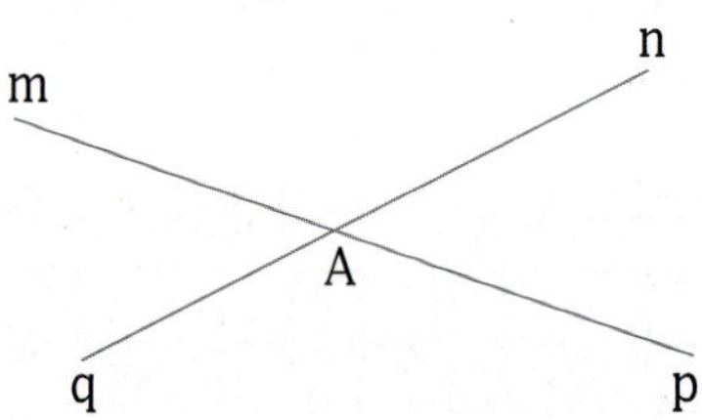

* **697 Reproduis les polygones.**

a) Colorie en jaune les secteurs angulaires saillants.

b) Colorie en rouge les secteurs angulaires rentrants.

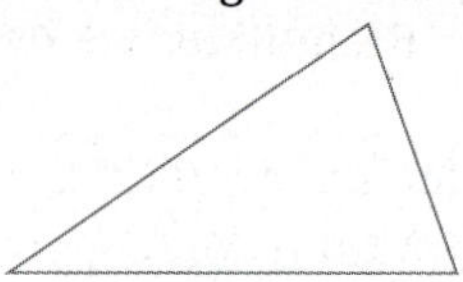

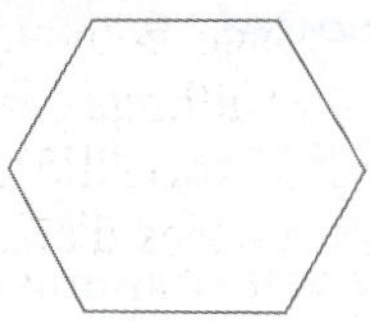

**** 698 Reporte le secteur angulaire Ŝ en suivant les étapes de la construction.**

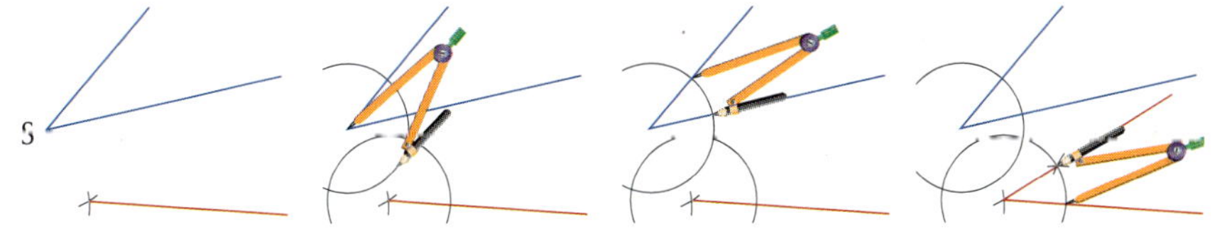

Pointe le sommet et trace un côté de l'angle.

Trace deux cercles égaux centrés sur les sommets.

Repère l'arc de cercle sur l'angle d'origine.

Reporte l'arc de cercle et trace le second côté de l'angle.

**** 699 Trace un triangle ayant deux secteurs angulaires égaux à Ê.**

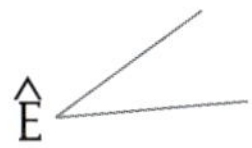

**** 700 Combien d'angles le rectangle ABCD possède-t-il ?**

Colorie le secteur angulaire intérieur au rectangle correspondant au sommet A.

**** 701 Résous le problème.**

Pour surveiller cette salle du musée, on projette d'y installer un système de vidéo-surveillance. Les caméras observent un secteur angulaire droit de 0 m à l'infini.
Combien de caméras faut-il acheter ?
Reproduis le plan de la salle en indiquant leur position.

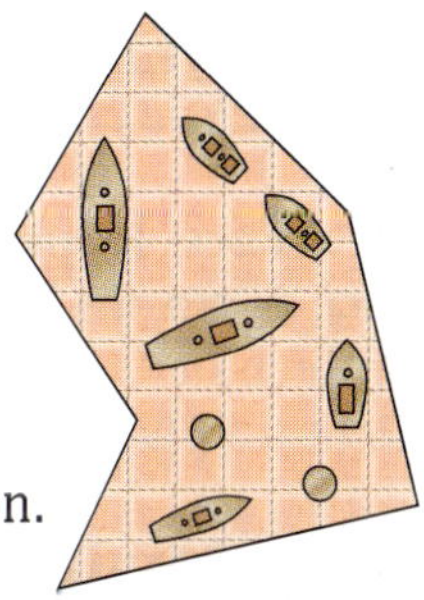

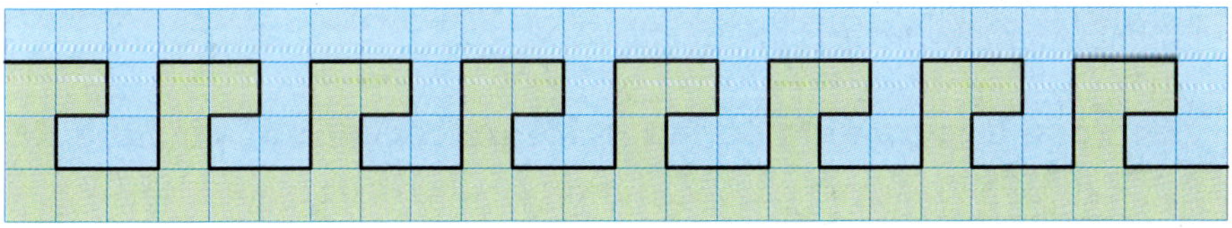

Frise 1, 1, 2-2, 2, 1

Calcul mental

Pour multiplier par 12, on multiplie par 10 et on ajoute deux fois le nombre.

- Calcule : 9 × 12 ; 15 × 12 ; 18 × 12 ; 23 × 12 ; 45 × 12.
- Avant 1971, au Royaume Uni, il fallait 12 pence pour faire 1 shilling. Combien de pence pouvaient-on avoir avec : 6 shillings ; 4 shillings ; 8 shillings ; 15 shillings ; 20 shillings ?
- Un étudiant a travaillé 35 heures par semaine pendant ses douze semaines de vacances d'été. Combien d'heures a-t-il travaillé pendant ses vacances ?

88 Construction de solides

Voici le patron d'un polyèdre : l'octaèdre.

En découpant puis en repliant ce patron, on obtient le solide.

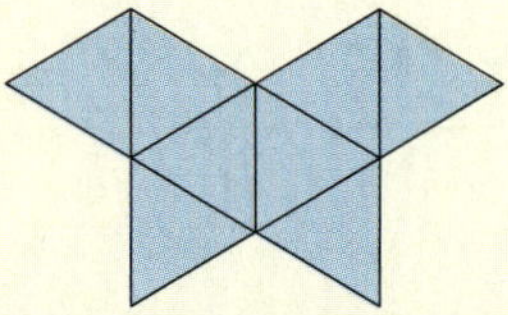

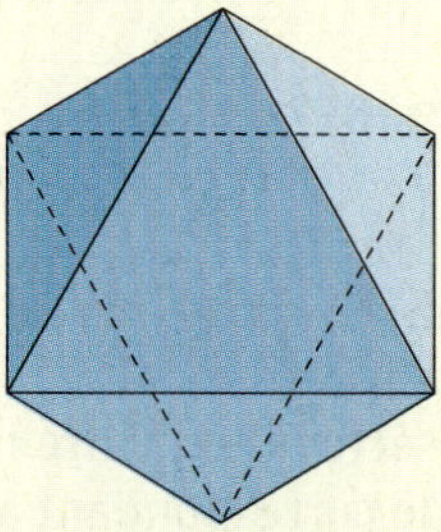

Les polyèdres peuvent être reconstitués à partir de leurs **patrons**.

* **702 Trace le patron d'une boîte sans couvercle de 12 cm de long, 6 cm de large et 3 cm de haut.**
Combien de faces a la boîte ?
Existe-t-il plusieurs patrons possibles ?

* **703 Construis le patron d'une pyramide à base carrée dont les arêtes mesurent toutes 6 cm.**
Combien a-t-elle de faces triangulaires ?

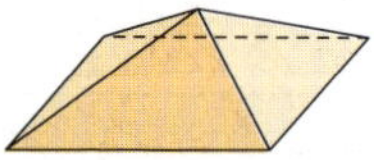

* **704 Pose la pyramide de l'exercice précédent sur un cube de 6 cm d'arête.**

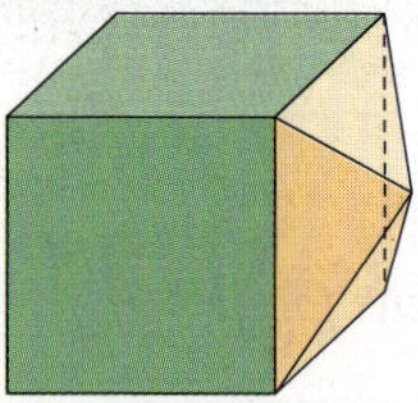

a) Combien le nouveau polyèdre possède-t-il de faces ?

b) Combien de faces aura le polyèdre formé par un cube dont toutes les faces sont surmontées d'une pyramide à base carrée ?

* **705 Construis le patron d'un prisme droit et assemble-le.**
Ce prisme droit est un demi parallélépipède.
Combien le prisme droit possède-t-il de faces ?

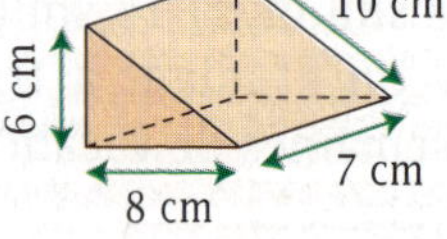

706 Essaie de tracer le patron d'un cylindre droit.

a) Combien de faces possède le cylindre droit ?

b) Comment faut-il modifier le patron pour obtenir un cylindre plus long de 2 cm ?

707 Trouve le solide dont cette figure est le patron.

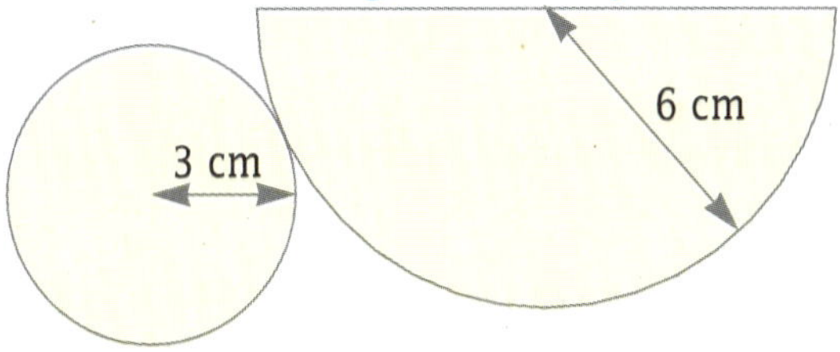

708 Reproduis et assemble ce patron.
Que manque-t-il au patron pour que l'assemblage forme un solide fermé ?

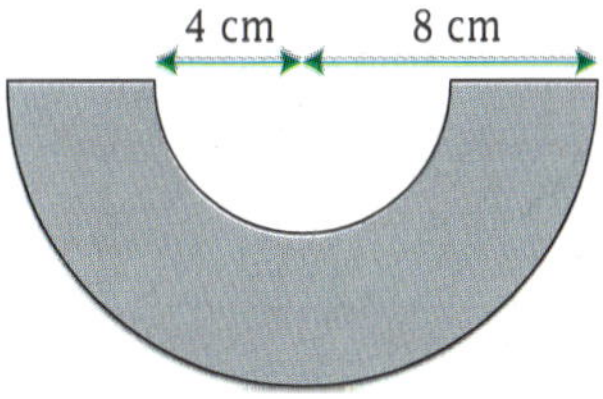

709 Construis le patron d'un octaèdre de 6 cm d'arête.
Marque d'une même couleur les arêtes qui se correspondent deux à deux. Place un onglet sur l'une des arêtes de chaque couple.

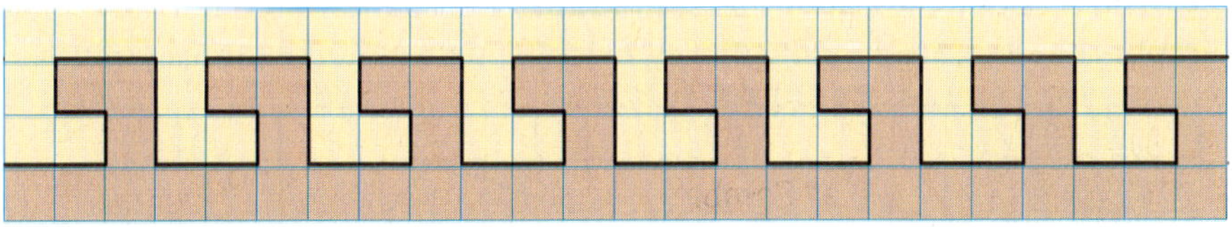

Frise 1, 1, 2-2, 2, 1

Calcul mental

- Calcule : 11 × 21 ; 17 × 21 ; 32 × 21 ; 51 × 21 ; 331 × 10.
- Une presse fabrique 21 pare-chocs toutes les minutes. Combien de pare-chocs fabrique-t-elle en une heure ?

89 Symétrie par rapport à une droite

La figure ABCD a une **image** A'B'C'D' qui est son **symétrique** par rapport à (*s*).
(A' se lit *A prime*)

La figure A'B'C'D' est le **symétrique** de la figure ABCD par rapport à (*s*).

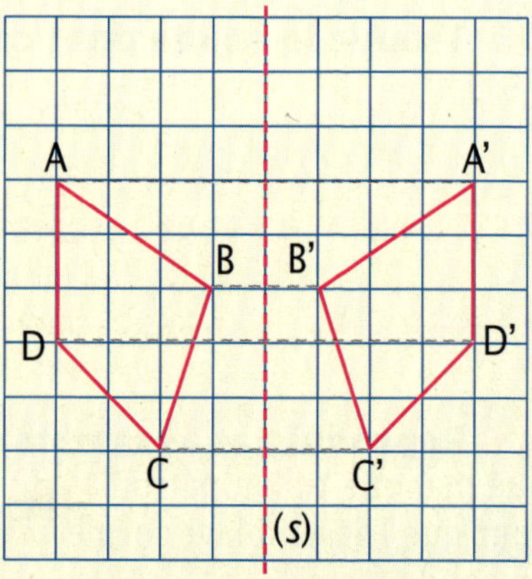

Un point et son symétrique sont à égale distance de (*s*), axe de symétrie.
[AA'], [BB']... sont perpendiculaires à l'axe de symétrie.

* **710 Reproduis la figure F sur un quadrillage.**

a) Trace (*p*) et détermine le symétrique de chaque sommet de F par rapport à (*p*). Trace le polygone symétrique de F en joignant les points.

b) Trace (*v*) et détermine le symétrique de chaque sommet de F par rapport à (*v*). Trace le polygone symétrique de F en joignant les points.

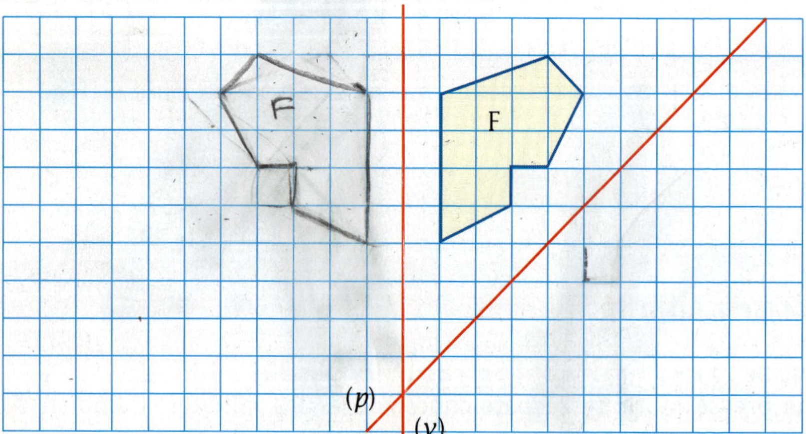

* **711 Reproduis la figure et trace le symétrique du cercle par rapport à la droite.**

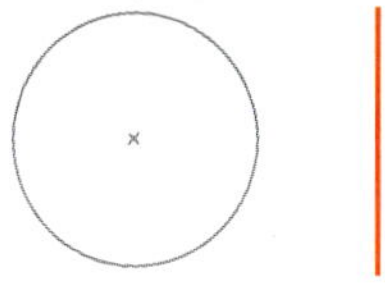

** **712 Reproduis la figure et trace le symétrique du cercle par rapport à la droite.**

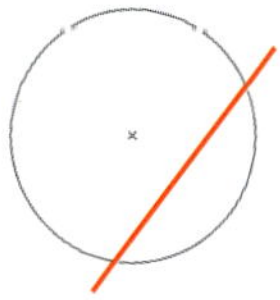

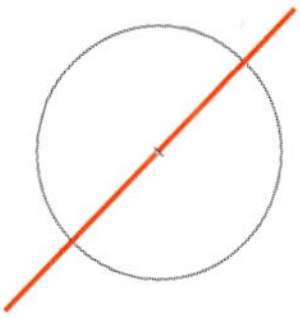

** **713 Reproduis la figure et trace le symétrique du cercle par rapport à une droite qui passe par le centre du cercle.**
Que remarques-tu ?

*** **714 Sur un quadrillage reproduis le contour de la figure en bleu et trace en rouge son symétrique par rapport à la droite.**

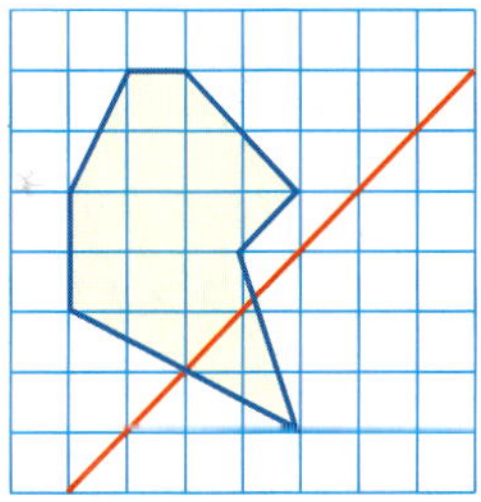

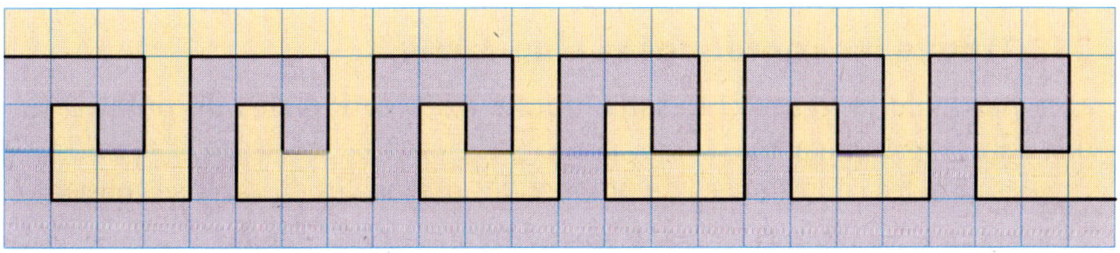

Frise 1, 1, 2, 3-3, 2, 2, 1

Calcul mental

Pour multiplier par 18, on multiplie par 20 et on retranche le double du nombre.

- Calcule : 8 × 18 ; 15 × 18 ; 18 × 19 ; 18 × 23 ; 18 × 42.
- Un intérimaire a travaillé 18 heures pendant 11 semaines. Combien a-t-il travaillé durant cette période ?
- Un serveur demande 18 € par heure. Combien recevra-t-il pour assurer le service dans un banquet entre 19 h et 1 h du matin ?
- 18 chargements de 25 tonnes de sable sont arrivés sur un chantier. Quelle masse de sable a été livrée ?
- Un coiffeur met 18 minutes pour coiffer un client. Combien pourra-t-il coiffer de clients en 3 heures ?

90 Repérage dans le plan

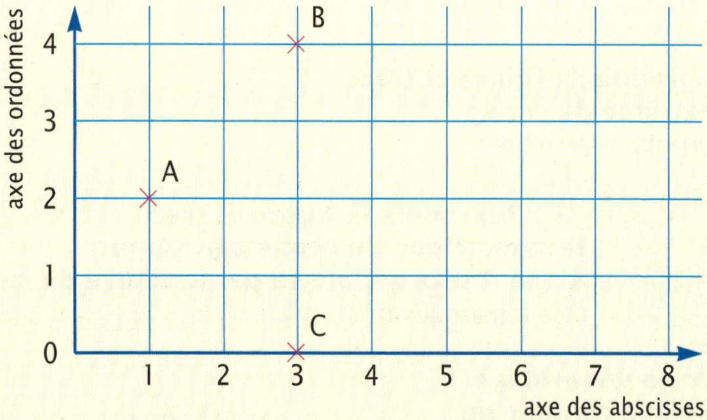

Deux données permettent de **repérer un point dans un plan**.

L'**abscisse** de A est 1 ; l'**ordonnée** de A est 2 ;

les **coordonnées** des points sont A (1 ; 2) ; B (3 ; 4) ; C (3 ; 0).

On indique toujours l'abscisse avant l'ordonnée.

** 715 Trouve les coordonnées d'un carré.

a) À partir de la figure ci-dessus, donne les coordonnées du point D tel que ABCD soit un carré.

Quelles sont les coordonnées du point où les diagonales du carré se coupent ?

b) Partage le segment [AC] en 4 segments de même mesure.

Trouve les coordonnées des points E, F, G, extrémités de ces segments.

** 716 Place les points.

a) Sur une feuille de papier millimétré, trace deux axes et place les points de coordonnées :

A	(0,5 ; 0,75)	E	(2,5 ; 3,75)
B	(1 ; 1,5)	F	(3 ; 4,5)
C	(1,5 ; 2,25)	G	(3,5 ; 5,25)
D	(2 ; 3)	H	(4 ; 6)

Relie ces points entre eux. Que remarques-tu ?

Peux-tu l'expliquer avec les coordonnées des points ?

b) Un marchand vend ses cerises 1,5 € le kilo. Comment peut-il utiliser le graphique ci-dessus ?

**** 717 Complète ces mesures relevées sur des carrés.**

côté	0,5 m	...	1 m	1,25 m	...	2 m	2,5 m	5 m
périmètre	...	3 m	...	...	6 m	...	...	...

Marque sur un graphique les points correspondants en prenant le côté de chaque carré en abscisse et son périmètre en ordonnée (1 cm pour 1 m). Relie en bleu les points entre eux. Que remarques-tu ?

***** 718 Complète ces mesures relevées sur des carrés.**

côté	0,2 m	0,5 m	...	1 m	1,5 m	...	2,5 m	4 m
aire	...	...	0,49 m^2	...	...	4 m^2	...	...

Marque sur un graphique les points correspondants en prenant le côté de chaque carré en abscisse et son aire en ordonnée (1 cm pour 1 m^2). Relie en rouge les points entre eux. Les points sont-ils alignés ?

***** 719 Écris les dimensions possibles d'un rectangle : le terrain rectangulaire qu'il représente a une aire de 4 800 m^2.**

côté 1	10	50	...	150	192	...	...
côté 2	...	96	48	...	25	24	...
aire	4 800	4 800	4 800	4 800	4 800	4 800	4 800

Marque sur un graphique les points correspondant aux rectangles possibles en prenant le côté 1 en abscisse et le côté 2 en ordonnée (1 cm pour 10 mètres).
Relie ces points par une ligne rouge. Que remarques-tu ?

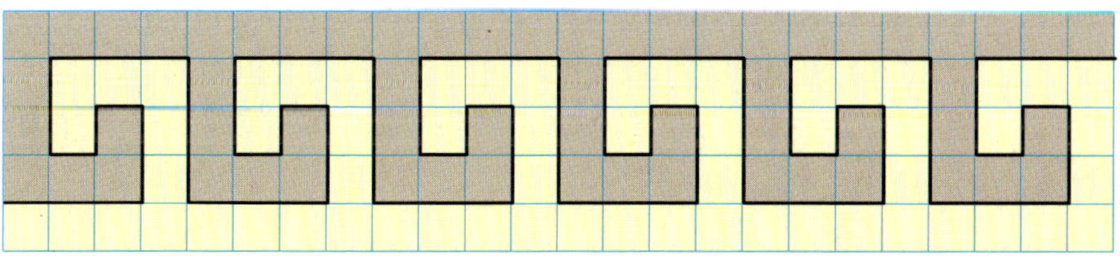

Frise 1, 1, 2, 3-3, 2, 2, 1

Calcul mental

- Calcule : 497 – 99 ; 773 – 99 ; 2 556 – 99 ; 6 859 – 999 ; 5 237 – 999.
- Quel est le reste de : 54 – 12 ; 72 – 23 ; 137 – 14 ; 473 – 21 ; 389 – 13 ?
- 9 personnes montent dans un bus chargé de 26 passagers et 4 en descendent. Combien de personnes sont présentes dans le bus après son passage à la station ?
- 295 candidats sont inscrits à un examen. Il reste 19 places vides dans la salle. Combien de candidats sont présents ?

91 Transformations

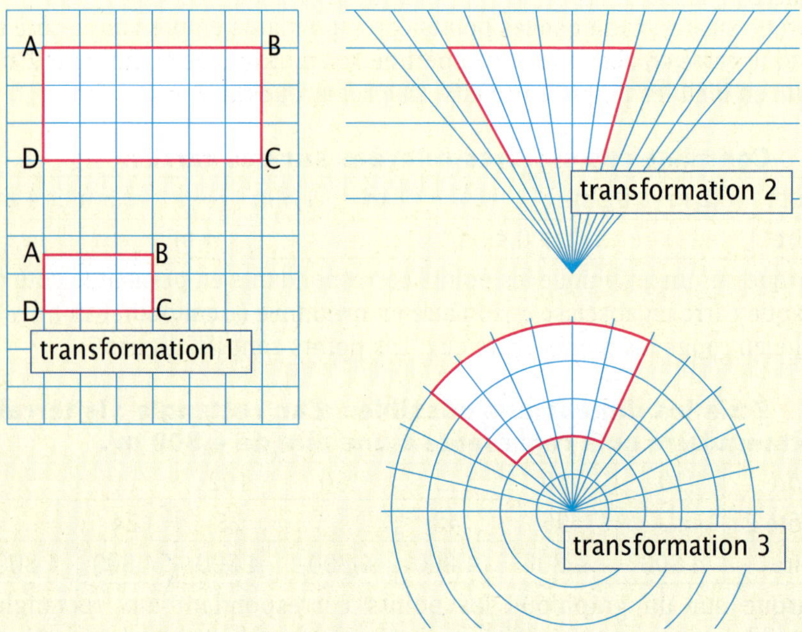

Une figure peut être **transformée** de nombreuses façons sur un **même quadrillage** (déplacement, symétrie, agrandissement, réduction).

On peut aussi transformer une figure en la transportant sur un quadrillage dont les **mailles** sont différentes.

Transforme les figures.

* **720** Sur un quadrillage, construis un rectangle ABCD.
Dessine son symétrique par rapport à une droite verticale.
Place les points A', B', C', D', images de A, B, C, D.
Recherche les propriétés du rectangle qui ont changé.

* **721** Sur un quadrillage, construis un rectangle ABCD.
Reproduis-le en multipliant ses dimensions par 2.
Place les points A', B', C', D', images de A, B, C, D.
Recherche, parmi les propriétés suivantes du premier rectangle, celles qui restent vraies pour le second :
ABCD est un polygone ; AB = CD ; BC = AD ; (AB) // (CD) ; (BC) // (AD) ; les diagonales sont égales ; le rectangle a quatre angles droits.

** **722** Construis un maillage en prenant modèle sur la transformation 2 de la règle. Reproduis un « rectangle » de six mailles de long et trois mailles de large.
Recherche, parmi les propriétés suivantes du premier rectangle, celles qui restent vraies pour le second :
ABCD est un polygone ; AB = CD ; BC = AD ; (AB) // (CD) ; (BC) // (AD) ; les diagonales sont égales ; le rectangle a quatre angles droits.

** **723** Construis un maillage en prenant modèle sur la transformation 3 de la règle. Reproduis un « rectangle » de six mailles de long et trois mailles de large.
Recherche, parmi les propriétés suivantes du premier rectangle, celles qui restent vraies pour le second :
ABCD est un polygone ; AB = CD ; BC = AD ; (AB) // (CD) ; (BC) // (AD) ; les diagonales sont égales ; le rectangle a quatre angles droits.

** **724** Construis des maillages déformés (mêmes irréguliers) et transforme le rectangle. As-tu déjà observé des transformations de ce genre ?

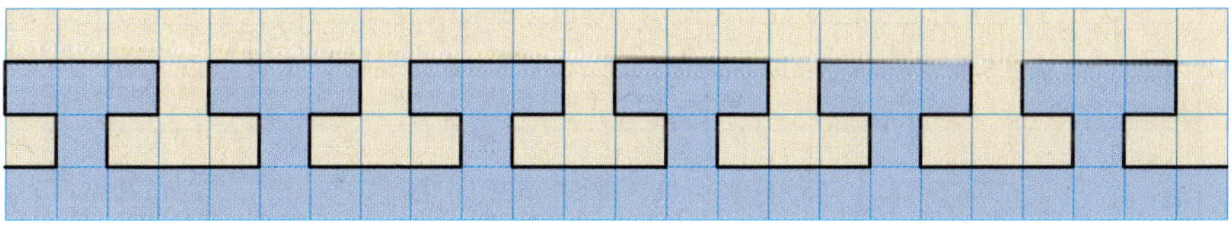

Frise 3, 1, 1, 1-3, 1, 1, 1

Calcul mental

- Calcule : 70 × 8 ; 60 × 2 ; 700 × 6 ; 8 × 90 ; 5 × 60 ; 6 × 80.
- Quel est le triple de : 31 ; 53 ; 108 ; 215 ; 507 ?
- Quel est le chiffre désigné par la petite aiguille d'une montre quand il est minuit ; 15 h ; 22 h ; 19h ; 21 h ?
- La dictée commence à 10 h 50 et dure 20 minutes. Quelle heure sera-t-il quand elle se terminera ?
- Renaud a assuré qu'il était capable de porter seul les 30 ballons de football que l'on emporte à l'entraînement. Un ballon pèse 410 g. Quelle masse devra porter Renaud ?
- Sur la route, quelle distance ai-je parcourue si je vois :
Dijon 87, puis Dijon 26 ; Toulouse 172, puis Toulouse 151 ; Marseille 63, puis Marseille 92 ; Bordeaux 39, puis Bordeaux 53 ; Grenoble 97, puis Grenoble 121 ?

92 Agrandissement Réduction

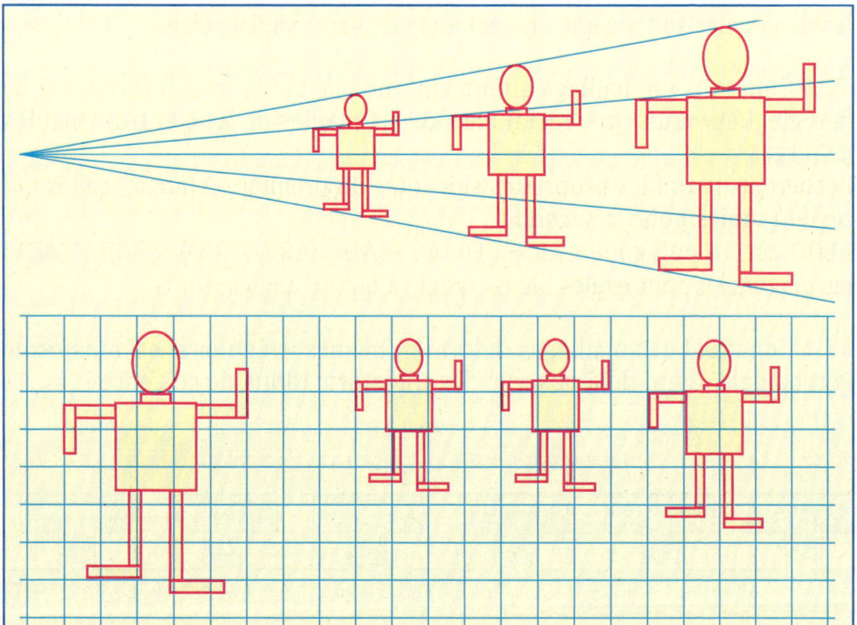

Un **faisceau de droites** ou un **quadrillage** permettent d'**agrandir** ou de **réduire** une figure.

* **725 Reproduis ce faisceau de droites.**
Reporte plusieurs dessins de l'arbre.
Quel effet d'optique obtiens-tu ?

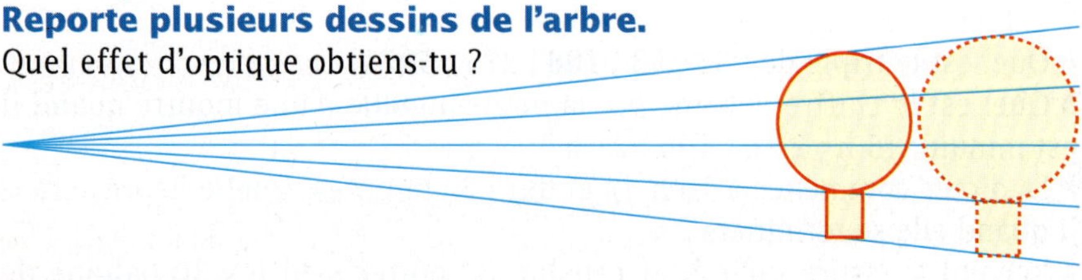

** **726 Reproduis ces faisceaux de droites.**
Reporte plusieurs dessins de la maison.

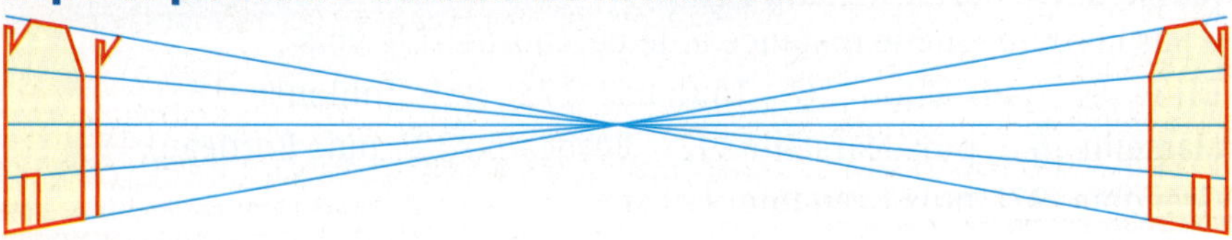

** **727 Reproduis ces faisceaux de droites.**
Reporte plusieurs dessins de la maison.
Obtiens-tu le même effet d'optique que dans l'exercice précédent ?

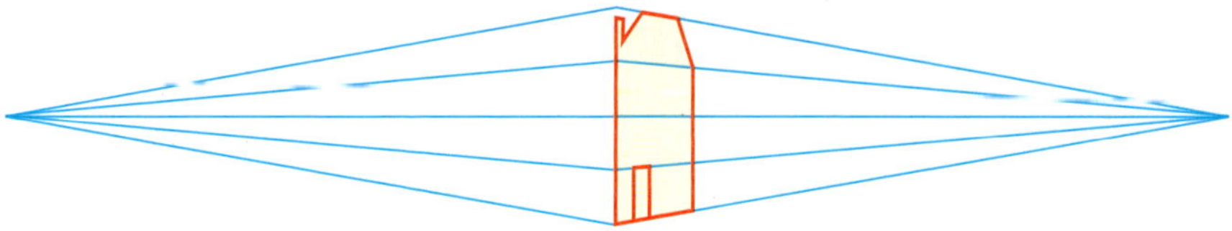

*** **728 Reproduis sur le quadrillage des arbres de différentes tailles. Utilise la ligne en vert pour les placer.**
Colorie en vert les arbres qui paraissent les plus éloignés et en jaune les arbres qui paraissent les plus proches.

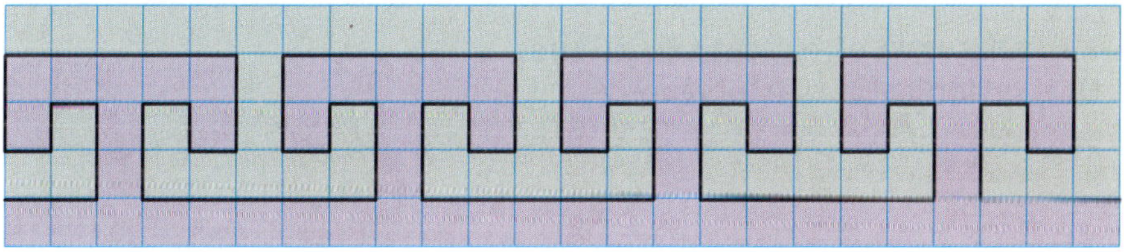

Frise 5, 2, 1, 1, 1-5, 2, 1, 1, 1

Calcul mental

- Quel est le complément à 50 de : 42 ; 47 ; 49 ; 37 ; 29 ?
- Calcule : 10 × 29 ; 100 × 17 ; 10 × 42 ; 10 × 65 ; 100 × 58.
- Une presse fabrique un pare-chocs toutes les 10 secondes. Combien de pare-chocs sont fabriqués en 1 heure (3 600 s) ?
- Combien de jours y a-t-il dans la période du 3 au 8 juin inclus ; du 12 au 27 janvier inclus ; du 1er mai au 1er juin inclus ; du 25 octobre au 2 novembre inclus ?
- On achète 1 500 g de mirabelles dont on extrait 300 g de noyaux. On ajoute 1 200 g de sucre. Quelle masse totale met-on à cuire avant d'obtenir de la confiture ?

93 Pliage : disque et polygone

Construction d'un triangle équilatéral par pliage :

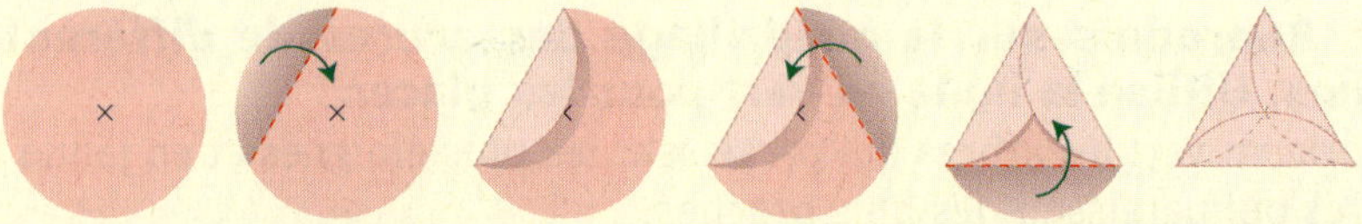

Les **pliages** permettent de mettre en évidence les **symétries** dans les figures et de retrouver des **propriétés** étudiées en géométrie.

* **729 Observe et exécute le pliage.**
Que peux-tu dire du triangle obtenu ?

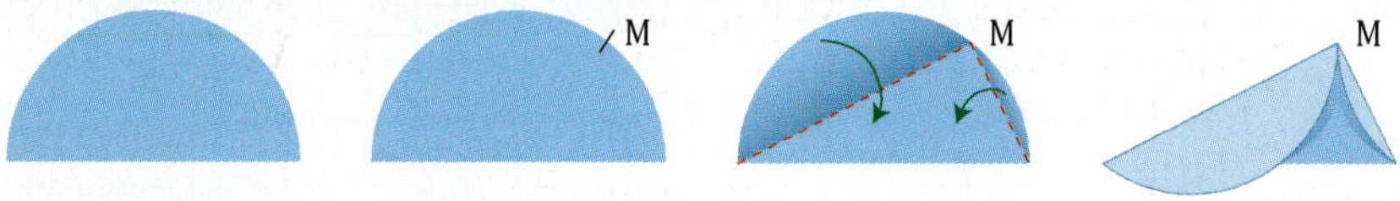

* **730 Observe et exécute le pliage.**
Quel quadrilatère as-tu obtenu ?

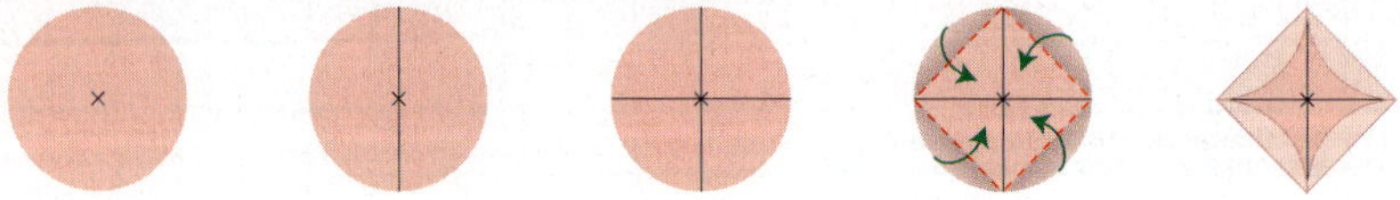

* **731 Observe et exécute le pliage.**
Que peux-tu dire du polygone obtenu ?

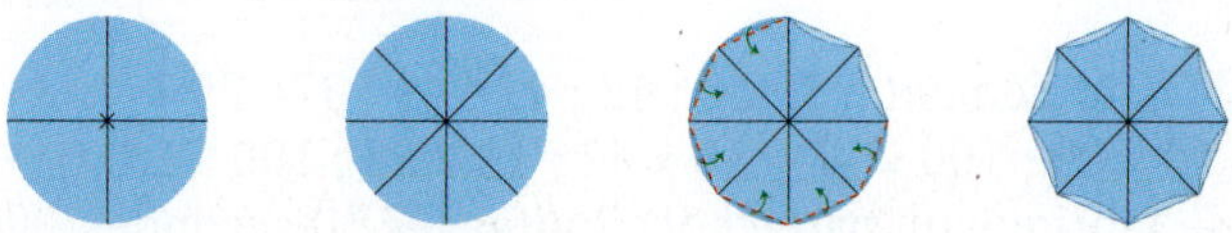

** **732 Fabrique par pliage un tiers d'angle droit à partir d'un rectangle.**

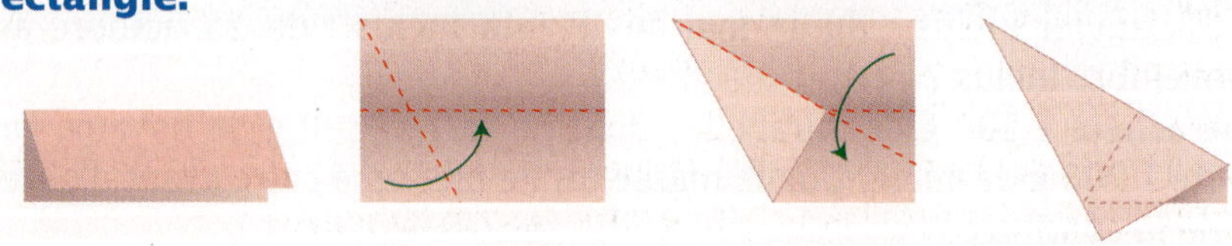

**** 733 Construis un carré C_2 par pliage d'un carré C_1 de 10 cm de côté.**

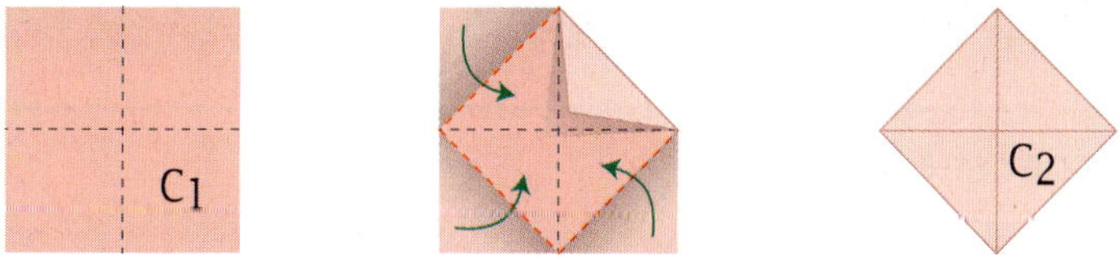

Que peux-tu dire de l'aire des carrés C_1 et C_2. Justifie ta réponse.
Vérifie ta réponse en effectuant des mesures et en calculant les aires.

**** 734 Exécute les pliages à partir d'un rectangle de 10 cm sur 16 cm.**

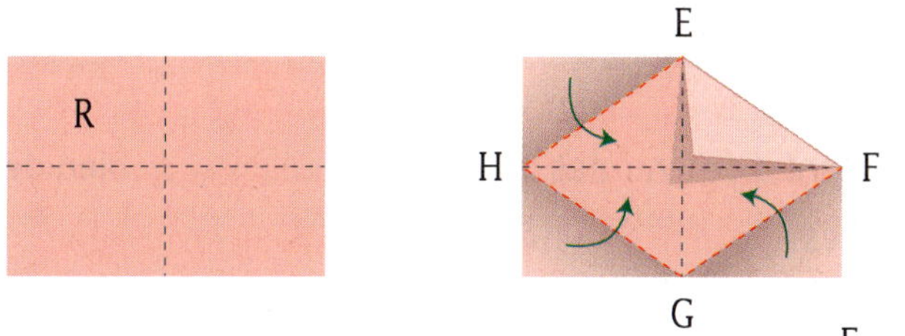

Découpe selon EF, FG, GH, HE.
Que peux-tu dire de la figure S ?
Compare les aires de R et S.

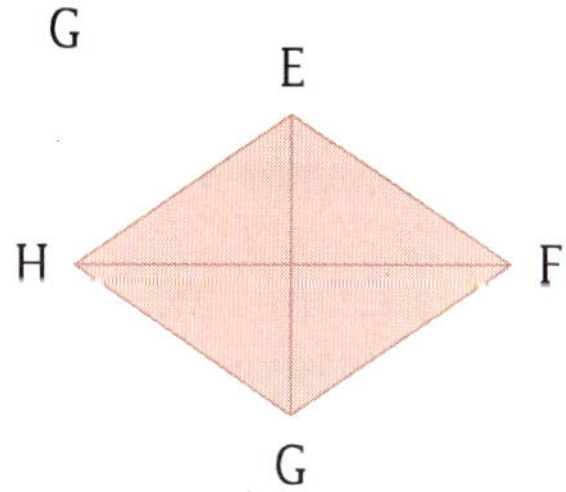

Vérifie ta réponse en effectuant des mesures et en calculant les aires.

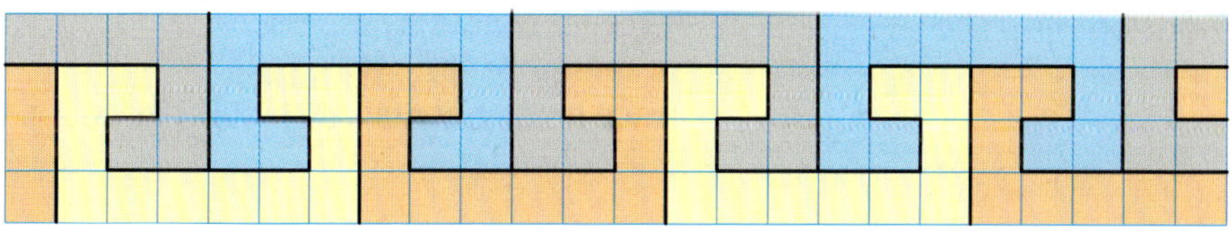

Assemblage de disjoints

Calcul mental

Pour multiplier par 20, par 30..., on multiple par 2, par 3... puis par 10.

- Calcule : 20 × 17 ; 21 × 30 ; 32 × 40 ; 27 × 30 ; 58 × 20.
- Pendant ses 2 semaines de vacances, Kelly a fait chaque jour 20 km de marche. Quelle distance totale a-t-elle parcourue ?
- Marine achète 30 baguettes de pain à 0,65 € l'une.
Combien doit-elle ?
- Cathy a 20 cahiers à corriger. Elle met 4 minutes pour corriger un cahier. Combien de temps passera-t-elle à faire ses corrections ?

94 Tracés

À partir de cette figure :

on peut définir au moins quatre programmes de construction du rectangle.

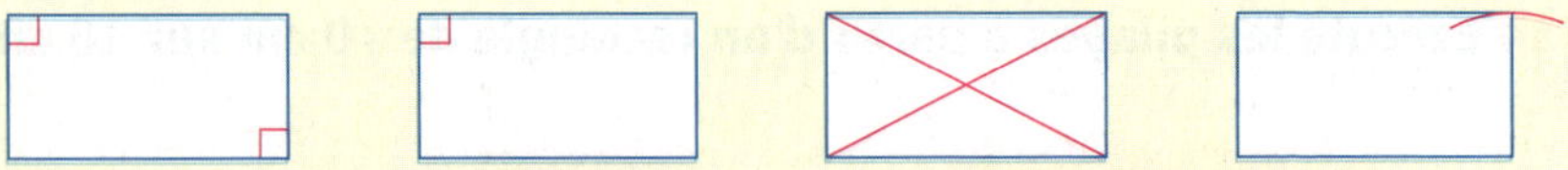

Des **programmes de construction précis** permettent d'obtenir des **tracés géométriques** bien définis.

Des **programmes de construction différents** peuvent aboutir au **même tracé**.

* **735 Observe et reproduis la figure.**

Trace la droite CH.
Que constates-tu ?

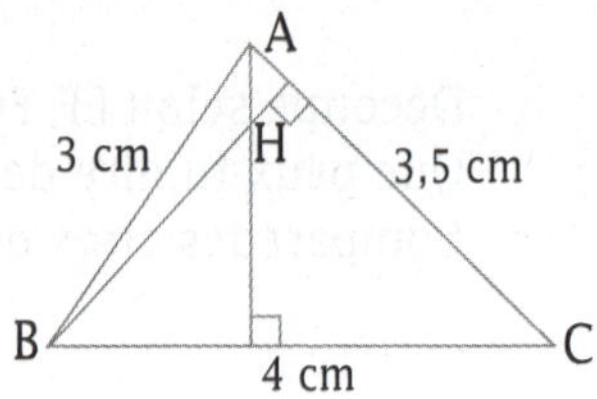

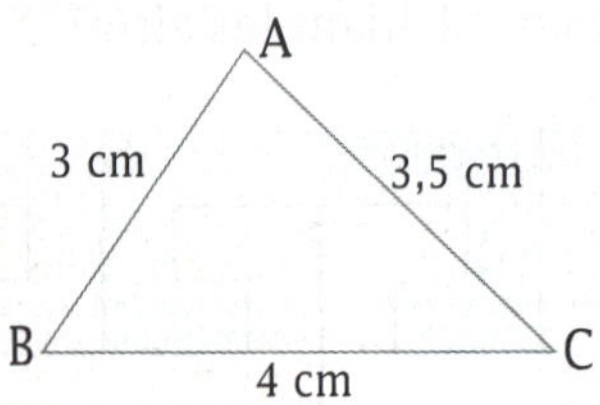

* **736 Reproduis le triangle.**
Place les points A_1, B_1 et C_1 au milieu de [BC], [AC], [AB].
Trace les segments $[AA_1]$, $[BB_1]$ et $[CC_1]$.
Que constates-tu ?

* **737 Reproduis le triangle.**
Place M et N, milieux des segments [AB] et [AC].
Replie comme indiqué :

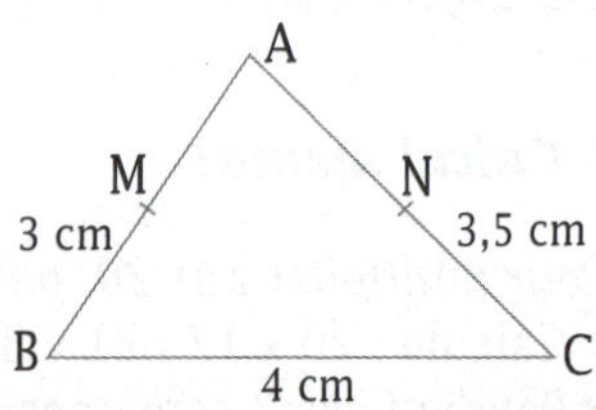

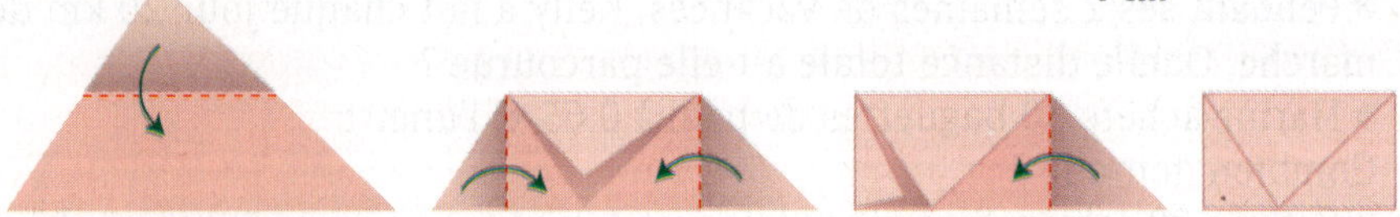

Que constates-tu ?

**** 738 À partir de la figure, exécute le programme de construction :**
Trace [AC].
Trace un cercle de centre C ayant un rayon de 4 cm.
Trace un cercle de centre A ayant un rayon de 4 cm.
Ces 2 cercles se coupent en 2 points : M et N.
Trace la droite (MN) qui coupe [AC] en O.
Trace la droite (BO).
Trace le cercle de centre O et de rayon OB.
Il recoupe la droite (OB) en D.
Trace AD. Trace CD.
Que peux-tu dire du quadrilatère ABCD ?

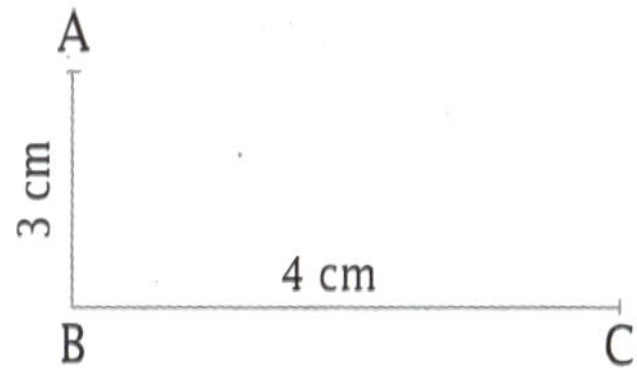

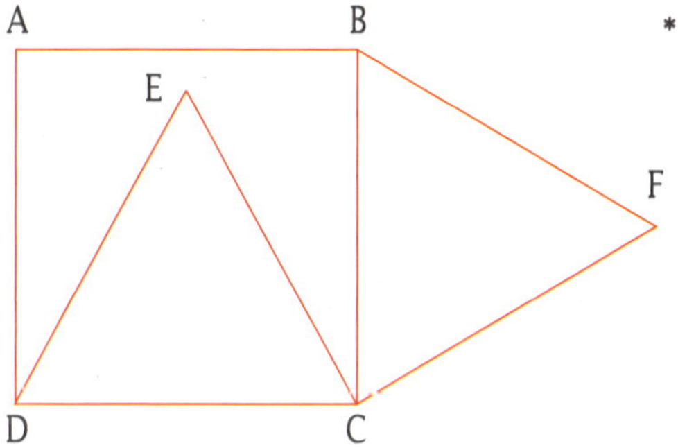

**** 739 Reproduis la figure.**
ABCD est un carré,
DCE et BCF sont des triangles équilatéraux.
Trace AE et EF ; trace AF.
Que remarques-tu ?

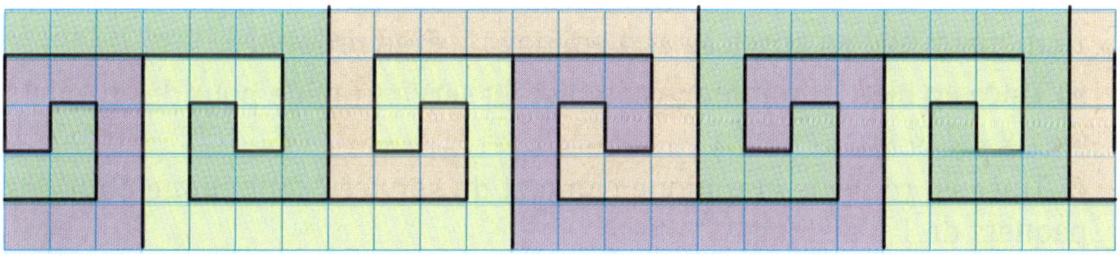
Assemblage de disjoints

Calcul mental

- Calcule : 8,3 × 100 ; 17,5 × 10 ; 9,73 × 10 ; 7,635 × 100 ; 48,4 × 100 ; 72,85 × 1 000.
- Thomas a 93 photos de footballeurs. On lui en offre 21 nouvelles. Combien a-t-il de photos en tout ?
- Donne une autre façon de dire 9 h du soir ; 17 h 30 ; 15 h 40 ; 10 h 15 du matin ; 7 h moins 10 du matin.

95 Synthèse

*** 740 Donne le prix des timbres, suivant la grille des tarifs d'affranchissement, pour expédier les objets suivants par service rapide et par service économique.**

Grille des tarifs d'affranchissement :				
poids jusqu'à :	20 g	50 g	100 g	250 g
prix, service rapide	0,46 €	0,69 €	1,02 €	1,75 €
prix, service économique	0,41 €	0,53 €	0,64 €	1,22 €

objets	service rapide	service économique
cartes de vœux (5 g)	....	....
lettre (16 g)	....	....
dossier de 5 pages (32 g)	....	....
agenda (45 g)	....	....
livret (53 g)	....	....
revue (85 g)	....	....
chocolat (185 g)	....	....
tee shirt (228 g)	....	....

a) Reporte les valeurs que tu as trouvées sur un graphique en prenant 1 cm pour 20 g en abscisse et 4 cm pour 1 € en ordonnée.

b) Trace en bleu le graphique complet du service rapide pour des paquets de 1 g à 250 g.

c) Trace en rouge le graphique complet du service économique pour des paquets de 1 g à 250 g.

**** 741 Reproduis le quadrillage et suis les consignes.**

Trace en rouge une droite parallèle à la droite verte.
Trace en bleu une droite perpendiculaire à la droite verte.

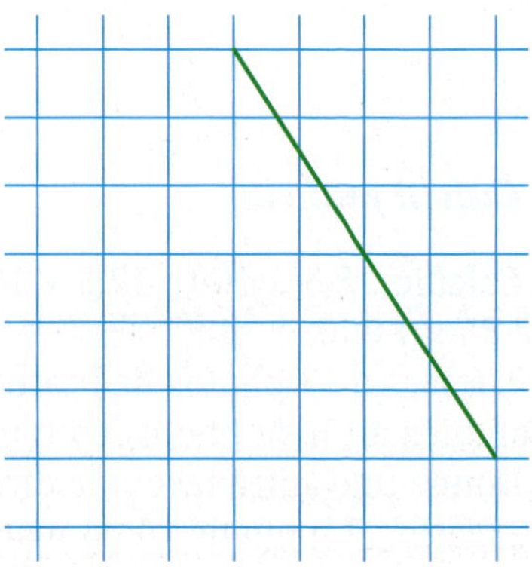

***** 742 Trace un losange ABCD, dont la grande diagonale [BD] mesure 10 cm et la petite diagonale [AC] 8 cm.**
De A, abaisse la perpendiculaire [AM] sur le coté [BC] et la perpendiculaire AN sur le coté [CD].
De C, abaisse la perpendiculaire [CO] sur le coté [AD] et la perpendiculaire CP sur le coté [AB].
Marque I, point d'intersection de [AM] avec [CP].
Marque J, point d'intersection de [AN] avec [CO].
Quelle est la nature du quadrilatère AICJ ? Justifie ta réponse.

**** 743 À partir d'un triangle équilatéral F_1, effectue les pliages :**

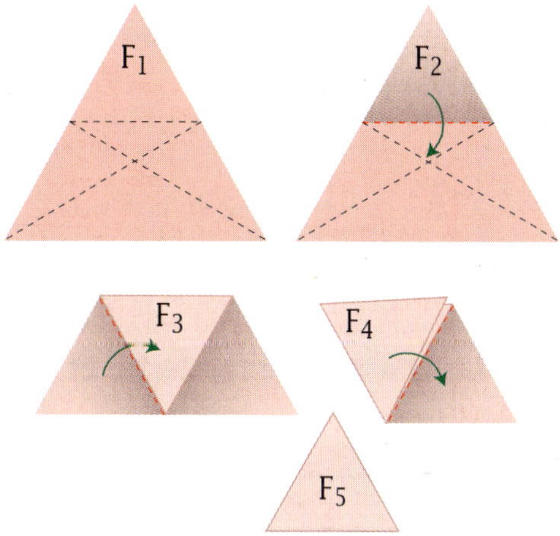

Que peux-tu dire des figures F_3, F_4 F_5 ?
Ont-elles un nom ?
Compare leurs aires :

a) En prenant F_5 comme unité.

b) En prenant F_1 comme unité.
Vérifie ta réponse en effectuant des mesures et en calculant les aires.

**** 744 À partir d'un carré C_1, effectue les pliages.**

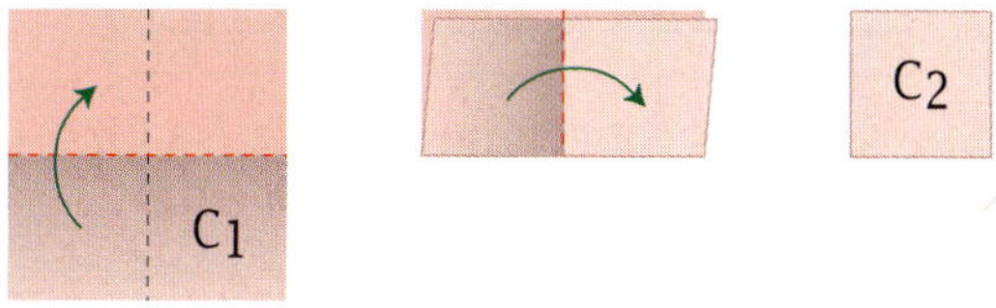

Que peux-tu dire de l'aire des carrés C_1 et C_2.
Justifie ta réponse.
Vérifie ta réponse en effectuant des mesures et en calculant les aires.

** **745 Observe l'espace compris entre une roue et la route.**
Il représente une figure géométrique pour laquelle on peut inventer un nom qui permette de la désigner : les « angles cornus ».

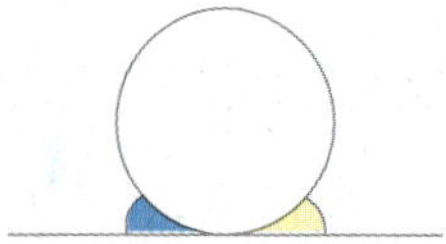

Reproduis les figures A, B, C et D.
Colorie d'une couleur différente chacun des « angles cornus » que l'on peut trouver dans ces figures.

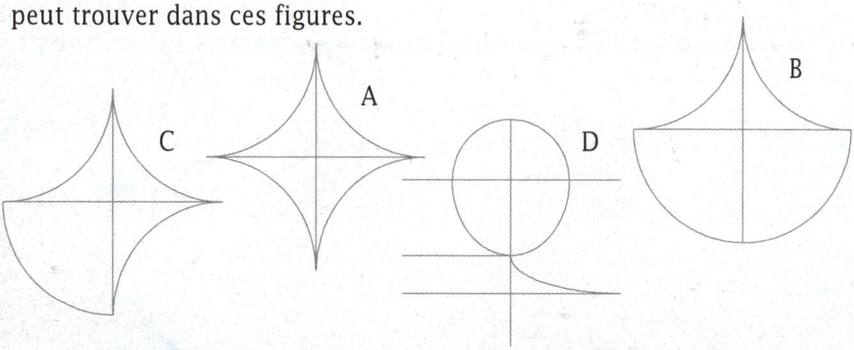

** **746 Reproduis ce plan d'une ville moderne et trace le parcours des taxis.**
Les taxis se déplacent le long des rues, d'intersection en intersection.

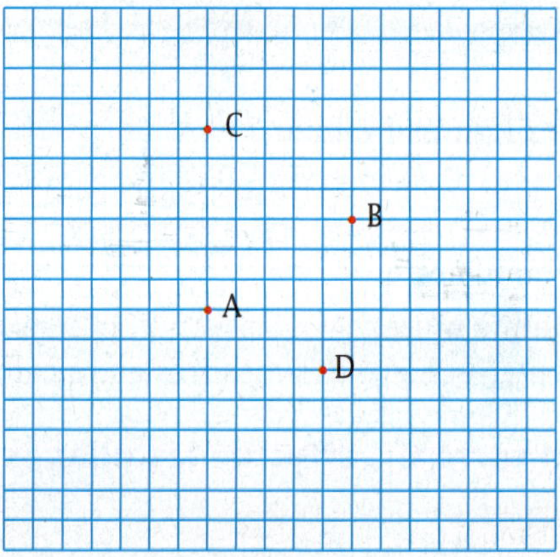

a) Quel est le chemin le plus court pour aller de A à C ?
Quel est le chemin le plus court pour aller de A à B ?
Chacun de ces parcours est-il le seul possible ?
Si non, combien y en a-t-il de différents ?

b) Un taxi part d'un point A et parcourt quatre unités (1 unité = 1 carreau).
Marque d'un point rouge sur le plan toutes les intersections où il peut se trouver à la fin du parcours.

Annexes

Mémento

Unités de mesures

	kilo	hecto	déca		déci	centi
	1 000	100	10	**1**	0,1	0,01
longueurs (m)	km	hm	dam	**m**	mm	cm
masses (g)	kg	hg	dag	**g**	dg	cg
volumes (L)		hL	daL	**L**	dL	cL
	multiples			unités	sous-multiples	

Temps

1 an ⇨ 12 mois

1 mois ⇨ 30 jours

1 jour ⇨ 24 heures

1 heure (h) ⇨ 60 minutes ⇨ 3 600 s

1 minute (min) ⇨ 60 secondes (s)

Figures

Périmètre (P) = somme des longueurs des côtés

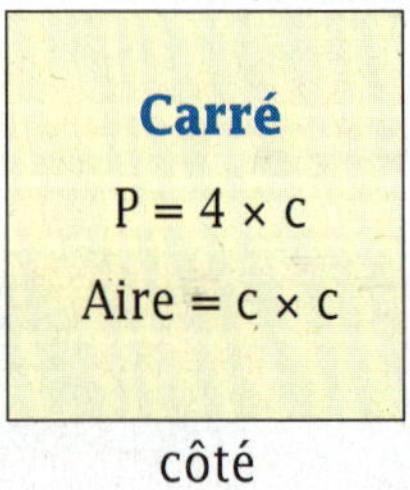

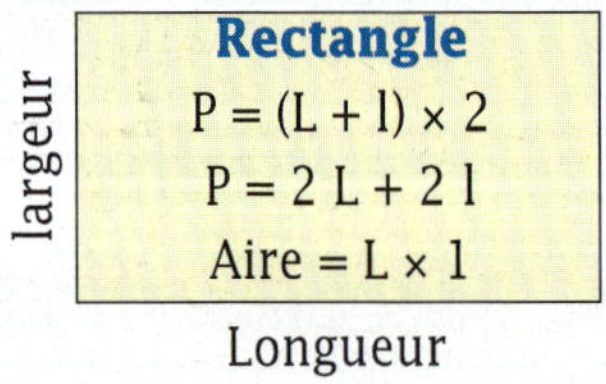

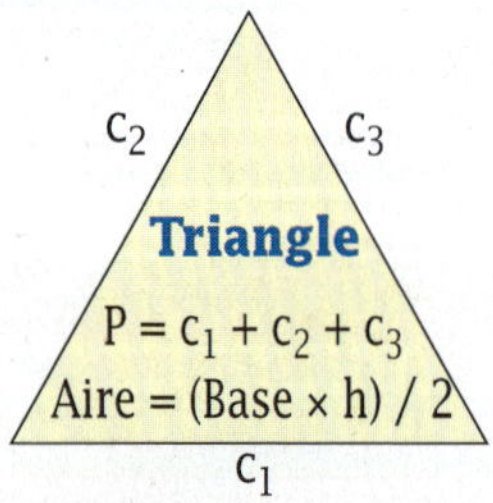

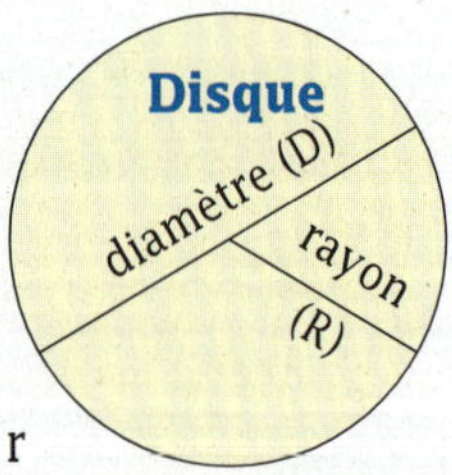

$P = 2 \pi r$

$\text{Aire} = \pi r \times r$

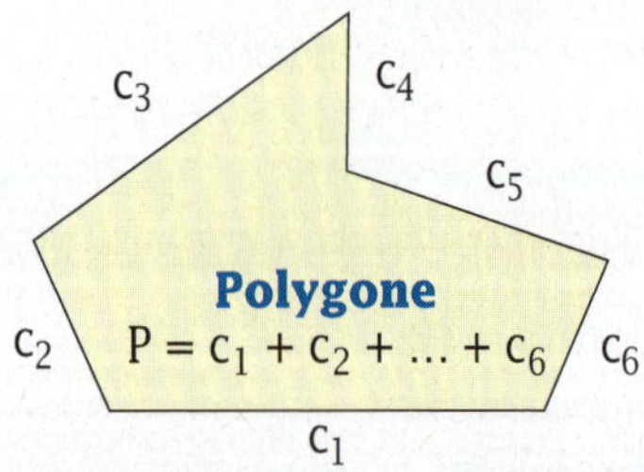

Aire = décomposer en triangles

Angles

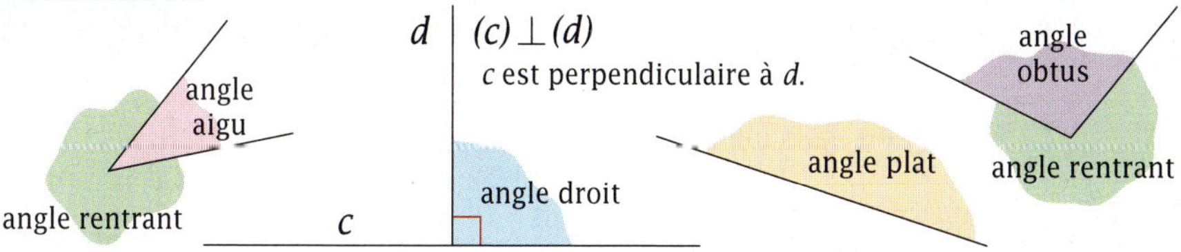

Lignes

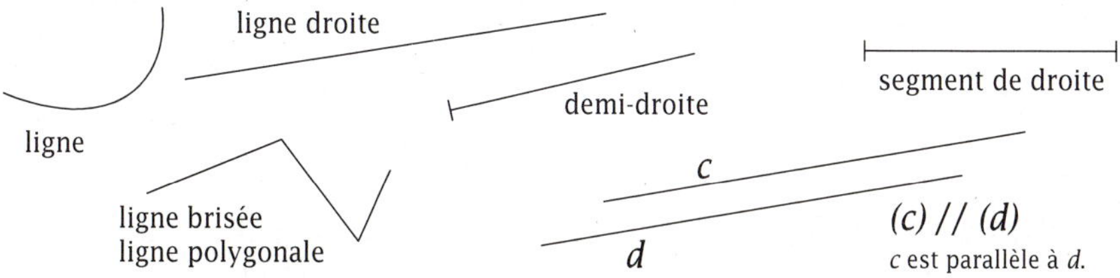

Constructions

Élever une perpendiculaire à *d* (passant par *A*)

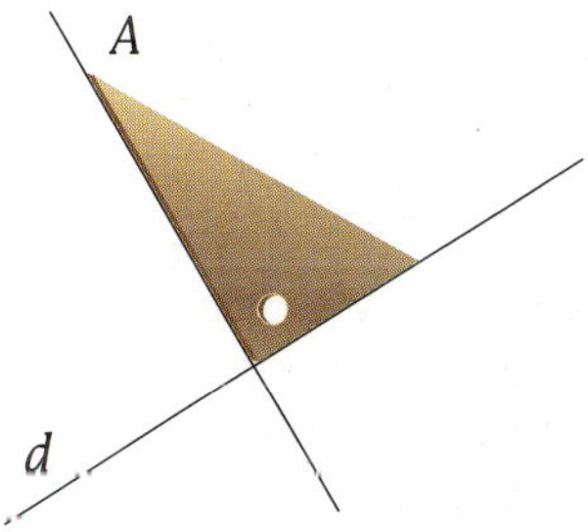

Reporter un angle

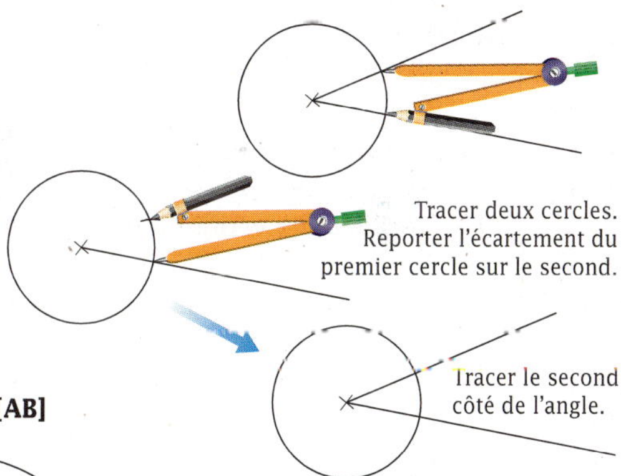

Trouver le milieu M d'un segment [AB]

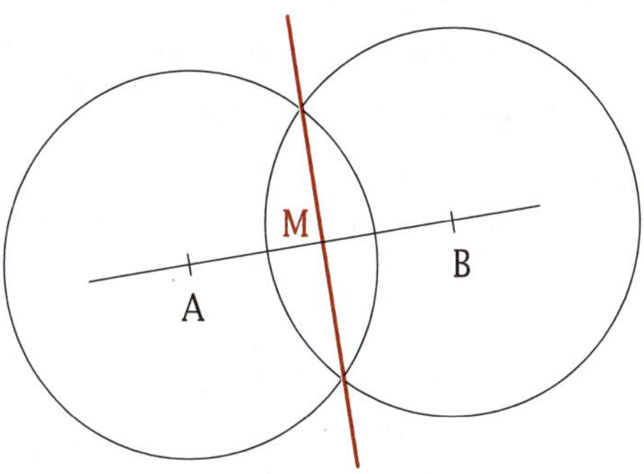

Tracer deux cercles de même diamètre centrés sur A et B.
Joindre les intersections des cercles :
le milieu du segment est à l'intersection des droites.

Tracer des parallèles

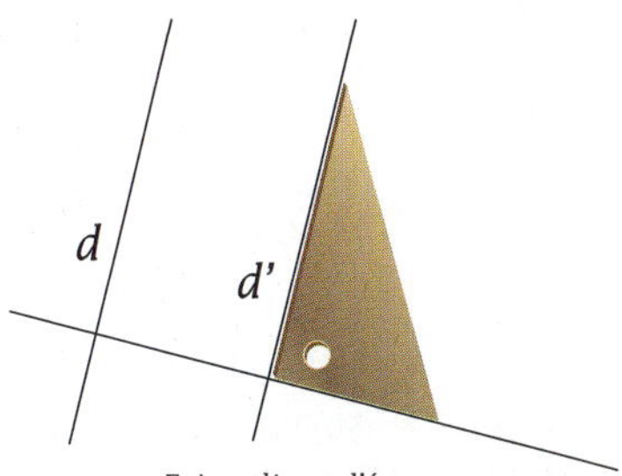

Faire glisser l'équerre.

Étapes pour résoudre un problème

	Les étapes	
PRÉPARATION	**1** – Comprendre l'énoncé.	Cherche les mots inconnus dans un dictionnaire.
PRÉPARATION	**2** – Repérer les mots utiles et inutiles.	Simplifie les mots. Retrouve un problème semblable que tu as déjà résolu.
PRÉPARATION	**3** – Repérer les données chiffrées et non chiffrées.	Classe les données par catégories : dates, masses, longueurs...
PRÉPARATION	**4** – Simplifier les données.	Arrondis et utilise des petits nombres.
PRÉPARATION	**5** – Rechercher les données manquantes.	Consulte les annuaires, les répertoires, les dictionnaires...
PRÉPARATION	**6** – Faire le bilan des éléments connus.	Repère les objets, les actions et les données du problème.
PRÉPARATION	**7** – Faire le bilan des éléments inconnus, mais accessibles.	Repère les objets, les actions et les données du problème.
RÉSOLUTION	**8** – Élaborer un schéma qui résume les éléments connus.	
RÉSOLUTION	**9** – Déterminer les étapes qui vont permettre de passer du connu à l'inconnu.	Pose des questions simples (concernant les objets et les actions).
RÉSOLUTION	**10** – Effectuer des calculs possibles.	Pose des opérations simples (concernant les données). Vérifie que tes opérations ont du sens.
RÉSOLUTION	**11** – Procéder aux vérifications : – des opérations	As-tu bien reporté les données numériques du problème ? Tes chiffres sont-ils lisibles ? As-tu fait les preuves ? Si tu avais le droit, as-tu utilisé ta calculatrice ? Etc.
RÉSOLUTION	– des résultats	Tes résultats sont-ils vraisemblables ?
COMMUNICATION	– des conclusions	Tes conclusions sont-elles acceptables ?
COMMUNICATION	**12** – Rédiger, mettre en forme.	Écris les opérations en soignant les chiffres, rédige des phrases claires, précises, complètes.
COMMUNICATION	**13** – Mettre au propre.	Soigne l'écriture, les schémas, la présentation.
Se faire plaisir	**14** – Généraliser : se poser un nouveau problème.	Peux-tu te poser d'autres questions pour lesquelles tu n'as peut-être pas de réponse ?

En **gras** : numéros des chapitres – En *italique* : numéros des pages – Les autres numéros correspondent aux numéros d'exercices.

Index

En **gras** : numéros des chapitres – En *italique* : numéros des pages – Les autres numéros correspondent aux numéros d'exercices.

Racine carrée : les entrées en italique ne sont pas référencées en tant que telles dans cet ouvrage. Elles correspondent à des notions qui ne sont vues ici que de façon très fragmentaire. Le lecteur curieux pourra les replacer dans leur contexte plus tard au cours de ses études mathématiques ou dans d'autres ouvrages.

Imprimé en Italie par G. Canale & C. S.p.A. à Borgaro T.se (Turin)
Dépôt légal : 1544/05/2000
Collection : 80 - Edition : 01
11/6215/5